大旗出版
BANNER PUBLISHING

大旗出版
BANNER PUBLISHING

THE RISE OF THE GREAT POWERS AND THE WARS

戰爭與大國崛起

烽火下的霸權興衰史

自序

PREFACE

大國好還是小國好？這通常是一個在哲學上可以討論而在現實中卻往往無法選擇的問題。古往今來，推崇和嚮往小國的不乏其人。中國古代哲學家老子就是「小國寡民」的提倡者，他在《道德經》第八十章〈小國寡民〉中這樣寫道：「使民有什伯之器而不用，使民重死而不遠徙。雖有舟輿，無所乘之。雖有甲兵，無所陳之。使民復結繩而用之。甘其食，美其服，安其居，樂其俗。鄰國相望，雞犬之聲相聞，民至老死不相往來。」就連法國偉大的歷史學家、政治家托克維爾（Tocqueville）也指出：「儘管道德和文化水平不同，小國一般都比大國容易謀生和安居樂業。」的確，從理論上來說，小國是幸福的，因為國家小，統治者就很難有太大的野心，因此不會將資源浪費在追求榮譽上，而對榮譽的追求，在幾千年的人類文明史上，造就了纍纍白骨，使無數的財富和文明的成果化為灰燼。

但是，國家定位又總是無法選擇的。且不說作為其基礎的國土規模、人口數量、資源多寡及地理位置是與生俱來或難以更改的，就每一個生長於競爭激烈、弱肉強食之近代國際體系的國家而言，如果沒有大國的身分（特指具備客觀條件的國家），似乎很難有國家的繁榮與生存。托克維爾在指出小國幸福的同時，更強調了大國的好處和必要性。他認為，「大國的存在為國家繁榮提供了一個新的因素，即力量」。因此，「小國之所以往往貧困，絕不是因為它小，而是因為它弱。大國之所以繁榮，絕不是因為它大，而是因為它強」。而且，「在大國，由於領土遼闊，所以即使戰禍連綿，也能使人民群眾少受災難」。從另一方面看，黑格爾（Hegel）所說的個人尋求承認的慾望也體現在國家身上。作為國際體系的一員，國家就像個人在社會中所做的那樣，渴望榮耀與成功，希望能名垂青史。尋求承認的鬥爭既是個人行為，也是國家行為。

所以，一個意料之中的結果就是，幾乎稍有條件的國家都會奔著大國地位而去，大國的興衰與沉浮成為近代以來，世界歷史中最為引人注目的現象，而與之相伴、連綿不斷的戰爭，似乎也就成為大國崛起的不二法門。

當然，大國的崛起並非易事，有成功的，就必然有失意和失敗的。從中世紀晚期開始，波蘭就是歐洲的大國，但至十八世紀末終被俄普奧三國瓜分殆盡；中世紀歐洲盛極一時的神聖羅馬帝國，在進入近代之後也淪為一盤散沙；至於說曾經輝煌的大帝國——鄂圖曼帝國、中華帝國，在十九世紀更是遭受了澈底失敗和被掠奪、瓜分的命運。而對那些成功者來說，其祕訣不外乎擁有了天時、地利、人和三項條件，換句話說，就是由正確的人在正確的時間和正確的地點做了正確的事。所謂天時就是機會，即正確的時間。機會是轉瞬即逝或時過境遷的，每個大國在崛起時幾乎都抓住了某種機會，如大航海時代的貿易與殖民、工業革命時代的經濟發展以及被迫開國後的改革等。所謂地利就是有利的地理位置和地緣環境，即正確的地點。保羅．甘迺迪（Paul Kennedy）在論述近代早期影響一國國運或者說國際競爭能力的因素時，特別強調了兩點：財政與地緣政治。他非常推崇所謂的側翼大國，如英國、俄國、美國、日本等。這些國家進可攻、退可守，既可以避免捲入不必要的國際事務，又能使國家戰略的選擇相對簡單化。所謂人和就是要有英明的領導人或統治菁英群體，即有正確的人做正確的事。縱觀各個崛起的大國，在國家的關鍵時刻無一不湧現出一個或若干傑出人物，由他們引領國家走向正確方向，如英國的資產階級新貴族，沙皇俄國的彼得大帝，法國的亨利四世和路易十四，以及德國的俾斯麥等等。

不可否認，以上種種天時、地利、人和，最終又是通過戰場的較量，以血與火的形式將一國推向大國寶座，大國的崛起與戰爭之間，就這樣建立起某種似乎是不解的淵源與必然的聯繫。至少，這是第二次世界大戰之前人類歷史給予我們的「啟示」。

接下來，我們的話題很自然要轉向中國。

無論從哪個角度看，在當下的中國，大國崛起都已經是事實而非未來願景——如果GDP和軍費開支都位居世界第二的國家還不算大國，那還有誰能算是大國呢？但是，中國的崛起如果用更高的標準來要求——譬如說中華民族的偉大復興或者說中國夢，現實與理想之間顯然還存在不小的差距。畢竟，中國此時仍是一個發展中國家的身分，人均GDP和科學研究創新能力在世界排名靠後；中國也缺乏拿得出手的軟實力。

回顧過去，如果說中國已經完成了大國崛起的1.0版本，那麼下一步就是向2.0版本邁進。這兩個版本之間的差異，用著名學者許紀霖的話說，就是「富強的崛起」與「文明的崛起」的區別，前者指的是以GDP為核心的一組統計數據，即所謂「民富國強」，是綜合國力的展現；而後者則是一種普世價值與制度體系，是人類歷史演化中新的生存方式和意義系統的誕生。中國作為一個文明大國，曾經向人類貢獻了影響至今的軸心文明——儒家文明，顯然，中國的崛起決不能止步於「富強」，而必須要走向「文明」。

那麼中國將走向何種文明？毫無疑問，它既不是與西方對著幹的封閉式文明，也不是對西方文明的簡單模仿和追隨。中國需要的是在普世文明之內走自己的道路，通過在融合主流價值的基礎上發展自身文明的獨特性，從而擴展普世文明的內涵。

這樣的崛起對中國來說是任重而道遠。

然而，問題並沒有結束，似乎還有一個更大的懸念擺在中國面前：中國以和平的方式實現了「富強的崛起」，但依然能夠不通過戰爭來達到「文明的崛起」嗎？中國能否終結大國崛起必須以戰爭來完成的魔咒呢？

這又是一個巨大的考驗。

希望《戰爭與大國崛起》一書能夠為回答上述問題提供有益的思考與啟發。

英國 —— 西班牙王位繼承戰爭（1701～1714）——→ 法國 ··▶

· 宗教改革
· 海洋的國家戰略取向
· 君主立憲制

沙俄 —— 北方戰爭（1700～1721）——→ 瑞典 ··▶

· 彼得一世的全方位改革
· 葉卡捷琳娜二世的對外征服

德國 —— 普法戰爭（1870～1871）——→ 法國 ··▶

· 關稅同盟
· 鐵路網
· 參謀本部

日本 —— 日俄戰爭（1904～1905）——→ 沙俄 ··▶

· 明治維新
· 甲午戰爭

大國崛起路線圖

The Roadmap of the Rise of the Great Powers

荷　蘭 —— 八十年戰爭（1568～1648）—— 西班牙 ··▶
- ・海洋經濟
- ・商業資本主義
- ・莫里斯的軍事改革
- ・代議制政府

法　國 —— 三十年戰爭（1618～1648）—— 西班牙 ··▶
- ・平定貴族叛亂
- ・君主專制制度
- ・資本主義工商業
- ・強大的職業常備軍

普魯士 —— 七年戰爭（1756～1763）—— 奧地利 ··▶
- ・職業常備軍
- ・腓特烈二世的改革

英　國 —— 拿破崙戰爭（1803～1815）—— 法　國 ··▶
- ・海外擴張
- ・工業革命

美　國 —— 第一次世界大戰（1914～1918）—— 同盟國 ··▶
- ・1787 年憲法
- ・西進運動
- ・南北戰爭

蘇　聯 —— 第二次世界大戰（1939～1945）—— 德　國 ··▶
- ・社會主義工業化

目錄

CATALOGUE

CHAPTER I THE RISE OF THE GREAT POWERS AND THEIR WARS

第一章 大國、崛起與戰爭

什麼是大國？歷史上有哪些國家可以稱之為大國？近代以來的戰爭形態經歷了怎樣的演進？大國崛起的內涵是什麼？大國崛起為什麼要以戰爭的方式完成？

二〇一四年十月，當中國人從「黃金週」假期休假回來後，突然發現自己即將成為全球ＧＤＰ第一的國家公民。十月七日，國際貨幣基金組織（ＩＭＦ）發布二〇一四年十月號《世界經濟展望》，該報告顯示，二〇一四年美國ＧＤＰ將是十七點四一六萬億美元，中國ＧＤＰ將達十七點六三二萬億美元。這意味著，中國將超越美國，成為世界第一大經濟體。這是自從一八七二年美國成為世界頭號經濟體至今，首次在購買力水平衡量的ＧＤＰ上落後於另一國家。

無獨有偶，世界銀行也進行了類似的統計，顯示以購買力平價（Purchasing Power Parity）計算，中國經濟規模將在二〇一四年十月十日超過美國。

對於中國經濟規模此次「第一」，各界人士幾乎均表示「要淡定」。大部分普通民眾也認為，這個「第一」與實際感受「有出入」。

而媒體給出的標題則是：中國經濟又「被第二」了。

對購買力平價這一衡量經濟規模的標準存在質疑只是問題的一個方面。幾乎所有人都認為，即便中國名義ＧＤＰ超過美國，也不能說明什麼——中國ＧＤＰ總量超越美國，只是時間問題，這在學界不是祕密。

首先，英國和美國成為世界第一大經濟體的時候，人均收入也達到世界前沿水準。而在人均ＧＤＰ方面，中國跟美國的差距可能是五十年或七十年。二〇一三年世界各國ＧＤＰ的排名，雖然中國位居第二，但按人均算，中國ＧＤＰ遠遠排在了第九十九位；而以人均收入而論，二〇一三年中國人均收入六仟六佰二十九美元，不僅低於世界平均水平，也被甩在一些名不見經傳的國家之後。中國還有二億多人口生活在貧窮門檻以下。看著這樣的清單，我們又如何能領受ＧＤＰ「世界第一」這份「殊榮」呢？

其次，在國際競爭的舞台上，經濟總量往往並不能發揮太大作用。不論是國家還是企業，最終依靠的是自身的創新能力，這決定了經濟發展的質量。按照英國著名經濟史和經濟統計學家安格斯・麥迪森（Angus Maddison）的說法，直到一八九五年，中國的經濟總量才被美國超越，但這並不妨礙西方列強在戰場上一次次打敗中國。保羅・甘迺迪認為，經濟總量本身並無太大意義，因為「數億農民的物質產量可以使五百萬工人的產量相形失色，但由於他們生產的大部分都被消費了，所以遠不可能形成剩餘財富或決定性的軍事打擊力量」。所以，他並未將十九世紀和二十世紀上半葉的中國看作是大國。當前，中國雖已經成為全球製造業大國，但是仍處於產業鏈的最低端，出口產品附加值低。如果繼續依賴這樣的增長模式，不但國際競爭力難以提高，而且也會威脅到國家經濟安全。

總之，先進的生產力比ＧＤＰ更重要。

另外，從老百姓的角度看，ＧＤＰ指標並不能體現諸如生活環境、社會安定、生活服務條件等與自身生活質量切實相關的因素。

對於今天中國的實力與處境，著名國際政治學者王輯思教授有如下定位：

「今天的中國是一個獨特的大國。我們是國力最雄厚的發展中國家，卻在許多方面與發達國家相距甚遠；我們的影響正在迅速傳遍全球，卻還沒有在亞洲獲得主導地位；我們擁有獨特的政治體制和意識形態，卻還不具備足以影響外部世界的價值體系；我們是現存國際政治經濟秩序的受益者，卻又受到西方的制約，需要努力推動國際秩序的改革。」

這說明，建設一個強大而美好的國家，中國任重而道遠，我們仍要虛其心，淡其名，順時應勢，自強不息。

進入二十一世紀，伴隨著中國綜合國力的爆炸式增長，有關大國崛起的話題開始在中國國內媒體和學術界走紅。不僅保羅．甘迺迪出版於二十世紀八〇年代末的名著《霸權興衰史》（*The Rise and Fall of the Great Powers*）再度出版並暢銷，中央電視台還製作了既叫好又叫座的《大國崛起》系列專題片。義大利歷史學家克羅齊（Croce）說「一切歷史都是當代史」，即人們按照當下的需要去重構歷史。對大國崛起的研究反映了中國今天的現實和需求。

大國崛起總是與戰爭相伴，以致造成一種思維模式，即戰爭是大國崛起的助產士、催生婆，大國崛起必須以戰爭的方式才能完成。在藉由歷史考察大國崛起與戰爭的關聯之前，我們需要對本書所涉及的三個關鍵詞做一個嚴格的界定——什麼是大國？什麼是崛起？什麼是戰爭？只有這樣，我們才能真正釐清歷史上大國崛起與戰爭的關係，以及戰爭在二十一世紀大國崛起中將扮演怎樣的角色。

一、什麼是大國？誰是大國？

從中文的字面意思來看，大國顯然包括了兩層含義——規模的大與實力的強。據此標準，近代以來可歸入大國之列的國家屈指可數，即便英、法、德這樣世界近現代史上的強國，若去掉殖民地，也達不到大國的標準——從國土和人口的規模上來看，它們只能算是中等強國。顯然，大國之大，更多是指強的意思，英文的「great powers」更貼切。過去中國稱西方大國為「列強」，其實是一個非常精準的翻譯。

今天意義上的民族國家誕生於十六世紀大西洋沿岸的西部歐洲。以十五世紀末的地理大發現為契機，西歐人憑藉其在技術，尤其是在武器和船舶製造方面的領先地位，通過海洋這個四通八達的載體，獲得了以往一向為歐亞大草原遊牧民族所獨有的機動性和軍事優勢。結果，世界局勢發生了根本性變化，在新的權勢格局裡，歐洲成為核心，成為非歐世界的入侵者、統治者。這一政治組織形式在十八世紀末傳到美洲，在二十世紀又擴散至全世界。所謂大國，實際上指的是近代以來民族國家體系中的佼佼者。

那麼，大國或者說強國的標準到底是什麼呢？

首先，大國必須是能夠自保的國家，在競爭激烈、弱肉強食的近代國際體系中，能夠依靠自己的力量生存下來，並確保國家的領土主權完整。當今世界，雖然真正意義上的公平、正義與秩序還有待實現，但小國、弱國的基本生存是有保證的，國際法、同盟關係、地區組織、聯合國都構成了對潛在侵略者的強大威懾與制約。因此，從二戰結束至今，鮮有哪個國家喪失了主權。

但是，在近代的歐洲乃至世界，一國使用武力吞併另一國或強迫其割讓領土是一種被普遍接受的做法。也正是憑藉此種方式，英國、法國、西班牙、葡萄牙等國才能建立起比本土大若干倍的海外帝國，沙皇俄國、美國也才能擴張至今天的洲際規模。在這一過程中，一些國家暫時消失了，如波蘭、印度、朝鮮，一些國家則永久性地成為一個更大國家的一部分，如十七、十八世紀的德意志諸邦國，在十九世紀由普魯士統一成德意志第二帝國，更多的國家被迫出讓領土以滿足大國的貪婪，如中國、墨西哥等。

當然，這並不等於說大國就沒有在戰爭中失敗過。事實上，在近代歐洲，大國間的戰爭極為常見，勝敗也乃國之常事。但整體看來，每一場戰場結束後大國大致都可以全身而退，如在經歷了近四分之一世紀的拿破崙戰爭之後，作為戰爭挑起者的法國居然又回到了戰爭爆發前的疆界之內。彼時，大國間的權勢調整常常以犧牲弱小國家為代價完成，波蘭就是在此種名義下通過三次瓜分而最終消亡。

按照這一標準，自近代以來，歷經多次戰爭而毫髮未損，甚至領土面積還在擴大的國家並不多，英國、法國、德國、俄國、日本、美國無可爭議地屬於這一行列。在這一過程中，它們或者一直占據一流強國的位置，或者成功地躋身其中，對內完成了政治經濟的整合，對外擴充了權勢，實現了民族國家或大帝國的成長。

其次，所謂大國，必須在某一方面有重要的創新以至能夠在較長時期內支撐其大國地位。

大國之所以能成為大國，必須要有內在、使其可以強大的創新，也就是說，其大國地位需要有賴以存在的機制，而不是單憑某些偶然因素。這方面，西班牙是一個很好的例子。

十六世紀，西班牙成為歐洲首屈一指的大國，但其大國地位的獲得與其說是靠能力，不如說是運氣使然。它主要得益於兩個偶然事件：

一是發現美洲。一四九二年，哥倫布代表西班牙王室發現了美洲。之後，整個中、南美洲漸次落入西班牙手中，成為其殖民地。但是，西班牙發現美洲與葡萄牙發現新航路在性質上完全不同，後者是一個多世紀不懈努力的結果，前者則純屬偶然。事實上，葡萄牙王室之所以拒絕了哥倫布的遊說，恰恰是因為它有較多的實踐經驗，並掌握了當時最先進的地理知識。那個時代，稍有常識的人都知道地球是圓的，問題在於地球到底有多大以及大陸與海洋的關係。根據哥倫布推斷，分割歐洲和日本的海洋寬不到三千英里，通往亞洲最便捷的路線是橫渡大西洋。而葡萄牙人確信，地球比哥倫布認為的要大得多，海洋也更寬，前往東方的最近之路是繞過非洲而不是橫越大西洋。事實證明，葡萄牙人是對的。哥倫布則歪打正著，發現了一個此前不為歐洲大陸所知的新世界。頗具諷刺意味的是，哥倫布至死都認為自己到達的地方是印度。

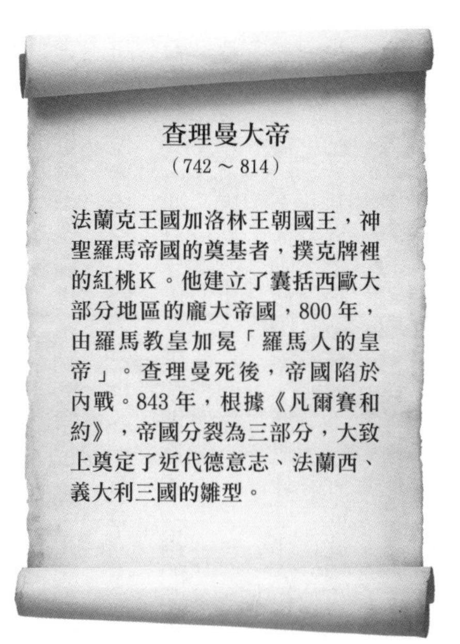

查理曼大帝

（742～814）

法蘭克王國加洛林王朝國王，神聖羅馬帝國的奠基者，撲克牌裡的紅桃K。他建立了囊括西歐大部分地區的龐大帝國，800年，由羅馬教皇加冕「羅馬人的皇帝」。查理曼死後，帝國陷於內戰。843年，根據《凡爾賽和約》，帝國分裂為三部分，大致上奠定了近代德意志、法蘭西、義大利三國的雛型。

二是王朝聯姻。一五一六年，來自哈布斯堡家族的勃艮第大公查理繼承了其外祖父和外祖母的西班牙王位，稱「查理一世」。一五一九年，查理一世又繼承祖父馬克西米利安一世的大業，成為神聖羅馬帝國皇帝和哈布斯堡家族在奧地利世襲領地的統治者，查理一世因此改為皇帝查理五世。一五二六年，查理五世又戴上了匈牙利和波希米亞的王冠。至此，哈布斯堡王朝的領地聯合成為一個規模空前的國家，其領土計有：西班牙及其廣大的美洲殖民地、在歐洲的屬地西西里、拿坡里、撒丁島和巴利阿里群島，奧地利，尼德蘭和勃艮第，匈牙利，波希米亞。歐洲自七百年前查理曼大帝時代以後，就再沒有出現過如此龐大的家族王朝，這是一個比大英帝國還早上三百年的「日不落」帝國。一五五五年，查理五世將神聖羅馬帝國的皇位讓給弟弟斐迪南一世（一五五五～一五六四年在位）；一五五六年，將西班牙王位傳給兒子腓力二世（一五五六～一五九八年在位）。雖然失去了東部領地（奧地利、匈牙利、波希米亞），西班牙仍然是歐洲首屈一指的國家。一五八〇年葡萄牙國王死後無嗣，腓力二世又成為葡萄牙及其廣大殖民地的主人。

得益於上述兩個因素，西班牙在十六世紀顯赫一時，但由於缺乏創新，沒有內在的機制支撐其權勢，西班牙在十七世紀之後一蹶不振，從此絕緣於大國之列，淪落為歐洲國家體系的二流，甚至三流國家。非但如此，其龐大的領地日後又成為強鄰覬覦、瓜分的對象。

反觀其他大國，幾乎都有自己的創新或獨到之處，如英國的君主立憲制度和強大海權、俄國的彼得大帝改革、美國的憲法、德國的參謀本部、日本的明治維新等等。正因為有某一方面或多方面的創新，上述國家才足以累積起強大的綜合國力並在競爭中脫穎而出，亦使其能夠在較長時期內擁有大國地位。

以英國為例，一個小小的歐洲島國，為何能變成歐洲強國，最終成為世界霸主？其所憑藉的不是簡單的武力征服，而是它所創造出來的一種新的制度文明。英國的創新性主要表現在：英國率先建立了現代意義的議會民主制度；英國是工業革命的發源地，領先世界所有國家；英國是第一個全球金融資本的中心；英國擁有有史以來最強大的海上力量；另外，英國在歐洲列強間縱橫捭闔、折衝樽俎，一向居於主動地位，它的外交文化也具有創新性。正是這些創新將英國送上了霸權巔峰，使其能獨領風騷二百多年。

再次，大國一經崛起，就必須具備相對的穩定性，即在國際體系中長期發揮重要作用。換句話說，大國不能是曇花一現式的，大國一旦成為大國，幾乎注定了將長期保持這一身分。

縱觀歐洲近代史，英國、法國、普魯士（德）、俄國等國自崛起之後，就一直保持著大國的地位，哪怕在這一過程中經歷了重大挫折，其大國地位也未喪失，或很快恢復。如拿破崙戰爭之後的法國，第一次世界大戰之後的德國和蘇聯，第二次世界大戰之後的德國、日本。事實上，自近代以來，世界大國俱樂部成員的擴充是非常緩慢的。十八世紀形成的英、法、普、俄、奧五大國格局，到了二十世紀初，也只是增加了日本和美國兩個國家。到了二十一世紀，有世界影響力的大國依然只有美、俄、中、英、法、日、德七個國家。

為什麼會出現這種現象呢？其實這背後的玄機恰恰是，成為大國需要一定的先天條件，比如國土面積、人口數量、民族特性、資源稟賦、地理環境等等。具備了一定的先天條件，也就決定了一個國家具備了抵禦挫折和在災難之後的復興能力。以德國為例，其前身普魯士崛起於七年戰爭，但是在拿破崙戰爭中遭受重創；十九世紀中葉之後，普魯士通過三場戰爭最終於一八七一年統一德國；到二十世紀初，德國的工業產值已經超過英國，位列歐洲第一，世界第二；第一次世界大戰及戰後的《凡爾賽和約》沉重地打擊了德國，但二十世紀三〇年代，德國再度成為歐洲第一經濟大國；第二次世界大戰後，即便在分裂的情形下，聯邦德國也是歐洲經濟的發動機。在德國一次次失敗又快速復興的背後，其決定性因素是德意志民族嚴謹、務實、勤勞、執著的個性以及相對較大的人口和國土規模。

與此相反的是，個別國家在突然崛起之後又快速消失。如瑞典，在三十年戰爭之後成為北歐霸主，但在十八世紀初的北方戰爭中輸給俄國後就永久地失去了大國地位，在十八到十九世紀的歐洲政治中，瑞典已是一個無足輕重的角色。再如葡萄牙，在十五到十六世紀憑藉新航路的發現而成為強國，但十六世紀八〇年代卻被西班牙合併，後來雖重獲獨立但再未擁有大國身分。究其原因，無論是瑞典還是葡萄牙，人口太少（不足二百萬），國家抗風險和打擊的能力極弱，一個失誤即可造成致命的後果。

按照以上標準，截至第二次世界大戰結束，在國際體系中真正具備大國資格只有八個國家，按出現的先後順序為：法國、英國、俄國、普魯士、德國、日本、美國、蘇聯，其中普魯士為德國前身，蘇聯為俄國的繼承國家。唯一例外的是荷蘭，這個國家雖然在十八世紀之後淪為二流國家，並幾次在戰爭中被他國占領，但是，其在十七世紀卻是真正意義的世界性大國，擁有最大規模的商業船隊和最強大的海軍，同時，它又在諸多方面奠定了近代資本主義商業的基礎。以荷蘭區區規模而言，這些實在是一個巨大而了不起的成就。基於此，本書也將荷蘭列入大國行列予以考察。

二、戰爭形態的演進

近代早期，歐洲發生了一場「軍事革命」，它指的是在十六世紀二〇年代以後的一百五十年裡，歐洲戰爭在規模、費用以及組織上的劇烈膨脹。這場革命涉及很多方面，包括步兵的興起、職業化常備軍的出現、火器的廣泛使用以及用於抵禦新式砲兵進攻之防禦工事的迅速發展等等。

與此同時，歐洲也開始了宗教改革（與宗教改革力量相對應的就是反宗教改革力量）。宗教和政治問題互為表裡、緊密交織，幾乎所有國家的戰略思維當中都蘊含一種「天定命運」成分，幾乎每個民族都自視為新的「上帝選民」。其中，西班牙國王腓力二世尤為狂熱。關於信仰的力量，法國社會心理學家勒龐（Gustave Le Bon），在《烏合之眾》（*The Crowd: A Study of the Popular Mind*）一書中這樣寫道：

在人類所能支配的一切力量中，信仰的力量最為驚人，《福音書》上說，它有移山填海的力量，一點也不假。使一個人具有信仰，就是讓他強大了十倍。

軍事革命所帶來的新戰爭技術與宗教激情結合在一起，誕生了近代早期的總體戰。無論是荷蘭爭取獨立的八十年戰爭，還是發生在德意志土地上、全歐洲規模的三十年戰爭，總體戰的性質都非常突出。八十年戰爭既有宗教戰爭的性質——天主教的西班牙想消滅新教的荷蘭，又是一場獨立戰爭——荷蘭要脫離西班牙人的統治。對荷蘭和西班牙而言，信仰都是不能妥協的；荷蘭人不能放棄獨立的目標，西班牙亦不願失去自己最富饒的領地，並擔心荷蘭獨立將在其他地方產生示範效應。雙方目標的不可妥協性決定了這場戰爭必將歷經多年，直到有一方獲勝或雙方都精疲力竭、打不下去為止。三十年戰爭也是因宗教而起，天主教的哈布斯堡家族（西班牙、奧地利）想以天主教一統德意志；同時，嫉妒、恐懼哈布斯堡家族權勢的國家，如法國、丹麥、瑞典、英國也趁機加入戰爭，支持德意志新教國家，以打擊哈布斯堡家族。宗教的特性使這場戰爭難以妥協，不斷有新的大國加入則注定了戰爭的漫長，因為一個國家失敗了，又會有另一個國家頂上。

與工業化時代的總體戰相比，早期總體戰雖然技術手段較為落後，但宗教的激情顯然更勝於日後的政治激情，因此戰爭的殘酷性、破壞性有過之而無不及。例如，三十年戰爭使德意志幾乎成為廢墟，有的地方人口減少達一半以上，曾經富饒、繁華的城市生靈塗炭，餓殍遍野。到十七世紀中期時，許多觀察家害怕戰爭已將歐洲帶到了自我毀滅的邊緣。德國牧師保羅．格哈特（Paul Gerhardt）在一首讚美詩中寫道：

哦，快啊！醒來吧，從這嚴酷的世界中醒來吧，在恐懼猝不及防地突降以前，睜開你的雙眼吧！

三十年戰爭之後，歐洲的戰爭進入了有限戰爭階段，直至第一次世界大戰（其間具有總體戰性質的拿破崙戰爭是個例外）。

在這一有限戰爭形態下，參戰國家都不追求壓倒性的政治目標，如消滅一個重要國家或顛覆他國政權，其戰爭目的是有限的、局部的，比如為了平衡某一國家過分的權勢、得到某一塊領土或貿易權利，甚至就是一個承諾——一八六六年的普奧戰爭，其目的就是使奧地利承認普魯士統一德國的權利。

不僅目標有限，戰爭的規模、波及的範圍也是有限的。在十八世紀，一場戰役投入的兵力幾乎沒有超過十萬人的，能夠集中四五萬人已經屬於很大規模了；三十年戰爭那種就地取材的補給方式已非常罕見，軍隊通常都是自帶糧草。普魯士的腓特烈大帝曾說：「當我的將士們打仗的時候，我的臣民可以不知道。」在一定意義上，十八世紀的戰爭就是王朝戰爭，是幾個有著複雜姻親和血緣關係的王族，其內部的家務事。那個時候的戰爭非常鮮明地表現出了克勞塞維茨（Clausewitz）的論斷——戰爭是政治另一種手段的延續，戰爭不是為了消滅對手。

在十九世紀的大部分時間裡，戰爭形態依舊表現為有限戰爭，雖然此時已全無十八世紀的政治氛圍——王朝戰爭正在讓位於民族戰爭，但戰爭目標並沒有改變其有限的性質，戰爭仍然是政治的工具而不是政治本身。所以，在一八六六年的普奧戰爭中，儘管普魯士大勝但卻沒有進軍維也納，戰敗的奧地利除了承認普魯士有權統一德國外什麼都沒有失去。

歐洲為什麼能夠在二百年的時間裡（除了拿破崙戰爭）保持著有限戰爭的狀態？主要原因有以下幾個

方面：

首先是宗教激情的消失。三十年戰爭的結果證明，天主教消滅不了新教，新、舊教彼此之間只有共處一條出路。根據一六四八年的《西伐利亞和約》，喀爾文教派取得了與路德教派同等的地位，並且規定，一六二四年元旦日為一切宗教糾紛總解決之期。之後，民族國家的君主們不再像當年的西班牙國王腓力二世或神聖羅馬帝國的皇帝那樣，擔負著沉重的宗教使命，他們將王朝利益進而也就是國家利益置於頭等重要位置。如果說宗教的激情令人瘋狂，那麼利益的計算則使人清醒。當戰爭無關信仰而成為一樁有關成本和收益的買賣時，其必然是理性的行為，你死我活讓位於適可而止。戰爭中的雙方在彼此的眼中，不再是必須置於死地的魔鬼，而是隨時可以放下恩怨的夥伴。

其次是王朝間的共同利益和君權神授的觀念。君權神授的觀念在基督教的歐洲深入人心，在十八世紀，推翻一個合法君主是不可想像的事情。而且，歐洲的王室之間有著複雜的聯姻關係，彼此之間存在千絲萬縷的聯繫，不僅沒有理由置其他王室於死地，相反，他們在面對威脅舊秩序的革命力量時又是同一個戰壕的戰友。所以，當一七九三年一月二十一日路易十六被推上斷頭台後，整個歐洲王室從中看到的是自己的危險，故聯合起來對法國進行干涉。一八四八年歐洲爆發革命後，俄國、奧地利、普魯士、法國組成神聖同盟攜手鎮壓，以維護王朝的共同利益。

再次，後勤條件的限制也使得戰爭難以突破有限戰爭的框架。鐵路出現於十九世紀上半葉，真正在戰

宗教改革

1517 年，馬丁．路德發表《九十五條論綱》抨擊教皇出售贖罪券，此舉標誌著宗教改革的開始。宗教改革運動的主張包括：反對教皇對各國教會的控制；反對教會擁有地產；認為《聖經》為信仰的最高準則，不承認教會享有解釋教義的絕對權威；強調信徒個人直接與上帝溝通，不需要由神父作中介等等。宗教改革運動產生了脫離天主教的新教各宗派。

爭中發揮作用是在一八七〇年的普法戰爭。沒有鐵路，只靠畜力和步行來動員軍隊和進行保障，戰爭規模必然有限，而且一進入冬季就需要休戰過冬。

最後，封建王朝既沒有足夠的財力供養一支規模龐大的常備軍，也無全民皆兵的意願。任何時代，軍隊都是一件昂貴的必需品，但工業化時代的國家顯然有更充足的稅收支持一支較大規模的軍隊，而在近代歐洲，君主收入有限，除了英國，幾乎所有國家都面臨缺錢的窘境，戰爭基本上可以簡化為錢的問題——有錢就可以徵募到兵源和作戰物資，就能將戰爭打下去，而一旦沒錢，就只有求和一條出路。所以，十七到十八世紀的君主們在打仗時都非常謹慎，極力避免人員傷亡。有人在一六七七年曾經這樣寫道：

> 我們在戰爭時像狐狸而不像獅子，有二十次圍攻還不能做一次決戰。

二十多年之後，又有人寫道：

> 現在的情形常常是這樣的，雙方各以五萬人的大軍，彼此互相對峙著，一無所獲，然後各自宿營過冬。

另外，封建王朝對於武裝大眾也持警惕的態度，因為這將導致社會秩序的顛覆。

法國大革命的爆發預示著總體戰時代的到來。一七九二年九月二十日，毫無作戰經驗、臨時拼湊起來的法軍憑藉「保衛共和國」的高昂熱情，在瓦爾密戰役中出人意料地擊敗了訓練有素的普魯士職業軍隊，世人由此見證了革命激情所帶來的巨大力量。詩人歌德（Goethe）對此評價說：

> 此時此刻世界開啟了一個新的時代，你們都可以說是親自看著它誕生。

一七九三年，法國的國民公會為了確定「所有法國人均應入伍以保衛國家」的原則，通過了一個法律，其內容是：

> 青年人應該戰爭；已婚的男人應該鑄造兵器和運輸補給；婦女應該製造帳篷和被服並在醫院中服務；兒童們應將舊布製成繃帶；老人們應抬到公共場所，以鼓勵戰鬥人員的勇氣，並宣傳對國王的仇恨和對共和國的擁護。
>
> 公共建築物應該改成營舍，公共廣場應該改成兵工廠。一切具有適當口徑的火器均應移交給部隊，在國內的警察應使用短槍和刀劍。一切配鞍的馬匹都應集中以供騎兵使用；一切挽馬凡不作耕種之用者，都應用來拉曳炮車和補給車輛。

這就是總體戰誕生的信號，此後，法國軍隊的構成和規模發生了翻天覆地的變化。到一七九四年夏天，貴族們在部隊軍官中所占的比例由革命前的大約百分之八十五下降到低於百分之三；按照花名冊，革命軍登記有一百萬人，其中七十五萬人是武裝隊伍。革命政府還發起了一場政治教育運動，向軍隊散發了上百萬份官方布告、激進報紙，甚至愛國歌單，以引導年輕人的思想，這些都是前所未有的現象。

在民族主義激勵下的法國公民軍隊打敗了歐洲各國職業軍人，顯示了民族主義和徵兵制相結合的巨大威力。換言之，總體戰的法國戰勝了仍然處在有限戰爭狀態下的歐洲其他封建王朝。法國軍隊開創的以普遍徵兵制、就地補給制和多兵種合成編製為核心的現代軍事體制，隨著拿破崙戰爭傳遍了歐洲，澈底改變了人類戰爭的形態，使得席捲全民的殘酷世界大戰化為可能。

拿破崙戰爭畢竟發生在前工業化時代，戰爭在經濟動員方面尚不具備工業化時代的總體戰性質，所以，拿破崙戰爭只能算是總體戰的雛形。

美國南北戰爭是工業化時代第一場貨真價實的總體戰，預示了未來戰爭的發展方向。南方和北方就像法國大革命一樣，都將經濟力量和人力的動員與政治意圖結合起來，軍事技術的進步則使戰爭更殘酷、更血腥。北方之所以勝出，在於其比南方擁有更大的工業基礎、更多的人口。但美國南北戰爭因其內戰性質而未能得到外界應有的關注和重視。

一八七〇年的普法戰爭是首次真正利用了工業化成果的國家間戰爭，當時的人們往往將其當做是下一場戰爭的模板，並據此得出結論——工業化時代的戰爭是短促的。其實，這場戰爭短促的特點主要不是源於其工業化的成果，而是其目標的有限性——俾斯麥對戰爭實施了高度的政治掌控。

事實上，技術和工業革命對戰爭的影響遠遠超出了十九世紀晚期政治家與軍人們的想像力。武器的進步迅速提高了戰場上的殺傷力，同時蒸汽機使國家能在越來越遠的距離上分散、供應軍隊，毫無疑問，戰爭的規模和殘酷性也因此而大大增加。至十九世紀末，美國和德國的工業化加速發展；同時，法國、奧匈帝國，甚至沙皇俄國，也加入到了西方世界經濟力量擴張的浪潮。西方的經濟力量和工業化進程不僅為二十世紀災難性的總體戰提供了資源，也使得戰爭在一定程度上難以避免。取代王朝政治的民族主義思潮更驅使著從政治家到將軍、從資產階級到普羅大眾都變得魯莽狂熱、渴望戰爭，將其視為一種可接受，甚至是必要的選擇。

第一次世界大戰宣告了總體戰時代的正式來臨。一戰之所以被稱為「總體戰」，首先是因為它的手段和規模。工業化帶來了很多新的殺人武器，鐵路使更多軍隊在短時間內投入戰鬥，軍隊的後勤需求更加複雜和龐大。所以，一個國家的戰爭能力越來越依賴它的工業實力和技術水平，最終決定勝負的是一個國家或者國家聯盟的經濟和人力資源，即綜合國力。換句話說，總體戰更像是一場全能競賽，十八世紀有錢就能打仗的時光已經過去了。總體戰對國家工業能力的依賴恰好說明了工業時代戰爭與農業時代戰爭的區別，前者需要的是鋼鐵、石油、糧食，即供養一支龐大軍隊並使後方百姓不致餓死的能力，擁有這些資源，就能夠將戰爭進行到底，就能夠贏得勝利。

其次是它的戰爭目標，它所進行的戰爭動員。在這場戰爭當中，關於開戰的理由，開始出現了日後司空見慣的神聖化自己與妖魔化別人的現象。德國人說，為了保衛祖國，反對沙皇制度，捍衛文化發展和民族發展的自由，在被迫的情況下，我們用純潔的良心和純潔的手，拿起寶劍。俄國聲稱，自己被迫作戰純粹是抗議斯拉夫兄弟的尊嚴受到奧匈帝國的侮辱。法國總統說，法國再一次為人類的自由、理性和正義而鬥爭。英國強調，德國破壞了莊嚴的國際條約，英國是為了捍衛比利時的中立，反對強大民族欺凌弱小民族。這些美麗的辭藻反映出，隨著大眾政治的興起，民眾由政治和國家命運、前途的旁觀者變成了積極的參與者、決定者，戰爭不再與人民無關，當權者既需要給人民一個冠冕堂皇的戰爭理由，標明戰爭的正義性質，同時它也需要把人民的力量動員起來。既然戰爭雙方有好與壞、善與惡的分別，那麼戰爭的目標就必然是一方澈底壓倒另一方，是「完勝」，而不會是適可而止或妥協讓步，曾經支配了歐洲政治的均勢原則沒有了市場；對於戰敗的對手必須嚴懲，因為它們是邪惡的化身，當年維也納和會戰勝國與戰敗國歡聚一堂的和諧場面已經一去不復返了。

在總體戰時代，戰爭有利於擁有更強大工業基礎的一方，因而超級大國對中等強國有明顯的優勢；如果一方打總體戰，另一方打局部戰爭，那麼獲勝的更可能是總體戰的一方，哪怕其實力弱於局部戰爭的一方，這就足以解釋為什麼在爭取民族獨立的戰爭中，西方殖民者都以失敗告終。

如果說有限戰爭可以成為靈活有效的政治工具的話，那麼總體戰未免傷筋動骨、難有真正的贏家，即便是戰爭的勝利者亦如此。

三、何為崛起？

所謂崛起，首先是「起」，即興起、強盛之意，指一個國家發展到一定程度後的狀態；其次是「崛」，強調發展的快速性、突然性，將二者合起來，指的是一個國家在較短的時間內實現了國力的發展與強盛。

雖然「崛起」一詞強調了發展的快速、突然性質，但這通常是表面現象。如同任何事態的發展都有一個過程一樣，國家的強大也不可能一蹴而就，其必然經歷一個漫長而艱苦卓絕的歷程，其間充斥著內亂、內戰、改革、創新，甚至失敗和倒退等等。總之，一個大國的崛起絕對不像其結果看起來的那樣簡單和輕鬆，沒有多年的累積和歷練，是不可能一鳴驚人的。國家所謂的崛起，其實是其內部力量充分整合、累積後的外在表現，而不是簡單的一場戰爭就足以造就。正如《霸權興衰史》一書的作者、耶魯大學教授保羅・甘迺迪所說：

> 單一因素一定是錯誤的，一定是綜合各種因素而造成了大國的崛起。

讓我們簡單回顧一下幾個大國崛起的歷程。

法國的崛起是在三十年戰爭之後實現的。十七世紀中葉，在西班牙這個巨人衰落後，歐洲國家突然發現，一個規模雖然比不上西班牙、但國土更緊湊、民族成分更單一的法國成為了歐洲大陸第一強國。而在此之前將近一個世紀的時間裡，法國深陷宗教衝突和王權與貴族的內戰，在一個時期裡甚至處於分裂狀態，首都巴黎被分裂的貴族勢力占據著。法國的崛起，其實是在克服了這種分裂、對抗因素之後才實現。

英國崛起的第一個重要標誌是十八世紀初的西班牙王位繼承戰爭，但在這之前，英國已經有了超過兩個世紀的累積。先是兩代亨利國王消滅了貴族割據勢力、實現了宗教獨立，接著伊莉莎白女王奠定了英國海權的基礎，將英國發展成一個殖民地、海軍和貿易大國。十七世紀，英國又以內戰和不流血革命的方式，解決了政治體制的問題。在此基礎上，才有了英國在十八世紀初的崛起。

德國在崛起之前也是經歷了關稅同盟、修建鐵路網、軍事改革等不可或缺的國力累積。如果從拿破崙戰爭後期算起（參謀本部成立於一八〇九年），至一八七一年第二帝國宣告成立，德國崛起的過程也超過一個甲子的時間。

美國就更為典型。長期以來，流傳著「戰爭造就了美國」這一觀點。事實並非如此。獨立之後，美國先是以制定一七八七年憲法為手段，解決了獨立之初政治體制鬆散、無力的弊端；之後開始對外擴張，到十九世紀中葉，除了尚未購買阿拉斯加，美國的領土已經達到了今天的規模；一八六一至一八六五年的內戰解決了阻礙國家發展的南北分裂問題。此後，美國經濟步入高速發展期，在一戰之前，美國的政治、經濟、軍事等各方面實力就已經達到了很高的水準。一九〇〇年，美國的工業產值約占世界工業產值的百分之三十。當然，一戰和二戰不可避免地給美國帶來了更大的發展機會。它不僅因為遠離歐洲主戰場而幾乎沒受到什麼損失，更重要的是，它借戰爭之機，大力擴充自己的經濟實力。而且，戰爭加速了歐洲列強的衰落，使美國在戰後的地位更加突出。

為什麼一個大國在經歷了漫長的累積、整合、發展之後，反而會給人崛起的感覺？即令外界感覺到其國力爆炸式地增長，世界或地區權勢格局突然間改變。個中原因在於，外界對一個國家實力變化的感知總是滯後於現實，也即在一個國家實力已有較大提升的情況下，外界往往低估其實力；反之，若一個大國衰落了，外界也往往傾向於高估其實力。尤其是在交通、通訊、統計以及媒體技術尚不十分發達的時代，真實瞭解一個國家的情況並不容易。所以，往往是因為一個重大事件的發生，才讓外界如夢方醒，意識到一個新的大國已然誕生。

以日本的崛起為例，一九〇四到一九〇五年的日俄戰爭，標誌著日本崛起為大國，成為非西方世界首個躋身於列強行列的國家，而且是在被迫開國、簽署了不平等條約的情況下。事實上，自一八六八年明治維新之後，日本就在「富國強兵」的口號下開始了快速發展。在一八九四到一八九五年的甲午戰爭中，日本打敗了一直雄踞東亞權勢之首的中華帝國，獲得了巨額賠償和領土割讓。此事雖令外界有所震動，但畢竟中國的實力已今非昔比，日本的勝利亦不完全出人意料。真正讓全世界震動的是日本在日俄戰爭中的勝利。開戰前，沒有一個國家預測日本會獲勝，當時的沙皇俄國擁有世界規模最大的陸軍，日本只不過是一個亞洲的黃種人國家。而事實則是，沙皇俄國內部早就腐朽不堪，日本經過三十多年的埋頭苦幹，也已不是當年的日本了。但想在戰前準確對兩國實力做估量則很難做到，正因如此，戰爭的結果才會令世界震驚。

此外，對於一個大國而言，在實力累積階段，雖然國力已有大幅增長，但仍處於發展硬實力的時期，尚未擁有威信、威望、感召力、吸引力等軟實力，所以，該國在國際體系中的地位、作用、影響等尚不能與其真實國力相匹配。只有這一實力的增長被外界承認之後，該國才能參與國際規則的制定、世界秩序的安排等等，其崛起也才能算最終完成。

在這方面，美國的經歷非常有代表性。早在一戰之前，美國就已經貴為世界第一經濟大國，但其外在影響力尚未得到世界認可，在政治謀略和外交技巧方面也顯得極為稚嫩、青澀。當時的世界政治仍被英國、法國等歐洲大國把持著。一戰爆發後，隨著歐洲西線戰場陷入僵局，美國被推到了決定歐洲命運的位置。戰後，美國總統威爾遜的政治理念如公開外交、民族自決等在《凡爾賽和約》中得到體現，這些是對歐洲幾百年來外交實踐和政治思維方式的顛覆。二戰結束後，美國更是一手主導了聯合國的創立和布雷頓森林體系的建立，成為二十世紀世界政治經濟遊戲的規則制定者。

回顧歷史，大國崛起的「東風」通常就是戰爭，不管其參加戰爭是主動還是被動，戰爭都是成就大國身分最後也是最關鍵的步驟。那麼，大國的崛起為什麼要通過戰爭方式完成？

首先，戰爭是檢驗、驗證一國實力最具權威性的手段。如前所述，在交通、通信、媒體及統計學尚不發達的近代，一國國力的增加、累積在平時很難被感知，因此也難以得到他國承認。一國在戰爭中的出色表現不僅使其有了以強力貫徹自己意志的可能，而且也使其實力得到他國認可，從而轉化為構成大國地位不可或缺的威信、威望，即我們今天所說的軟實力。反之，一個國家的衰落也是通過戰爭被感知的。如日俄戰爭之於日、俄兩國，一興、一衰，當沙皇俄國的衰落終於呈現在世人面前時，更加速了其最終的滅亡。

所以，一個國家只有贏得了戰爭，才能贏得他國對自己大國身分的認同，其漫長的強大曆程才能劃上一個完美的句號。

其次，一個大國在成為大國之後，通常都會產生新的利益訴求，如建立有利於己的國際規則和利益分配格局，獲得更多的領土或貿易機會，控制戰略要道以擁有對他國的戰略優勢等等。這些要求勢必會與其他大國，特別是主導性大國的利益發生衝突。如普魯士要統一德國，而法國極力阻撓；日本要獨占朝鮮的想法與俄國產生矛盾。在近現代，這些矛盾有的可以通過外交方式解決，但更多的則是在戰場上決出勝負，況且在那個時代，戰爭是一國合法的政策工具。

再次，大國通過戰爭最終實現崛起也與時代背景有直接關係。在二十世紀之前，國家發動戰爭不存在任何倫理的禁忌、法律的制約，國家領土的擴大、貿易權利的獲取都可以通過戰爭方式實現。因此，在近現代的歐洲乃至世界歷史上，戰爭是一個非常正常而且頻繁的現象，和平反倒更像是兩次戰爭之間的間歇。而且，在有限戰爭的時代裡，因戰爭規模、目標受到嚴格限制，戰爭也的確能夠為相關國家帶來收益。如英國通過十八世紀的幾次戰爭一步步奪取了法國在北美和中美洲的殖民地；沙皇俄國通過戰爭將其版圖擴大至洲際規模，並贏得了黑海、波羅的海出海口；日本通過甲午戰爭和日俄戰爭得到了台灣、朝鮮和在南滿的有關權利。

進入總體戰時代後，情況發生了巨大變化。以第一次世界大戰為例，除了美國、日本這兩個在戰爭後期加入、而且本土遠離主戰場的國家，其他歐洲國家，無論是戰勝國還是戰敗國，都成為這場戰爭的輸家，戰爭直接導致歐洲喪失了在世界政治、經濟、安全中的主導地位。正如丘吉爾所說，戰爭帶給他們的是「勝利與悲劇」。導致這一狀況出現的原因在於，總體戰的成本過於高昂，加之在聯盟戰爭的背景下，戰爭持續的時間又被延長，因而難以有真正的贏家。

第二次世界大戰之後，雖然戰亂不斷，但戰爭似乎已失去了與大國崛起的關聯性。一方面，大國之間鮮有戰爭發生，核威懾、經濟上的相互依存使大國間任何形式的戰爭都無法成為靈活有效的政策工具；另一方面，一些國家利用開放的國際貿易體系和經濟的全球化實現了和平崛起，如聯邦德國在二十世紀五〇年代、日本在六〇年代、中國在九〇年代所取得的成就。

由此可見，大國以戰爭方式崛起有著鮮明的時代特性，而並非是放之四海而皆準的定律。未來的大國崛起之路有望擺脫戰爭模式。

第二章　八十年戰爭與荷蘭崛起

CHAPTER II THE EIGHTY YEARS' WAR AND THE RISE OF HOLLAND

八十年戰爭是荷蘭與其統治者西班牙打的一場獨立戰爭，也是借這場戰爭，荷蘭完成了崛起。一個僅有不到二百萬人口的新生國家，成為十七世紀國際體系的主導者、世界頭號海洋強國、貿易大國，馬克思稱其為當時的「海上第一強國」。

二〇一四年六月十四日，巴西世界盃足球賽，衛冕冠亞軍西班牙與荷蘭在B組小組賽上遭遇。當荷蘭最終以5：1的懸殊比分狂虐西班牙後，他們報的不僅是二〇一〇年世界盃決賽0：1輸給西班牙的一箭之仇，還有四百多年前的恩恩怨怨。就在場內身著橙色球衣的荷蘭運動員和觀眾高唱國歌《威廉頌》時，也許，很多人並不知道，這是一首反西班牙的歌曲。這首全球最古老的國歌，以荷蘭國父奧蘭治的威廉第一人稱方式撰寫，訴說了荷蘭人反抗西班牙統治者、爭取民族獨立的艱辛歷程。

《威廉頌》歌詞共有十五節，採用離合詩（Acrostic）的形式，各節首字母組合成一個名字WILLEM VAN NASSOV（荷蘭語，拿騷的威廉），曲調來自當時的一支法國軍樂。在一般場合下只唱第一節，如果還需要唱一節，一般是第六節。歌詞第一節和第六節內容如下：

第一節

我，拿騷的威廉
流著日耳曼血液。
忠於祖國；
堅守這信念，直到死亡。
我，奧蘭治親王
自由又無畏；
西班牙的國王，
我一向尊重。

第六節

我所皈依者
就是上帝呀，我的主。
您是我所依靠，
我從來不想背棄您。
請賜勇氣於我——
您永遠的僕人。
賜予我消滅那讓我痛心的
暴君的力量。

有意思的是，因為歌詞太長，很多荷蘭人不能完整地唱完整首歌曲。在荷蘭國內，運動員因不懂國歌而常引來媒體批評，因此，不少運動員會在比賽前專門學習歌詞。

荷蘭法理上的獨立地位是在一六四八年的西伐利亞和會上獲得的，但它從一五九〇年代開始就成為國際政治經濟中一支舉足輕重的力量。十七世紀上半葉是荷蘭權勢和影響無與倫比的時期。它執歐洲（當然也是世界）經濟牛耳，擁有第一流海軍，其陸軍在莫里斯親王（一五八五～一六二五年擔任荷蘭執政）統率下曾是歐洲軍隊建設的樣板。它還頻頻插手北歐、波羅的海國家事務，維持那裡對己有利的均勢。荷蘭也是十七世紀歐洲外交折衝樽俎的進行地、許多國家競相追求的盟友及聯盟的核心。世界體系理論的創始人華勒斯坦（Wallerstein）、提出國際政治長週期解釋的莫德爾斯基（Modelski）都把荷蘭看成是當時世界體系內的主導性國家。

一、低地——歐洲的富饒之地

荷蘭在十七世紀上半葉的崛起並非橫空出世、毫無徵兆，其基礎在於低地自中世紀以來的繁榮與發達。荷蘭的全稱是「尼德蘭七省共和國」（The Republic Of The Seven United Netherlands），由尼德蘭北方七省組成，因為荷蘭省（Holland）在其中實力最強，故稱「荷蘭」。尼德蘭（Nederland）即低地之意，指萊茵河、馬士河、斯海爾德河下游及北海沿岸一帶地勢低窪的地區，包括今天的荷蘭、比利時、盧森堡及法國北部一些地方，在中世紀時，它們是一系列相互獨立的政治實體。

十五世紀初，低地成為勃艮第大公的領地，一四七七年，由於王朝聯姻又落入哈布斯堡家族之手。一五一六年，西班牙國王斐迪南死後，他的外孫查理一世即位。此前，查理已經於一五〇六年從他父親（神聖羅馬帝國皇帝馬克西米利安一世和勃艮第女公爵瑪麗之子）方面繼承了尼德蘭，這時又以西班牙國王的身分領有這片土地。從此，尼德蘭就成為了西班牙的屬地。在中世紀和近代早期的歐洲，這是十分常見的現象，即某一國家或領地由於婚姻和繼承的原因變更統治家族，而被統治者往往也能夠與其新的統治者和平相處、相安無事。

若干世紀以來，低地都是歐洲經濟最發達、人口最密集、城市化水平最高的地區之一，富饒程度僅次於南歐的義大利。早在十三到十五世紀，尼德蘭的手工業和商業就已發展起來，特別是呢絨業非常著名。

而面向大海的地理位置也使尼德蘭很早就成為一個海洋民族。斯海爾德河、馬士河、萊茵河在這裡入海，為尼德蘭提供了眾多優良的港口。它還是兩條古老的商船航線的交匯處：一條為北南走向，從卑爾根到直布羅陀；另一條為東西走向，從芬蘭灣到英國。北海及鄰近各海盛產魚類，是歐洲重要的漁場。國土的狹小和貧瘠迫使低地居民自古以來就向海上發展，在那裡尋找生活來源，他們在北海海面學會了捕魚、近海航行、遠程運輸和海戰。

漁業是尼德蘭經濟的基礎。由於海流的變化，每到夏季，就有大批的鯡魚洄游到尼德蘭北部的沿海區域。十四世紀時，尼德蘭的人口不到一百萬，約有二十萬人從事捕魚業，小小的鯡魚為五分之一的人提供了生計。

在被譽為「荷蘭金礦」的醃鯡魚上，尼德蘭人取得了非凡的效益，這一效益源於一四〇〇年左右發明的一種大帆船。此船的兩大優勢表現在船的設計可以讓船使用巨大的拖網捕撈鯡

哈布斯堡家族

哈布斯堡家族是歐洲歷史上統治時間最長、統治地域最廣的封建家族，其主要分支在奧地利，統治時期從 1282 年起一直延續到第一次世界大戰結束。11 世紀初，由於該家族的主教史特拉斯堡的維爾納建立哈布斯堡，其家族即以「哈布斯堡」為名。從 1438 年起，神聖羅馬帝國皇帝基本上由哈布斯堡家族世襲。哈布斯堡家族也曾是西班牙、波西米亞、匈牙利、葡萄牙等國的統治家族。

魚，寬大的甲板可以在船上對魚進行加工處理。這種「航船工廠」的產生使船能夠遠離尼德蘭海岸線，在外逗留六到八週。至十五世紀中葉，尼德蘭的荷蘭、澤蘭和弗蘭德爾三省的鯡魚船隊幾乎壟斷了北海的鯡魚業。在天主教歐洲，魚是齋月時必不可少的食品，也是在波羅的海市場採購穀物、木材、鐵和造船物資的重要交換手段。

漁業還成為帶動航運業（主要是大宗物品運輸）和其他輔助工業的龍頭。尼德蘭人設計了一種造價更加低廉的船隻。此前，典型的歐洲商船都建造有可以架設火炮的平台，這樣做能有效防止海盜襲擊。尼德蘭人是第一個冒險建造出了一種僅能運送貨物而不能裝置火炮的商船。這樣做當然是有代價的，因為每一次航行都變成了一場賭博，但它的好處也顯而易見，即造船的成本低，例如同時期的英國，造船成本比尼德蘭高百分之五十。船的成本低，貨物的運費也隨之下降。對於商業中的風險問題，尼德蘭人通過股份制來應對，即將每一條船分成若干股份，投資者往往不是單獨購買一條船而是在很多船裡都有股份，即便某一條船失事，也不影響總體盈利。

為了獲得盡可能多的利潤，勇於創新的尼德蘭人又在船上加了一種特殊的設計——船肚子很大而甲板很小。這樣做是因為，在斯堪地納維亞，船所繳納的稅取決於甲板的寬度，甲板越窄，付的錢越少。所以，尼德蘭人造的船甲板很小，船肚子很大，利潤自然也就越多。

這就形成了一種良性循環：便宜的運費導致了尼德蘭對世界貿易的控制，對貿易的控制又可以獲得低廉的造船木材，便宜的木材又使造船費用大為降低，船隻的低價位在貨運競爭中便占有優勢。這一連串的優勢合起來，就是尼德蘭成為「海上馬車伕」的奧秘。

進入十六世紀以後，尼德蘭的經濟發展更為迅速。在尼德蘭十七省當中，約有三百多個城市。北部七省（即後來的荷蘭）以荷蘭和西蘭兩省的工商業最為發達。除了航海業、造船業和漁業，這裡的毛、麻紡織業也頗負盛名。其中阿姆斯特丹是北方諸省的經濟中心，與英國、波羅的海沿岸各國以及俄羅斯有著頻繁的貿易往來，呢絨業非常發達。南方十省中經濟最發達的是弗蘭德爾和布拉奔，在紡織、冶金、製糖、印刷等工業中普遍出現手工工場。南方的中心城市安特衛普是當時世界上最重要的商業和信貸中心之一，歐洲各國在這裡設立的商行和代辦處約千餘家，每日往來的外國商人有五千到六千人，城內國際性交易所大門前懸掛「供所有國家和民族的商人使用」的標牌。

對於他們所取得的經濟成就，尼德蘭人是這樣形容的：

> 他們在各國採蜜，北歐是他們的森林，萊茵河沿岸是他們的葡萄園，德國、西班牙、愛爾蘭是他們的羊圈，普魯士和波蘭是他們的穀倉。

然而，在競爭激烈的近代歐洲，只有財富不僅不足以使荷蘭完成大國崛起，甚至連自身的獨立與安全都無法保障，更加富饒的義大利各城邦，其命運（它們在十六世紀之後紛紛喪失獨立地位，成為哈布斯堡家族的領地）就是證明。好在，荷蘭並沒有止步於一個經濟上的巨人。事實上，除了在經濟領域的諸多創新外，十六世紀晚期荷蘭的軍事改革也一度在歐洲獨領風騷。這是他們得以打敗西班牙，贏得國家獨立，並在近代早期的歐洲脫穎而出的重要原因。

二、八十年戰爭與莫里斯親王的軍事改革

促使荷蘭進行軍事改革的直接動因是來自反抗西班牙當局高壓統治的需要，原本尼德蘭的各個省和城市都享有一定的自治權和傳統權利，但是，在查理五世（一五一五～一五五五年統治尼德蘭），特別是其子腓力二世的統治下，西班牙的宗教鎮壓和經濟剝削導致尼德蘭諸省與其宗主國的矛盾逐漸激化。

十六世紀是歐洲宗教改革的時代，路德與喀爾文等新教教派先後傳入尼德蘭，其中喀爾文教派的影響最為廣泛。而查理五世以維護正宗天主教信仰為己任，當然不能容忍尼德蘭新教勢力的發展。他在尼德蘭設立宗教裁判所，殘酷迫害新教徒。一五五〇年，查理五世發布敕令（被稱為「血腥敕令」），規定禁止傳抄、保藏、散發、買賣路德或喀爾文等改革者的文集，凡散布「異端」學說者，男的殺頭，女的活埋，就連幫助過新教徒或和他們談過話的人也要治罪，沒收財產。在查理五世統治期間，有五萬到十萬尼德蘭人死於宗教迫害。

另外，從查理五世到其子腓力二世，西班牙一直處在連綿不斷的戰爭之中，用保羅·甘迺迪的話來說，西班牙要管的事太多了，它的敵人既有東方的異教國家土耳其，又有西歐的近鄰法國，既有帝國內部離心離德的義大利城邦，又有在海上不停騷擾它的英格蘭，既要維護西班牙的世俗權勢，又要鎮壓歐洲的宗教異端。為了維持帝國龐大的軍隊和戰爭開支，西班牙哈布斯堡家族的查理父子必須徵到足夠多的錢款，尼德蘭最富庶，他們在這裡的勒索也最瘋狂。

起初，尼德蘭省議會和三級會議享有一定的自治權，例如徵收新稅，需經省議會批准。但查理五世不顧尼德蘭的傳統權利，破壞遊戲規則，肆意加強政治控制和搜刮捐稅，以至這裡為當時西班牙國王提供了

腓力二世
（1527 ～ 1598）

查理五世
（1500 ～ 1558）

一半稅收，被稱為「王冠上的珍珠」。

腓力二世（一五五六～一五九八年在位）即位後，更加瘋狂地推行專制政策。他任命其同父異母的姐姐瑪格麗特公爵（查理五世的私生女）為尼德蘭總督。瑪格麗特進一步剝奪了尼德蘭十七省殘存的自治權利，向各地加派駐軍，利用天主教會大肆鎮壓尼德蘭人民，宗教迫害案件激增，許多喀爾文教徒和再洗禮派教徒被處死。

更讓尼德蘭人不能容忍的是，腓力二世為了保護本國資產階級的利益，限制尼德蘭商人進入西班牙港口，禁止他們同西屬美洲殖民地直接進行貿易，提高從西班牙運出羊毛的稅額，從而使尼德蘭從西班牙進口的羊毛銳減，造成許多手工工場倒閉。腓力二世還公開拒付國債，致使尼德蘭銀行家蒙受巨大損失。

一五六六年四月五日，由尼德蘭中小貴族組成的「貴族同盟」向瑪格麗特總督呈遞請願書，提出廢除「血腥敕令」、召開三級會議、撤離西班牙駐軍等要求，遭到西班牙政府拒絕。至此，和平抗爭的路線已經走入死胡同。

事態發展到這一步，無論是為了維護自己的信仰自由，還是為了保護古老的自治權利，抑或是為了商業階級的利益，尼德蘭與西班牙的君臣關係都難以為繼了。

一五六六年八月，尼德蘭爆發反西班牙統治的起義。一五六七年八月，腓力二世派以狂暴著名的阿爾瓦公爵率一萬八千名討伐軍來到尼德蘭。阿爾瓦宣稱：

寧把一個貧窮的尼德蘭留給上帝，也不把一個富庶的尼德蘭留給魔鬼。

一五六八年，威廉・奧蘭治率領二萬三千名僱傭軍進攻弗裡斯蘭，尼德蘭人民反抗西班牙統治的八十年戰爭正式打響。

威廉・奧蘭治，即威廉一世，是奧蘭治親王、荷蘭執政、荷蘭國父，因頭腦冷靜，也稱「沉默的威廉」。威廉・奧蘭治出生在拿騷伯爵家族，二十二歲時就被任命為馬斯軍團司令，並進入尼德蘭總督府政務院，二十六歲成為荷蘭、澤蘭、烏特勒支三省執政。在荷蘭獨立運動開始後，威廉・奧蘭治放棄了顯貴的身分和優裕的生活，毅然加入到尼德蘭民眾一方，成為全國抵抗力量公認的領袖。

至一五七二年，幾乎整個荷蘭省和西蘭省都擺脫了西班牙的統治，威廉・奧蘭治被推舉為荷蘭、西蘭和烏特勒支三省的合法總督。到一五七三年底，北方七省先後從西班牙的占領下解放出來。北方革命的勝利推動了南方各省人民的反抗運動。一五七六年十一月，尼德蘭南北各省代表簽訂了《根特協定》，決定聯合起來共同反對西班牙。一五七九年一月，由於南方貴族承認腓力二世為「合法的統治者和君主」，天主教為唯一合法的宗教，尼德蘭南、北方因此分道揚鑣。尼德蘭南北分裂後，威廉・奧蘭治加入了北方的烏特勒支同盟。一五八一年七月二十六日，烏特勒支同盟各省的三級會議正式宣布廢黜腓力二世，在尼德蘭北部成立尼德蘭七省共和國，即荷蘭共和國，威廉·奧蘭治就任共和國執政。

由於歷史上各省之間都是相互獨立的政治實體，所以荷蘭人的國家民族觀念比較淡薄，而威廉·奧蘭治作為在獨立戰爭中成長起來的本土領導人，對提高荷蘭國家的凝聚力和認同感發揮了很大的作用。遺憾的是，在荷蘭宣布獨立後不久，威廉·奧蘭治就遇刺身亡（一五八四年七月）。

共和國的建立只是在形式上完成了與宗主國的切割，而這一切割若要成為事實，關鍵還在於荷蘭人能否打敗能征善戰、人數眾多的西班牙陸軍。為此，富有創新精神的荷蘭寡頭統治集團，授權奧蘭治家族組建了一支新式軍隊，這支軍隊的靈魂人物就是歐洲近代早期最偉大的軍事改革家，也是軍隊職業化的鼻祖莫里斯親王。莫里斯親王（拿騷的莫里斯）是威廉·奧蘭治的次子，在其父於一五八四年遭暗殺後，他被推選為「民族委員會」主席，一五八八年出任聯省共和國海陸軍總司令。莫里斯親王和他的兄弟們既熟悉古代軍事家的著作，同時也敏銳地意識到了火藥革命給歐洲各國軍隊帶來的衝擊。他們的軍事改革，不是簡單模仿羅馬人的做法，而是適應了火藥革命對軍隊戰術和編制的新要求。

威廉·奧蘭治
（1523～1584）

十六世紀中葉之後，滑膛槍在歐洲興起，軍隊的火力大大增加。面對這一全新武器，歐洲軍事家們都面臨同一個問題：怎樣才能通過戰術的改變而使火力的效果最大化？一五九四年，莫里斯的堂兄弟威廉·路易在閱讀羅馬人埃里亞努斯（Aelianus）的《戰術》一書時，意識到滑膛槍手的循環編隊可以重複形成連續不斷的彈雨，就像羅馬軍團中的標槍手和彈弓射手做的那樣。這個方法克服了前轉式滑膛槍

莫里斯親王
（1567～1625）

的最大弱點——緩慢的發射率，因為當一個步兵隊伍排成一系列的橫隊時，第一排可以一起開槍，然後退下重新裝彈，由別的橫隊重複他們的動作，這樣就產生了連續不斷的殺傷性彈雨，滑膛槍的火力優勢也就得到了充分的體現。

而排槍發射又催生了另外的問題。現在，軍隊在作戰時必須散開，既為了使火力發揮達到最大程度，又能使自己被敵方槍彈命中的可能性降至最小。這樣就產生了兩個重要後果。一是需要將五十排的長矛方隊變成十排（甚至更少）的滑膛槍隊，同時，因為更多的人處在與敵人面對面廝殺的恐懼中，所以要求每個士兵都要有傑出的技巧、勇氣和紀律；二是整個戰術單位的能力成為重點，客觀上要求他們在完成動作時既快速敏捷又整齊劃一。

圍繞上述兩個問題的解決，形成了莫里斯親王的軍事改革。

改革首先從裁減員額開始，目的是使部隊兵力與國家財政狀況相符。在十七世紀之前，荷蘭的野戰兵力一般不超過一萬二千萬人，其中騎兵二千人，步兵一萬人，由一支較強的砲兵部隊支持（一五九五年時火炮數量為四十二門，其中野戰炮僅六門）。由於環境所限（本國人口太少），荷蘭摒棄了公民軍隊的概念，而採用職業僱傭軍。這些人雖然大多是外國人，但他們常年受僱，且能及時領到佣金，因而願意接受紀律約束，極少發生逃跑和兵變的情況，從而避免了僱傭軍在其他地方存在的種種弊端。

其次，將操練引入軍隊。奧蘭治家族的親王們意識到，要使滑膛槍和長槍發揮盡可能大的威力，就必須加強對軍隊的控制管理，同時還必須採取新的作戰指揮方式和進行更多的訓練。莫里斯採取羅馬軍事著作者們所倡導的訓練方式訓練他的軍隊，通過日常性的操練使軍隊的隊形變換更加精確，使射擊和槍刺之間的協調得到改善，並且通過採用一種新式的反向步伐，增加了開火的速率。即使在戰爭的間隙，他的士兵也要不停頓地訓練，直到精疲力盡為止。為了教會士兵如何操練，莫里斯的堂兄弟約翰伯爵發展了一種極其重要的軍訓工具——操練手冊，而且在一六一六年開辦了歐洲第一所真正的軍事院校，目的是教育年輕的貴族們懂得戰爭藝術。士兵日日操練，其目標不只是提高士兵個人或單位整體的作戰技能，這也是一種灌輸紀律意識的方法，因為正確執行武器規程是紀律的外在體現，以此教導士兵隨時服從命令，培育部隊凝聚力。

將日常操練重新引入軍隊是莫里斯軍事改革的一項核心內容，也是奧蘭治家族對現代軍事制度的重要貢獻。對此，德國思想家馬克斯・韋伯（Max Weber）評價道：

> 是紀律而非火藥開創了這一變革，只有在有紀律的情況下，火藥以及與之相關的一切戰爭技術才有意義。

再次，將作戰單位小型化。為了達到最大限度的火力和機動性，步兵已不能繼續以大型密集編隊的方式部署了，而是必須分編成一個個較小的單位。當時，西班牙人的戰鬥單位是團，而莫里斯改革後的步兵戰鬥單位是連。他將連隊從舊建制的一百五十人減少到一百一十五人，後來又減少到八十人，滑膛槍步兵和長矛兵各占一半，採取長矛兵居中而火槍兵位於兩側的戰術。遇到作戰，各連隊便被合併成若干個營。他還將火槍兵的縱深行列減至十列，戰線加寬到最大寬度為二百五十公尺。從最佳角度使用兵力也是莫里斯對戰爭藝術的重要貢獻之一。

莫里斯的軍事改革成為後來歐洲各國軍隊遵循的規範性標準，十七世紀上半葉最偉大的軍事家、瑞典國王古斯塔夫就是莫里斯的忠實擁躉。在一六三一年九月十七日的布賴滕費爾德戰役中，古斯塔夫國王的勝利證明了排槍和線形編隊的巨大優勢。

經過莫里斯改革後的荷蘭軍隊被認為是當時歐洲最優秀的軍隊。莫里斯手下的部隊通常不超過一萬人，遠不能和西班牙相比，卻逐漸在戰場上占了上風。一五九七年，荷西兩軍在圖霍特展開激戰，莫里斯的七千人打敗了西班牙六千人，西班牙二千官兵戰死，五百人被俘，而莫里斯的軍隊只有一百人戰死。這次戰役決定性地宣告，荷蘭的獨立已不可逆，西班牙無可挽回地失去了尼德蘭北方七省。

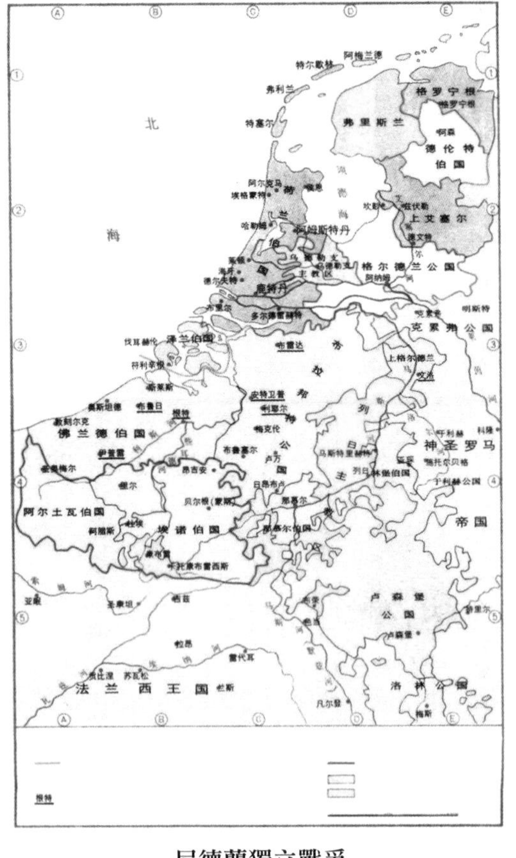

尼德蘭獨立戰爭

一六〇九年四月九日，西班牙與尼德蘭七省共和國簽訂了十二年休戰協定，事實上承認了尼德蘭七省共和國的獨立。但這場獨立戰爭的正式結束卻是一六四八年《西伐利亞和約》的簽署。從一五六八年奧蘭治·威廉起兵反抗到一六四八年三十年戰爭結束，荷蘭獨立戰爭前後歷時八十年，故這場戰爭被稱為「八十年戰爭」。

三、在戰火中崛起的海權帝國

在爭取獨立的過程中，荷蘭人也在另一條戰線上奮戰著，即著手建設自己的新國家。摧毀西班牙的海陸霸權，不僅使荷蘭贏得了國家獨立，也同時成長為「十七世紀標準的資本主義國家」。所以，這是一個在戰火中誕生、又在硝煙中強大的神奇國度。

荷蘭人首先在經濟領域推出了一系列的創新，這些創新不僅開時代的風氣之先，而且奠定了現代經濟制度的基礎，後逐漸被其他歐洲國家採納。一六〇二年，荷蘭東印度公司成立，這是全世界第一個聯合的股份公司。股份公司這一商業形式在保證投資人巨大利潤的同時減少了投資風險。通過向全社會融資，東印度公司成功地將分散的財富變成了自己對外擴張的資本。荷蘭政府也是東印度公司的股東之一，它將一些只有國家才能擁有的權利折合為二萬伍仟荷蘭盾入股。政府給東印度公司的特權是可以協商簽訂條約，發動戰爭。這樣一來，東印度公司就成了在亞洲的獨立主權個體，可以像一個國家那樣運作。一六二一年，荷蘭又成立了西印度公司，壟斷西北非洲與美洲之間的貿易。

荷蘭人同時還創造了一種新的資本流轉體制。一六〇九年，世界歷史上第一個股票交易所誕生在阿姆斯特丹。只要願意，東印度公司的股東們可以隨時通過股票交易所將自己手中的股票變成現金，其他投資者也可以隨時用現金買入股票。

世界第一個現代意義的銀行——阿姆斯特丹銀行成立於一六〇九年，它吸收存款，發放貸款，所有一定數量的支付款都要經過銀行。因此，阿姆斯特丹銀行對於穩定荷蘭的經濟發揮了重要的作用。更關鍵的是，它發明了「信用」，這是現代經濟生活中不可或缺的要素。

就這樣，荷蘭人將銀行、證券交易所、信用，以及有限責任公司有機地統一成一個相互貫通的金融和商業體系，由此帶來了爆炸式的財富增長。

到一六五〇年，荷蘭擁有的商船數量全球第一。當時世界的商船大約有二萬艘，荷蘭占一萬五千到一萬六千艘，大洋之上遍布著掛著荷蘭旗幟的商船。一六七〇年，荷蘭擁有的商船噸位是英國的三倍，比英格蘭、法國、葡萄牙、西班牙和德意志擁有的噸位總和還要多。它的船隊控制了歐洲和遠東大部分貿易，挪威的木材、丹麥的魚類、波蘭的糧食、俄國的毛皮、東南亞的香料、印度的棉紡織品、中國的絲綢和瓷器等等，大都由荷蘭商船轉運，經荷蘭商人轉手銷售；阿姆斯特丹成為世界貨物集散地和銀行、保險、證券業的中心，港內經常有二千多艘商船停泊。船在當時就像陸路運輸的馬車一樣，因此，人們就具體地稱荷蘭為「海上馬車伕」。

十七世紀前期，荷蘭資本主義經濟也獲得迅速發展，呢絨業、麻織業、陶瓷業等均在國際上享有盛名。直到十七世紀初，英國的呢絨還要靠荷蘭最後加工和染色，荷蘭從事該項職業的工人達數千人。荷蘭的造船業居當時世界首位，他們為西班牙造大型船，向英國供應平底船、漁船和運煤船。

對於荷蘭人在經濟領域的成就，十七世紀的英國商人湯瑪斯·曼（Thomas Mun）有如下描述：

> 這樣一個小國，還不及我們兩個最好的郡大，天然的財富、糧食、木材或軍需品很少，然而卻能夠大量擁有這些東西，並以船隻、大砲、繩索、火藥、子彈、穀物供應歐洲。

荷蘭人的成就當然不只是經濟層面上的，他們還建立了一支強大的海軍，這既是共和國生存和繁榮的保證，也是國家推行對外政策的工具。這支海軍不僅成功地襲擊西班牙本土、攔截其運兵船，迫使西班牙放棄了重新征服荷蘭的想法，而且通過對佛來芒海岸進行封鎖（以防西屬尼德蘭從荷蘭手中奪取貿易）、為商船護航、海上巡邏、打擊海盜等為國家經濟成就做出了舉足輕重的貢獻。荷蘭還在一六一一至一六一四年的波羅的海危機中動用海軍迫使丹麥國王克里斯汀四世讓步，取消松德海峽的額外關稅。一六四五年，荷蘭艦隊在波羅的海進行干涉，以結束丹麥和瑞典之間對己不利的戰爭。荷蘭的海軍建設雖然隨著戰爭與和平的交替而出現較大變化，但直到十七世紀七〇年代，它在大部分時間裡仍保持著歐洲最強大的陣容。

在君主專制盛行的歐洲，荷蘭人還開創了一種新的政治體制，即以代議制為基礎的共和國（奧蘭治家族成員只是擔任執政而非國王）。在這一憲政體制下，統治者與代議機構分享權力，商人成為國家政治生活中的重要角色。他們與統治者結成同盟，把從貿易中賺取的金錢用來支持國家，特別是海外貿易，統治者也遵循保護商人的政策，為他們的經濟利益保駕護航。荷蘭因此在十七世紀成為歐洲最富裕的國家。而且，在面對政治危機時，憲政體制也使荷蘭的領袖更能夠獲得民眾的有利支持。所以，與同時期其他專制君主國家相比，貌似權力弱小的荷蘭反而憑藉憲政體制加強了國家實力。

以商業霸權和強大的海軍為後盾，荷蘭人將殖民的觸角伸向了全世界。

在東亞，他們占據了台灣。

在東南亞，他們把印度尼西亞變成了自己的殖民地，在那裡建立了第一個殖民據點——巴達維亞城，即今天的雅加達。

在非洲，他們從葡萄牙手中奪取了新航線的要塞——好望角，在那裡修築要塞、營建殖民地、開闢種植園。今天的南非白人，主要是當年荷蘭殖民者的後裔。

在大洋洲，他們用荷蘭一個省的名字（西蘭）命名了一個國家——新西蘭（New Zealand），即紐西蘭。

在南美洲，他們占領了巴西。

在北美大陸的哈得遜河河口，他們建造了以新阿姆斯特丹為中心的新荷蘭。新阿姆斯特丹，即後來的紐約。

但是，荷蘭的海洋霸權是不穩固的，到了十七世紀下半期，英法兩國分別在海上和歐陸崛起，在海陸兩大強權的夾擊下，荷蘭的海上霸權很快就走到盡頭。一六五一年，英國頒布《航海條例》，規定英國的進出口產品只准英國船隻或原生產國船隻運送，這無疑是對荷蘭航運業的巨大打擊，因此導致一六五二到一六五三年、一六六五到一六六七年、一六七二到一六七四年的三次英荷戰爭。戰爭以英國勝利告終，荷蘭接受《航海條例》。差不多在同一時間，法國在陸上又多次入侵荷蘭，不僅使荷蘭元氣大傷，而且為進行大陸戰爭被迫與英國結盟，其結果是將自己的海上優勢讓渡給英國，並逐漸喪失外交上的獨立性。到一七一三年西班牙王位繼承戰爭結束的時候，精疲力竭的荷蘭已不再是歐洲政治必須加以考慮的因素。

歸根究柢，作為一個國土狹小、被英法兩大強國包圍起來的陸海複合國家，荷蘭的戰略迴旋餘地很小。短暫的興盛只是特殊情勢下的產物，最終它只能屈服於強權中的某一個，它不具備在近代歐洲推行獨立對外政策、自主發揮國際作用的環境和條件。但無論如何，以區區二百萬的人口，荷蘭人達到了令當時其他國家所望塵莫及的成就和高度，其軍事改革和經濟創新不僅影響了當時，也惠及了後代，故十八世紀後的衰落絲毫不影響其曾經的榮光。

第三章　三十年戰爭與法國崛起

CHAPTER III　THE THIRTY YEARS' WAR AND THE RISE OF FRANCE

十六世紀，借助於美洲的發現和複雜的王朝聯姻，西班牙幾乎是在一夜之間成為領地遍布世界的大帝國，也就此揭開了法國與西班牙長達一個多世紀的權力爭鬥。在此期間，法國完成了內部整合，確立了君主專制制度。一六一八到一六四八年的三十年戰爭最終使西班牙從大國地位上跌落下來，法國取而代之，崛起為歐洲頭號強國。之後，其大國地位雖有起伏，但一直延續至今。

一六三八年九月五日，法國聖日耳曼昂萊的宮殿裡，傳來了一個激動人心的喜訊：結婚二十三年膝下無子的法王路易十三夫婦終於有了一個男性繼承人。這個健康的男嬰堪稱「上帝賜予的禮物」，使人到中年的路易十三倍感安慰。四歲時，做父親的問這個男孩：「我的孩子，你叫什麼名字？」小男孩回答：「路易十四。」父親說：「我的孩子，時候還沒到呢！」是的，剛過四十的路易十三按常理來說還遠未走到生命的盡頭。誰知孩子的童言卻一語成讖，一六四三年五月十四日，路易十三因騎馬落水引起的肺炎而去世，不到五歲的小路易成為法王路易十四。

父子二人命運有諸多相似之處：都是年幼即位（路易十三當時九歲），都是太后攝政，都有一個強勢的紅衣主教做宰相（黎胥留、馬薩林），都娶了西班牙公主為妻。但路易十三終其一生都未能擺脫母后的陰影，在內政外交上也始終依靠手腕高超的黎胥留。而路易十四則在動盪中開始了他最初的君主生涯。一六四八到一六五三年，法國巴黎發生貴族暴亂，即投石黨運動，小路易兩次被迫逃出巴黎。這給他的一生帶來了深遠的影響。他在親政後緊緊抓住權力不放，決不允許貴族暴亂重現，並最終在凡爾賽建立王宮，離開了在他心裡留下沉重負面印象的巴黎。在貴族叛亂的同時，法國還在與宿敵西班牙作戰（一六三五～一六五九年）。法西戰爭的過程就像保羅·甘迺迪所形容的那樣：「在一六四八年《西伐利亞和約》以後的法、西十一年戰爭中，兩個對手就像被打得昏頭昏腦的拳擊手一樣，在幾乎耗盡體力的情況下，互相緊緊地抓住對方，而不能將另一方打倒。雙方都遭受國內叛亂、普遍貧困化和厭戰情緒的折磨，也都處於財政崩潰的邊緣。」一直到一六五九年，法國才澈底擊敗西班牙，簽訂《庇里牛斯條約》。西班牙將阿圖瓦和魯西庸永遠割讓給法國，並承諾在隔年將王室公主瑪麗亞·德蕾莎嫁給路易十四。

當然，與父親最大的不同在於，路易十四開創了一個法國歷史上最輝煌、最榮耀的時代，也創立了在十八世紀歐洲大陸風靡一時的專制君主統治模式。自從二十三歲親政之後，路易十四不再任命宰相，而是親力親為，一天工作八小時以上，以無比的熱誠與精神治理國家。在能幹的柯爾貝爾、盧福瓦等人的輔佐下，法國國庫充盈，在戰場上所向披靡，並在文學、藝術、生活方式上引領歐洲。他還澈底解決了貴族對王權和國家穩定的威脅，將貴族召進凡爾賽宮，變成了他宮廷的成員。

雖幼年喪父，但路易十四的人生是幸運的。他在位七十二年，是法國有史以來在位時間最長的君主，在親政的五十四年時間裡，一直國家強盛，大權在握。而他那些在歐洲同樣做著國王的表兄弟們則遠不如他這般幸運。英國國王查理二世和詹姆士二世的父親查理一世上了斷頭台，詹姆士二世本人則被推翻。作為近親結婚的犧牲品，西班牙國王查理二世一出生就被斷定不能長大成人，後來勉強活到成年卻被強鄰虎視眈眈地謀劃著瓜分他的國家。路易十四雖然與表妹近親結婚，但仍然育有健康的男性後代，長壽的他比自己的兒子和長孫活得都要長。他身高僅有一百五十四公分，但藉由高跟鞋和蓬鬆假髮的穿戴也是儀表堂堂、風度翩翩，甚至還成為時尚潮流。熱衷於芭蕾舞的他因親自出演希臘神話太陽神而得到「太陽王」的美譽。中年之前的路易十四情感生活豐富多彩，擁有眾多情人和私生子，但是在一六八三年瑪麗亞．德蕾莎王后去世後，他又與身分低微並年長他三歲的法蘭索瓦茲．德奧比妮結婚（是他私生子的保姆，後被封為「曼特農侯爵夫人」），這樣的選擇除了愛情，無法用別的理由來解釋。儘管他輸掉了西班牙王位繼承戰爭，但他的孫子還是當上了西班牙國王。而他的宿敵、小他十二歲的荷蘭執政、英國國王威廉一世早在一七〇二年就英年早逝了，路易十四則活到一七一五年。他比自己的對手——除了威廉，還有皇帝雷奧波德——活得都要久，在某種程度上這就是最大的勝利。最終，繼承他王位的是五歲的曾孫——當年他也是在這個年齡成為國王。

德國詩人歌德這樣評價他：「他是自然造就之帝王中的完美樣本，但是這樣做，卻使他自身耗竭，且毀掉了模子。」

法國是歐洲最早形成的民族國家之一，人口眾多，國土廣闊。從十五世紀末到十七世紀中葉，內憂外患主宰了這一百多年的法國歷史，對內要解決宗教分裂和貴族叛亂，對外要打破哈布斯堡家族對法國的包圍及其炙手可熱的權勢。一六四八年之後，在三十年戰爭的廢墟上，在西班牙巨人無可挽回地倒下之後，又一個法蘭西巨人站起來了。與西班牙戲劇般強大而後永久性跌倒的結局相比，法國雖然在近現代歷史上經歷了一個又一個的挫折——西班牙王位繼承戰爭、七年戰爭、拿破崙戰爭、普法戰爭都以法國的失敗而告終，一戰、二戰也只是徒有其表的戰勝國，但神奇的是，法國始終沒有喪失大國身分。時至今天，無論是作為極具象徵意義的安理會五常之一和合法有核國家（法國是第四個擁有核武的國家），還是在國際事務中實實在在的政治、經濟與軍事影響力，抑或是在全世界推廣法語文化的熱情與力度，從任何角度來看，法國都是現時代貨真價實、擲地有聲的大國。

一、衝破哈布斯堡家族的包圍

一部法國崛起的歷史，幾乎就可以簡化為與哈布斯堡家族的戰爭史，儘管這兩個王室之間有著長期的聯姻傳統。

古往今來，霸權一直是一代又一代統治者的夢想。但霸權又總是那麼遙不可及，為贏得她的芳心，無數帝王將相使出渾身解數，卻功敗垂成。不過，當命運特別垂青於某個家族時，一切似乎又是那麼輕而易舉，彷彿就是「踏破鐵鞋無覓處，得來全不費功夫」。十六世紀，西班牙的哈布斯堡家族就被如此好運砸中了，它們比此前此後的任何一個統治者都更近距離地感受了霸權的氣息。

盛極一時的哈布斯堡家族既從三面包圍並威脅了法國，也成為其嫉妒和覬覦的對象。兩國的爭鬥過程從十五世紀末就開始了，最終結束於一六五九年《庇里牛斯條約》的簽署，其間共經歷了三個階段：

第一個階段的鬥爭舞台集中在義大利，至一五五九年《卡托-康布雷齊和約》簽訂為止。

十五世紀的義大利是一個經濟繁榮、文化燦爛的富庶之地，但是在政治上卻四分五裂（羅馬教廷、威尼斯、佛羅倫斯、拿坡里、米蘭五個國家旗鼓相當），軍事上因依賴極不可靠的僱傭軍也十分薄弱。與此同時，相鄰的法國和西班牙已成長為統一的近代國家。火藥革命帶來的戰爭成本急劇增加，有利於這些規模較大並擁有專制君主的政治實體。以強大的常備軍為後盾，野心勃勃的新式君主們急於攫取財富和土地，並以戰場上的勝利提升王朝聲譽。富裕但分裂的義大利自然成為其對外擴張的首選目標。

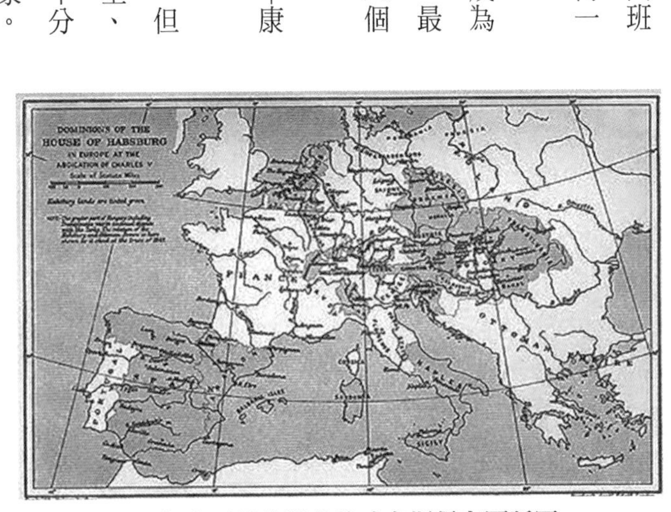

1547年米爾貝格戰役後哈布斯堡帝國版圖

義大利各城邦國家歷來有在內鬥中尋求外國支持的傳統。一四九四年，米蘭公國內部的權力之爭引發與拿坡里關係的惡化，米蘭「引獅捕鼠」，請求法王查理八世出兵，幫助其對抗拿坡里。這年八月底，查理八世率兵三萬多人入侵義大利。法國的行為立即引起西班牙國王斐迪南二世和神聖羅馬帝國皇帝馬克西米利安一世的警覺，他們加入到了反法的「威尼斯同盟」，並成為對抗法國的主力。一五二五年，法王弗朗西斯一世戰敗被俘，喪失在義大利占有的全部土地，並花費重金才得以贖身。一五五九年，弗朗西斯的兒子亨利二世（一五四七～一五五九年在位）與西班牙締結了《卡托-康布雷齊和約》，法國放棄在義大利的大部分領土，西班牙哈布斯堡家族取得對義大利的支配權。

第二階段從一五九八年開始至一六〇九年，主要交鋒地在尼德蘭。

義大利戰爭結束之後不久，法國陷入了一場長達三十二年之久的宗教戰爭（一五六二～一五九四年）。這場內戰分裂了國家，也癱瘓了國家，並導致西班牙入侵。最後，納瓦爾的亨利（亨利四世）在內戰中勝出，於一五九八年重新統一法國。此時正值西班牙國王腓力二世去世，法西兩國達成《韋爾萬條約》，西班牙同意放棄對法國的一切干涉。但是，法國並沒有同樣放棄對西班牙的干涉。內戰結束後，與反叛的荷蘭結盟就是法國的既定外交政策之一，法國或通過補助金的方式資助荷蘭，或親自參戰。天主教的法國與新教的荷蘭在信仰上南轅北轍，這一同盟關係完全是基於削弱西班牙權勢的考量。長期的戰爭和多次失敗使西班牙元氣大傷，遂被迫於一六〇六年同荷蘭談判，並於一六〇九年四月簽訂《十二年停戰協定》，事實上承認了荷蘭共和國的獨立。至此，哈布斯堡家族在北方對法國的包圍已經被解除。

黎胥留
（1585 ～ 1642）

第三個階段即一六一八至一六四八年的三十年戰爭，法國最終完成了對哈布斯堡家族的削弱。

三十年戰爭是因神聖羅馬帝國內部皇帝與諸侯、諸侯與諸侯之間的宗教分歧和權勢競爭而起，但迅速演變為大國之間的爭鬥。如果說在三十年戰爭之前，哈布斯堡家族，特別是其西班牙分支，對法國的威脅是客觀存在的話，那麼，經過一五八八年無敵艦隊覆滅和一六〇九年荷蘭獨立之後，西班牙哈布斯堡的權勢已經走上了衰落的不歸路，對法國的包圍至少在北部已不復存在。法國加入三十年戰爭，其目的早已不是防禦性的，而是要趁亂徹底削弱哈布斯堡家族，稱霸歐洲。

黎胥留是法國參與三十年戰爭的實際推動者和幕後策劃人之一，他從一六二四年起擔任首相，共執政十八年之久。儘管黎胥留是天主教樞機，但是為了法國的興盛，他毅然決然地推動法國加入新教同盟，將主權置於教權之上。在三十年戰爭中，法國並不是完全公開地與哈布斯堡家族對抗，而是通過祕密資助的方式支持哈布斯堡家族的敵人。黎胥留和他的後任首相馬薩林，通過阻止德意志統一、打破哈布斯堡家族的包圍，為路易十四時期法國的興旺發達奠定了良好的基礎。最終，在西班牙哈布斯堡的廢墟上，法國——這個新的巨人——站立起來了。

二、確立君主專制制度

十六世紀是法國崛起的關鍵百年，在對外致力於削弱哈布斯堡家族權勢的同時，對內發生了兩件重要的事情：一是擺脫了羅馬教廷的控制，建立了中央集權的君主專制制度，二是結束了內部的宗教紛爭和貴族叛亂，使國家避免了分裂的命運。

歐洲的中世紀是一個王權軟弱，而教權和地方貴族權力強大的時代。幸運的是，法國王權從十一世紀開始逐漸加強，到十五世紀末，在政治上已經實現統一。王室通過對市場買賣、家庭財產和販鹽交易課以賦稅，為自己開闢了新的財源，掌握了大量財富。在不斷提高自身財政能力的基礎上，法國君主增加了行政人員，更好地保障了稅收和政策的貫徹。他們還設有常備軍，擁有數以千計、貴族們難以匹敵的步兵，裝備著貴族們無力購買的昂貴大砲，使自身的軍事實力凌駕於貴族之上。

內部的統一與王權的強大也使法國君主有了與羅馬教廷談判的本錢。一五一六年，弗朗西斯一世（一五一五～一五四七年在位）與教皇利奧十世訂約，規定法國教會神職人員均由國王任命，教會大部分收入也歸國王，法國因而擺脫了羅馬教廷的控制，國王實際上成為教會的首腦，教會變成王權的工具。此後，法王集大權於一身，其頒布的詔令往往用「這就是朕的意志」作結束，說明君主的命令已經成為必須遵守的法律，法國已成為一個中央集權的君主專制國家。

政治上的統一促進了法國經濟的發展。十六世紀前期，法國約有人口一千五百萬，巴黎是歐洲最大的城市，擁有居民三十萬，在呢絨、紡織、印刷、玻璃、制陶等行業中開始出現資本主義手工工場，法國製造的大砲被歐洲公認為是最好的。

吉斯家族

法國著名的貴族世家，家族始祖克勞德·德·洛林是洛林公爵勒內二世次子，1528 年受封為第一代吉斯公爵，控制了法國北部與東部諸省。克洛德之子弗朗索瓦·德·洛林是傑出的軍事指揮官，為查理九世時執政的三巨頭之一。從弗朗索瓦開始，吉斯家族積極參與法國宗教戰爭，並充任天主教方面的領袖。弗朗索瓦·德·洛林之子亨利一世·德·洛林競爭法國王位，被法國國王亨利三世殺害。之後吉斯家族迅速沒落，在 17 世紀與首相黎胥留的鬥爭中失去了大部分的政治力量。1696 年，吉斯家族絕嗣。

但法國專制王權的建立並非一帆風順，王權的強化和確立是在同貴族權威和割據勢力進行鬥爭的曲折過程中逐步實現的。封建貴族不甘心權勢的衰落，竭力維護自己的特權和對國王的控制權，伺機向王權挑戰。在宗教改革的大背景下，貴族與王權之間的較量又與新、舊教的鬥爭糾纏在一起。

法國是一個天主教國家，法王堅持傳統的信仰，反對宗教改革。約翰・喀爾文（一五〇九～一五六四年）是法國著名的宗教改革家、神學家，以及基督教新教之重要派別——喀爾文教派——的創始人，著有神學名著《基督教要義》（*Calvin: Institutes of the Christian Religion*）。喀爾文教派強調信仰得救，否認羅馬教廷權威和封建等級觀念，主張廢除繁瑣的宗教禮儀，取消偶像崇拜、朝聖和齋戒，教徒選舉產生神職人員，建立簡化、純潔和廉價的教會，其教義在荷蘭、蘇格蘭和英格蘭影響很大，在法國主要流行於南部的手工業者、雇工、一部分城市中產階級、低級神父機修道僧當中。一五三四年之後，法國開始鎮壓新教徒，成立了異端裁判所、「火焰法庭」等。可是，新教運動在嚴厲的鎮壓下卻獲得了長足的發展。四〇年代，特別是五〇年代以後，許多大貴族也接受了喀爾文教派。法國新教貴族企圖乘法國國王於義大利戰爭戰敗、王權衰落之機，效仿德國新教諸侯，在法國沒收教會財產，割地稱雄與王權相抗衡。一五五九年，各地新教教會的代表舉行全國大會，正式確認喀爾文信條，從此法國的新教徒被稱為「胡格諾派」。

一五五九年，年僅十五歲的弗朗西斯二世繼位，實權落在軍功顯赫的吉斯家族手中，新舊教派之間的衝突驟然加劇。一五六二年三月一日，吉斯公爵弗朗索瓦・德・洛林在路過瓦西鎮附近時，發現新教徒違反國王的禁令在城內做新教儀式，他認為這是對他權威的公然挑戰，立即下令對犯禁的新教徒進行攻擊，死傷近二百人，於是「瓦西鎮屠殺」成為持續三十多年的胡格諾戰爭的直接導火線。

胡格諾戰爭雖然是打著宗教的旗號進行，但就其性質和內容而言，則是法國的一場內戰，是法國國內諸矛盾的總體爆發，戰爭的原因是王權同封建割據勢力之間的矛盾和宗教派別矛盾的激化。這場戰爭是法國歷史上一段無政府時期，正在上升的王權面臨崩潰，貴族分裂勢力抬頭，同時還夾雜著複雜的國際因素，法國有可能面臨著尼德蘭和德意志那樣的命運，即按照宗教邊界被永久分割。

反對王權專制制度的封建貴族分裂成兩大集團：一個集團是天主教派勢力，他們聚集在王室近親吉斯家族周圍，以吉斯公爵和洛林紅衣主教查理為首，形成了強大的天主教營壘，對國王發揮舉足輕重的影響；另一個集團是新教胡格諾派的勢力，以波旁王朝家族的成員L·孔代親王、納瓦爾國王（亨利）和G·德·科利尼海軍上將為代表。

雙方的兵力不多，在戰爭中都依靠外國，天主教派依靠西班牙，胡格諾派依靠英國、德意志新教王公和荷蘭教友。之後，雙方歷經多次戰爭，互有勝負，形成了戰爭——和解——廢除和解——再戰的循環。

一五八五年，法王亨利三世（一五七四～一五八九年在位）的兄弟安茹公爵死去，亨利三世宣布信奉新教的近親納瓦爾的亨利（亨利三世的妹夫）為王位繼承人。此舉導致天主教同盟與王權決裂，北部各城市紛紛獨立，巴黎天主教徒拒絕服從國王。全國各地又掀起農民運動，法國四分五裂，國王政府瀕臨垮台。

轉機發生在一五八九年八月一日，亨利三世被刺身亡，新教徒納瓦爾國王亨利成為法王亨利四世（一五八九～一六一〇年在位）。但由於天主教派拒不承認，亨利四世無法攻入巴黎。鑑於法國百分之九十以上的人口都信仰天主教，善於變通的亨利四世於一五九三年七月二十五日，在聖德尼大教堂改信天主教。他聲稱，「為了巴黎是值得做彌撒（天主教的宗教儀式）的」，巴黎大門由此而為他打開。一五九四年三月二十二日，亨利四世凱旋進入

亨利四世
（1553～1610）

法國波旁王朝的創建者，原為納爾瓦（今西班牙北部一個與法國接壤、瀕臨大西洋的自治區）王國國王，是法國瓦盧瓦王室的遠親。亨利自青年時代起，就作為胡格諾派的領袖而捲入了法國殘酷的宗教戰爭。他取了瓦盧瓦王室的小女兒瑪格麗特為后，並因此獲得了法國王位的繼承權。二人後來友好分手，亨利四世再娶佛羅倫薩的瑪麗·德·梅迪奇，並生有一子，即路易十三世，亨利四世以他的名言「要使每個法國農民的鍋裡都有一隻雞」而留芳後世，但最終被天主教徒刺殺身亡。

巴黎，受到隆重歡迎，歷時三十多年的內戰結束。此後的四年中，各地紛紛歸附，亨利四世還趕走了混戰之中攻入法國的西班牙軍隊。

為了平息胡格諾教徒的憤懣和安撫在戰爭中受到打擊的天主教徒，亨利四世於一五九八年四月頒布「南特敕令」，宣布天主教為法國國教，已沒收的天主教教會土地和財產一律歸還；胡格諾教徒得到信仰自由和傳教自由，有權召集自己的宗教會議，在擔任國家官職上享受與舊教徒同等的權利。此外，作為國王履行敕令的擔保，胡格諾教徒還保留二萬五千人的軍隊及一百多個堡寨。巴黎高等法院由天主教徒和胡格諾教徒共同擔任法官，以處理宗教爭端。至此，宗教寬容在法國得到實現，一個導致國家分裂、極其重要的因素消失了。

內戰期間，由於王權式微，地方和貴族的自治權與特權有所抬頭，內戰的結束使法國王權得到振興，為亨利四世統一民族國家和復興經濟創造了條件。亨利四世在首相蘇利的協助下進行了全面整頓和改革，在財政稅收上節約開支，降低部分稅額，鼓勵農業生產，獎勵工商業和發展海外殖民貿易。一六〇四年，法國成立東印度公司和加拿大商業公司，一六〇八年，法國殖民者在北美聖勞倫斯河下游建立了魁北克城，法國的海外事業由此開始起步。在長期混亂之後，亨利四世重新建立了一個統一且蒸蒸日上的法國。

路易十三在位時（一六一〇～一六四三年），樞機主教黎胥留任首相（一六二四～一六四二年在位），法國專制王權獲得進一步加強。黎胥留設立非常法庭，懲治叛亂貴族。在他執政期間，被處死的大貴族有公爵二人、伯爵四人、其他四十一人；封建主的堡壘被拆除，貴族必須遵守國王的法律，向國王效忠。一六二五年，黎胥留親自率軍隊平定胡格諾貴族的叛亂，廢除了「南特敕令」給予胡格諾教徒的一切政治和軍事特權，僅允許他們信仰自由。黎胥留在中央設立各部大臣，權力歸國王直接控制。為了削弱原貴族把持的省長職權，黎胥留改由中央直接任命總督，統管各省的司法、警察、財政大權。專制統治強化後，由貴族參加的國務會議形同虛設，三級會議自一六一四年被解散，直到一七八九年，一百七十五年間未曾召開。

黎胥留實行重商主義經濟政策，促進工商業的發展，鼓勵航海和殖民活動。十七世紀上半葉，法國殖民者除鞏固了在加拿大的地位外，還侵入西印度群島和非洲的塞內加爾、馬爾加什等地。

在臨終前，神父問黎胥留：「要不要寬恕你的敵人？」他答道：「除了公敵之外，我沒有敵人。」這當然不是事實，黎胥留想表達的是，他一生為國家服務、忠誠王室，從無私心。

三、三十年戰爭與法國大國地位的最終確立

外部哈布斯堡權勢的衰落，內部君主專制的確立，為法國在十七世紀中葉之後的崛起奠定了堅實的基礎，而三十年戰爭成為壓垮西班牙哈布斯堡的最後一塊巨石，並因此將法國推向歐洲第一大國的地位。

三十年戰爭是一場以德國為主戰場，發生在十七世紀上半葉的戰爭。與此前的很多戰爭一樣，宗教是三十年戰爭的重要緣起。

十六到十七世紀的歐洲是一個宗教改革的時代，改革發端於德國（神聖羅馬帝國）。德國政治的分裂和皇權的軟弱無力使教會權力在德意志得以擴大。當時教會占有德國三分之一的土地，很多高級僧侶本身就是諸侯，羅馬教廷的揮霍主要來自德國教會的供給，所以德國在當時被稱為「教皇的乳牛」。

馬丁・路德（一四八三～一五四六年），出生於德國，是十六世紀歐洲宗教改革的倡導者，基督教新

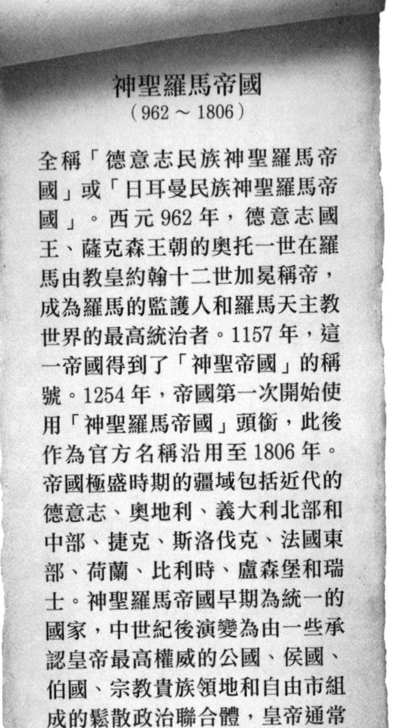

神聖羅馬帝國
（962～1806）

全稱「德意志民族神聖羅馬帝國」或「日耳曼民族神聖羅馬帝國」。西元962年，德意志國王、薩克森王朝的奧托一世在羅馬由教皇約翰十二世加冕稱帝，成為羅馬的監護人和羅馬天主教世界的最高統治者。1157年，這一帝國得到了「神聖帝國」的稱號。1254年，帝國第一次開始使用「神聖羅馬帝國」頭銜，此後作為官方名稱沿用至1806年。帝國極盛時期的疆域包括近代的德意志、奧地利、義大利北部和中部、捷克、斯洛伐克、法國東部、荷蘭、比利時、盧森堡和瑞士。神聖羅馬帝國早期為統一的國家，中世紀後演變為由一些承認皇帝最高權威的公國、侯國、伯國、宗教貴族領地和自由市組成的鬆散政治聯合體，皇帝通常由來自奧地利的哈布斯堡家族成員擔任。法國文學家伏爾泰曾這樣評價它：「既不神聖，也不羅馬，更非帝國。」

教路德教派創始人。一五一七年，路德發表《九十五條論綱》，抨擊教皇出售贖罪券，此舉標誌著宗教改革的開始。德國的諸侯們分成了天主教（舊教）和新教兩大陣營，皇帝屬於天主教，其他諸侯內部也出現了新教與舊教的對立。

三十年戰爭從波希米亞開始，即今天的捷克，它本是一個獨立國家，一五二六年之後併入神聖羅馬帝國版圖，隸屬於奧地利，由皇帝兼任國王，但保持了很大的自治權。對於波希米亞新教運動的發展，皇帝做了一定的讓步，於一六〇九年簽署了《大詔書》，給捷克所有非天主教徒以信仰自由和選舉自己「信仰保護人」的權利。馬提亞（一六一二～一六一九年在位）繼承皇位後也承認了《大詔書》，但是一六一七年馬提亞指派自己的堂弟，也是帝位繼承人斐迪南為捷克國王後，情況發生了變化。斐迪南是一個狂熱的天主教活動家，他公開違反《大詔書》，把捷克當作附庸對待，極力推行天主教的反改革運動，要求其屬地統一信仰天主教，殘酷鎮壓捷克新教徒，新教教堂被拆毀，參加新教活動的教徒被囚禁。捷克與哈布斯堡家族的矛盾因此日益激化。一六一八年五月二十三日，布拉格人民舉行起義，新教徒衝進王宮，按照捷克懲罰叛徒的古老習慣，把斐迪南派來的兩個欽差從二十多公尺高的窗口扔了出去，史稱「布拉格拋窗事件」，由此引發三十年戰爭。

三十年戰爭雖然以宗教為導火線，但宗教並不是唯一的賭注。對於皇帝來說，他要趁機擴大權力，把神聖羅馬帝國建立成一個類似英國和法國那樣中央集權的專制君主國；而新教諸侯們要保持自己的獨立權，讓皇帝繼續做一個名義上的領袖，這樣就出現了國家體制的分歧。所以也就不難理解，兩大陣營的對立並不完全以宗教為標準，也有天主教諸侯擔心皇帝擴大權力而加入了新教陣營。同時，周邊國家都想趁德意志混亂牟取利益，三十年戰爭因此迅速演變成了一場國際戰爭。西班牙因與奧地利同屬哈布斯堡家族，在宗教信仰方面亦遠比皇帝狂熱，所以毫無疑問站在了皇帝這邊；荷蘭正在和西班牙進行一場帶有宗教色彩的獨立戰爭，當然支持新教陣營；新教國家丹麥和瑞典既為宗教利益驅使，更想奪取德意志領土，也支持新教諸侯；法國的情況比較特殊，它雖是天主教國家，但與哈布斯堡家族是世仇，從十五世紀末起斷斷續續打了一百多年，自然不會放過任何能夠削弱它的機會。因此，整個三十年戰爭的對壘情況就是，皇帝、西班牙、天主教諸侯和教皇對上法國、瑞典、丹麥、荷蘭和新教諸侯。

三十年戰爭分成四個階段，雙方打打停停，互有勝負，但幾乎沒有決定性意義的戰役，彼此都不可能澈底贏得對方。

戰爭的第一階段是捷克-巴拉丁（普法爾茨）時期（一六一八～一六二四年）。巴拉丁的選帝侯腓特烈五世

選帝侯

指那些擁有選舉權，能選舉羅馬人民之國王和神聖羅馬帝國之皇帝的儲侯。1356 年，盧森堡王朝的查理四世皇帝為了謀求諸侯承認其子繼承王位，在紐倫堡制定了著名的憲章《金璽詔書》，正式確認大封建諸侯選舉皇帝的合法性。詔書以反對俗世的七宗罪為宗教依據，確立了帝國的七個選帝侯，分別是美茵茨大主教、科隆大主教、特里爾大主教，薩克森－維騰堡公爵、布蘭登堡藩侯、萊茵－普法爾茨伯爵，以及波西米亞國王。事實上，七選帝侯選舉出來的人只能稱「羅馬人民的國王」，只有經過進軍羅馬，並由教皇加冕後的「羅馬人民的國王」，才能使用「神聖羅馬帝國皇帝」的頭銜。17 世紀，又增加了普法爾茨選帝侯和漢諾威選帝侯。

華倫斯坦
（1583～1634）

是德意志新教聯盟的首領，也是英國國王詹姆士一世的女婿和未來英國國王喬治一世的外公。捷克為了爭得新教聯盟和英國的支持，在起義的第二年推舉腓特烈五世為國王。在這個階段，皇帝、西班牙和舊教聯盟的軍隊取得了勝利，捷克失去自治權，新教遭到禁止，巴拉丁被占領，腓特烈五世逃往荷蘭。

戰爭的第二階段是丹麥階段（一六二五～一六二九年）。哈布斯堡家族的勝利不僅引起了新教諸侯的恐慌，也讓周圍國家緊張起來。法國和荷蘭對皇帝實力的加強和西班牙軍隊占領萊茵河流域非常不安，它們不能允許這個家族的勢力進一步擴大；英王關心自己女婿的命運；丹麥和瑞典垂涎北德意志領土，反對皇帝加強對德意志的控制。一六二五年，在法國首相黎胥留的倡議下，英國、荷蘭、丹麥締結了反哈布斯堡聯盟，英、荷兩國答應給丹麥補助金。當年，丹麥在英國、荷蘭的軍費補助和北德意志諸侯的支持下進入德國作戰。但是華倫斯坦率領的帝國軍隊和西班牙蒂利將軍率領的天主教聯盟軍獲得勝利，將丹麥趕出了德意志。

戰爭的第三階段是瑞典階段（一六三〇～一六三五年）。丹麥失敗之後，皇帝直接控制了德國北部。皇帝還於一六二九年三月頒布了《歸還教產敕令》，規定新教諸侯要將一五五二年之後所侵占的領地和教會財產全部歸還天主教諸侯，於是又挑起了新的教派糾紛。同時，天主教勢力的北進、哈布斯堡家族權勢的擴張、皇帝在波羅的海建立艦隊的打算更是引起荷蘭、法國、英國的不安，特別是瑞典，一直以來都企圖向北德意志擴張和獨霸波羅的海。恰好此時瑞典剛剛與波蘭—立陶宛聯邦結束戰爭，可以騰出手來。一六三〇年七月，在國王古斯塔夫的率領下，瑞典大軍在波美拉尼亞登陸，開始了三十年戰爭的第三個階段。

古斯塔夫二世（1594～1632）

這個時期，皇帝的陣營發生了一個重要變故——在對丹麥的戰爭中發揮重要作用的華倫斯坦被皇帝解除了職務，原因是天主教諸侯也不能容忍皇帝權力的無限擴大，它們把矛頭對準了皇帝的左膀右臂華倫斯坦，因為他不僅幫助皇帝擴大權威，而且還有把德意志建成一個集權制君主國的想法。在天主教同盟首領巴伐利亞選帝侯馬克西米利安一世的策動下，皇帝被迫解除了華倫斯坦的職務。這個舉動造成了帝國軍隊指揮的混亂，給了對手以可乘之機。古斯塔夫的大軍長驅直入，新教諸侯紛紛倒向瑞典，一六三一年十一月古斯塔夫占領布拉格，直逼哈布斯堡的權力中心奧地利。一六三二年十一月十六日，在薩克森的呂岑會戰中，瑞典取得勝利，但古斯塔夫國王陣亡。此後戰局呈對峙狀態，到一六三四年，瑞典軍隊受重挫，皇帝和天主教同盟的勢力又得到擴大。

戰爭的第四個階段是法國－瑞典階段（一六三五～一六四八年）。在此之前法國對這場戰爭一直採取幕後支持的態度，比如向瑞典提供補助金，但局勢的發展使法國不得不從幕後走到前台，這也使這場戰爭徹底脫下了宗教的外衣，成為大國權勢爭奪戰，因為法國也是一個天主教國家。對於法國來說，這場戰爭是持續了一個多世紀的反哈布斯堡家族霸權鬥爭的新階段。最初西班牙曾經從南北兩面攻入法國，到四〇年代之後，法國和瑞典逐漸掌握了戰場的優勢，一六四六年，法、瑞聯軍攻入巴伐利亞，瑞軍占領布拉格，皇帝被迫求和。

一六四八年十月二十四日，交戰各方簽訂《西伐利亞和約》，內容主要包括三個方面：領土問題、宗教問題和德意志國家體制問題。

（一）在領土方面，瑞典與法國以德意志為代價擴大了自己的版圖。其中，法國獲得了亞爾薩斯的大部，並確認了法國對洛林的所有權。這一所得埋下了二百多年之後普魯士奪取亞爾薩斯和洛林的種子，這兩個地方的丟失又是法德結怨、一戰爆發的主要原因。另外，德意志的幾個大邦也都擴大了領土，其中布蘭登堡擴張最多，奠定了普魯士王國在十八世紀崛起的基礎，而荷蘭和瑞士的獨立則獲得國際承認。

（二）在宗教方面，規定新教與舊教享有平等地位，諸侯在其領地內有規定信奉任何宗教之權，在帝國法庭中，天主教徒和新教徒的法官人數相等。通過血與火的洗禮，通過無數的殺戮，宗教寬容原則終於被確定下來，歐洲為了宗教而廝殺的歷史到此結束，從此也開啟了歐洲有限戰爭的時代。

（三）在德意志國家體制方面，政治分裂的局面更加鞏固了。德國被分成二百九十六個小邦，還有大量的「帝國騎士」領地，各邦國都享有內政、外交的全部主權，帝國的重要事務由各邦平等參與的帝國議會決定。皇權遭到進一步削弱，皇帝的寶座除了在威望和禮儀方面還有一定的價值外，其他方面大致形同虛設。

三十年戰爭使整個歐洲大陸的力量對比發生了巨大變化，法國成為最大贏家。首先，它以奧地利和神聖羅馬帝國為代價在其易受攻擊的東部邊界獲取了一系列極富戰略價值的領土。其次，德意志作為三十年戰爭的主戰場，在戰後幾成一片廢墟。戰爭期間，德國共有一千九百七六所寺院、一千六百二十九座城市、一萬八千三百一十個村莊被洗劫，許多礦山、製鐵和鑄造的工廠也被毀滅，工商業普遍衰落。人民的生活瀕臨絕境。人口的驟減更為驚人，薩克森、布蘭登堡等許多地區的居民減少了一半以上，戰前有八萬居民的奧格斯堡城戰後變成僅有一萬二千人的荒涼市鎮。德意志的衰落在法國東部造就了一個巨大的權力真空。而且，德意志的分裂以國際條約形式被確認，法國又成為這一解決保證人。這一切不僅奠定了法國未來擴張的基礎，也使其安全大為增加。尤其重要的是，奧地利的權勢被削弱。「西班牙道路」即義大利與南尼德蘭之間的軍事交通線被打斷，後者和法蘭琪-康堤已被有效地孤立起來。一六五九年的《庇里牛斯條約》又使哈布斯堡家族的另一成員西班牙向法國認輸，庇里牛斯山脈以北的領土全部讓予法國。經歷了漫長戰爭之後的西班牙此時已耗盡元氣，淪落為歐洲的二流強國。

一六六一年，當年輕、能幹、野心勃勃的路易十四親政時，法國內憂外患的時代已成為歷史。在有利的國際政治格局的襯托下，法國崛起為歐陸最顯赫的國家，並開始走上追逐大陸霸權的道路。

四、「太陽」照耀歐洲

一六四三年路易十四即位後，國家大權由首相馬薩林掌握。一六六一年三月馬薩林去世，二十三歲的路易十四親政，法國專制主義進入鼎盛時期。

路易十四
（1638 ～ 1715）

路易十四凡事親躬，把國家權力集中於自己手中，宣稱「朕即國家」、「法出於我」，聲明不再需要首相，自己單獨行使王權。他召開僅由三到五人組成的最高委員會處理國政。路易十四還建立了內政、外交、財政、陸軍、宗教委員會等機構，但這些機構只有諮詢作用，決定權仍掌握在他自己手中。路易十四宣布，教士會議必須聽命於國王，各大臣未經國王同意不得發出任何政令，高等法院和地方高等法院不得討論和表決國王的敕令。一六六四年，他派出官員到各郡整肅地方官吏，完善監督官制度以加強對各郡的控制，後來監督官逐步成為代表中央政府常駐各郡的行政官員。

針對當時法律混亂的狀況，路易十四頒布了一系列新法律：一六六七年的《民法》，一六六九年的《水利森林法》，一六七〇年的《刑法》、一六七三年的《商法》、一六八七年的《海運法》，以及一六八五年關於殖民地奴隸的《黑人法》。這些法律對於有效維持國家的政治、經濟和社會秩序發揮了重要作用。

為了維護專制王權、對外推行擴張政策，路易十四擴充了軍隊，改進了軍隊管理。在他統治期間，法國軍隊的規模空前擴大，由其執政初年的八萬增到十七世紀九〇年代的三十三萬五千人，到其統治末年更增長至三十八萬人，而之前在與西班牙的長期戰爭中，法軍人數最多時大約為十二萬五千人。軍中大批平民出身的有才幹者被提升為將軍，進而又被封為貴族，對一些具有反叛傾向的貴族將領則採用削弱軍權的辦法，並將他們置於重重監視之下，軍隊因此完全掌控在國王手中。陸軍的裝備也得到改進，引進了刺刀，換發了新型火石槍，砲兵被列入與各兵種平等地位，並開辦砲兵學校，培養砲兵指揮人才。法國軍隊在後勤管理上也是歐洲一流，同時代人是這樣記載的：

在法國，戰時與和平時一樣治理得井然有序，今天，她有一項優於敵人的長處，那就是她的軍隊必需品供應得極好，其他國家不會使用法國人常用的彈藥車，他們也沒有排放整齊、貯滿軍隊各項軍需品的倉庫。

路易十四不僅建立了當時規模最大、素質精良的陸軍，也曾有過非常強大的海軍。財政總監柯爾貝爾重組法國海軍，戰艦數量由一六六一年初建時的二十艘船增加到一六七一年的一百九十六艘，進而到一六七七年的二百七十艘。他改進舊港口和兵工廠，使土倫、羅什福爾、布雷斯特、勒哈費爾、敦克爾克等港口現代化。

在經濟領域，路易十四採取重商主義政策。作為路易十四重商主義政策的執行者，財政總監柯爾貝爾首先從整頓財政做起。他監督收稅官吏，力求收支平衡，一年之內就使法國國庫從虧空轉為盈餘。

其次，鼓勵國家工商業的發展。近代早期流行於歐洲各國的重商主義思潮認為，金銀或貨幣是財富的唯一形態，一切經濟活動的目的就是為了獲取金銀。除了開採金銀礦以外，對外貿易是貨幣財富的真正來源。為此，柯爾貝爾大力扶植和發展本國工業，推行保護關稅政策。他招聘外國工匠，給企業主以專利和各種補助。在其擔任財政總監期間，共開辦了四十五家手工工場，使手工工場增加到一百一十三家。柯爾貝爾還制定手工工場條例，對不合格產品予以懲罰。他取消了國內關卡，改善道路，開鑿運河，為工商業發展創造良好的環境。為阻止外國商品進口，保護國內商業，柯爾貝爾先後於一六六四年、一六六七年兩次修改關稅條例，對英國的羊毛和地毯、安特衛普和布魯塞爾的掛毯以及荷蘭、西班牙的呢絨等貨物課以重稅。

再次，促進海外貿易和殖民擴張。柯爾貝爾創辦了一系列壟斷公司，包括東印度公司、西印度公司、利凡特公司、北方公司等，給這些公司以貿易壟斷權；海外殖民地得以擴大，在印度，法國占領了朋迪榭里，在北美，占領了路易斯安那，在非洲，占領了馬達加斯加沿海、塞內加爾河口一帶。

工商業的繁榮、稅收制度的整頓以及海外擴張使路易十四擁有遠遠超過其他國家的收入，國力大幅增長。以強大的實力為後盾，路易十四取得了一系列戰爭的勝利，擴張了法國的領土。

除了硬實力，路易十四統治下的法國還具備卓著的軟實力。當時，歐洲君主競相模仿法國的官僚體制、稅收制度、軍隊、宮廷以及統治方式，十七世紀和十八世紀，法語取代拉丁語成為歐洲外交的通用語言，各國上流社會都以能講一口流利的法語為時髦的標誌。據說，十八世紀的俄羅斯上層貴族說法語的比說俄語還多，小孩一生下來就由法國的家庭女教師教育，俄語水平只要能跟僕人說話就行了。路易十四對歷史的影響還遠不止這些。他因為身材較矮，便穿上了特製的十五公分高的鞋子以增強威嚴感，結果全國上下爭相效仿，發展成後來風靡全世界的高跟鞋。路易十四一生痴迷芭蕾舞，多次親自參加芭蕾舞劇的演出，在他的倡導下，芭蕾舞藝術日臻完美，並逐漸成為風靡歐洲的時髦藝術。由於他曾扮演了芭蕾舞劇中的太陽神角色，而被人們譽為「太陽王」。他下令修建凡爾賽宮，於一六八九年全部竣工。凡爾賽宮是當時歐洲最宏偉的建築，有二百三十英畝錯落有致的花園，一千四百處噴泉。路易十四沒有耐心等待樹苗慢慢長大，便從別處挖出二萬五千棵大樹重新栽到這裡。凡爾賽宮也成為路易十四控制貴族的場所。他鼓勵貴族生活在宮廷中，每天出席各種宴會、音樂會、舞會，觀看歌劇、戲劇表演，用奢華的招待與沒完沒了的娛樂活動來換取絕對的權力。

但是，持續的對外戰爭消耗了法國的大量財力和人力，臃腫的官僚機構開支浩大，貴族生活奢侈無度，國民的賦稅負擔越來越重，專制主義法國開始走向衰落。一七〇一至一七一三年的西班牙王位繼承戰爭對法國的打擊是決定性的。雖然路易十四的孫子如願以償成為西班牙國王，但獲得更多的是王朝的聲望，並沒有實際的收益，反倒是與其他大國聯盟（英國、奧地利、普魯士等）十幾年的戰爭導致國家負債累累。一七一五年路易十四去世時，他留下二十四億里弗爾（Livre）國債，其中三分之一已經到期，而一七一五年國家財政純收入只有六千九百萬里弗爾，財政支出達到一億四千四百七十萬里弗爾，國家財政處於極大困難之中。另外，法國在西班牙王位繼承戰爭中丟掉了北美和西印度的一些屬地，英國還獲得了西班牙海外領地的貿易權，從西班牙手裡奪得了戰略地位極其重要、可以封鎖地中海的直布羅陀海峽。毫無疑問，西班牙王位繼承戰爭最終的結果是，英國崛起了，法國則走過了其國力與影響力的巔峰時刻，此後再未獲得過歐洲第一強國的位置，拿破崙時代的輝煌不過是短暫的迴光返照而已。

CHAPTER IV THE WAR OF SPANISH SUCCESSION AND THE RISE OF ENGLAND

第四章　西班牙王位繼承戰爭與英國崛起

西班牙王位繼承戰爭結束了法國在歐洲大陸近乎霸權的時代，完成了內部整合、蓄勢待發的英國則借此成為歐洲頭號強國和第一殖民大國、海軍大國。在此後超過二百年的時間裡，這一地位幾乎無人可以撼動。

將英倫諸島與歐洲大陸分隔開的英吉利海峽長五百六十公里，平均寬一百八十公里，最窄處三十三公里。僅從數字上來看，渡過海峽登陸英國應該是一件很容易的事。在十世紀之前，盎格魯-撒克遜人、羅馬人、維京人曾頻繁進入英國。但是自從一〇六六年法國諾曼底公爵威廉（史稱「征服者威廉」）入侵英格蘭成為英格蘭國王威廉一世後，英吉利海峽突然成為所有試圖入侵者的天塹——無論是腓力二世的西班牙還是路易十四的法國，也無論是稱霸歐洲大陸的拿破崙還是不可一世的希特勒，都沒有成功渡過這條不算寬的海峽。其中的原因，一方面是因為海峽本身浪高風急，英國可登陸的地點也不多；另一方面，英國自都鐸王朝開始，始終保持一支歐洲首屈一指的海軍。渡海峽、登陸本已不易，再有虎視眈眈、時刻監視著歐陸動向的強大海軍，各路入侵者鎩羽而歸也就是情理之中的事了。

不過也有例外。一六八八年十一月一日，英王詹姆士二世的女婿、荷蘭執政威廉三世率領一萬五千人渡過英吉利海峽，十一月五日在德文郡的托貝登陸，當年十二月進入倫敦。一六八九年一月，詹姆士二世遜位，由威廉和妻子瑪麗共同統治英國，稱「威廉一世」和「瑪麗二世」。

但這次的成功入侵卻事出有因，它是裡應外合的產物。

讓我們把目光拉到一六八五年二月六日，這一天英王查理二世去世，因沒有婚生子女，王位由其弟弟、天主教徒約克公爵繼承，史稱「詹姆士二世」。此時的英國，國教（即英國血統的新教）的統治地位已經確立一個半世紀，英國各界，尤其是政治和宗教界，強烈反對由天主教徒擔任國王，因為這可能導致天主教在英國捲土重來。事實上，查理二世就是一個天主教徒，但他一直隱瞞自己的真實信仰，直到死前才正式皈依天主教。而詹姆士二世卻是一個公開的天主教徒。當然，公開也未嘗不可，只要在宗教政策上不倒行逆施，但這恰恰是詹姆士二世沒有做到的。

詹姆士二世一即位，就違背以前政府所制定關于禁止天主教徒擔任公職的「宣誓條例」，委任天主教徒到軍隊裡任職，此後任命更多的天主教徒到政府部門、教會、大學去擔任重要職務。一六八七年四月和一六八八年四月，詹姆士二世先後發布兩個《寬容宣言》，給予包括天主教徒在內的所有非國教教徒以信教自由，並命令英國國教會的主教在各主教區的教壇上宣讀，引起普遍反對。同時，詹姆士二世還向英國工商業的主要競爭者——法國——靠攏，嚴重危害了資產階級和新貴族的利益。

不過，經歷了慘痛內戰的英國人此時還沒有想到廢黜國王另立新君。詹姆士二世即位時已經五十二歲，沒有男性繼承人，而將來可以繼承其王位的是他的兩個成年女兒——瑪麗和安妮，她們都是新教徒。考慮到那一時代的平均壽命，也基於對一個五十二歲男人生育能力的判斷，英國人抱有一種希望，即在信奉天主教的詹姆士二世死後，將由信奉新教的瑪麗公主或安妮公主繼位，君臣之間由於宗教問題而引起的矛盾可望自然消失。

但就在英格蘭各政治、宗教派別的人士聯合一致反對詹姆士二世的時候，突然傳來一個令人震驚的消息——王后瑪麗在六月十日生了一男孩。國王有了男性後裔，未來必將由他繼承王位，而這個王子將很可能是一個天主教徒。人民的希望破滅了，情緒當然也就更加激動。

面對執迷不悟的詹姆士二世，英國人民已經別無選擇。六月三十日，以倫敦主教為首的「七聖人」商量致書給詹姆士二世的女婿、荷蘭執政威廉三世，邀請他率軍到英國來反對詹姆士二世，他們則保證給予協助。信中說：「我們深信我們的狀況將一天比一天壞，而我們又無力保衛我們自己，因而我們懇切希望在為時不太晚的時候，能找到一種補救的辦法，我們也將對此做出我們的貢獻。」

現在該輪到未來的英國國王、此刻的荷蘭執政威廉出場了。威廉一六五〇年出身於大名鼎鼎的奧蘭治家族，其曾祖就是荷蘭國父「沉默的威廉」。因為荷蘭是共和國而非君主國，所以奧蘭治家族並非是荷蘭的統治家族，只是傳統上由其家族成員擔任最高領導人。威廉雖出身顯赫，但也命運多舛。就在他出生前八天，其父荷蘭執政威廉二世突染天花而死，他的母親——英王查理一世的女兒和他的祖母不和。威廉自幼沉默寡言，而且患有肺結核和氣喘。不僅如此，他還曾失去作為荷蘭執政的資格。自一六四八年終獲獨立後，原本凝聚力就不強的荷蘭各省人，在獨立後出現了分裂，以各地方議會商業寡頭為代表的地方自治派反對中央集權，主張維持一個各省的鬆散聯合。一六五〇年，地方自治派馬上召開議會大會，宣布共和國不再設置統一的軍隊，各省的防務自己負責，同時有五個省宣布取消執政一職。這樣，荷蘭進入了「第一次無執政時期」（一六五〇～一六七二年）。

問題是，荷蘭沒有一條像英國那樣，如天塹般能免遭歐陸強國入侵的海峽，在它的身邊，有一個雄心勃勃的路易十四，他將這個富裕的鄰邦當作了自己首先要侵略的對象。一六七二年，路易十四派遣十二萬大軍壓境而來。國難當頭，年輕的威廉三世被任命為陸海軍統帥，他以出色的戰績證明了他不愧為能征善戰的奧蘭治家族後代。一六七三年底，法國軍隊全部被趕出國土，年輕的威廉三世在歡呼聲中就任荷蘭執政。

面對英國人的邀請，威廉有什麼理由拒絕呢？此時的他，緊鄰一個國力日盛的法國，既要防止路易十四隨時可能的入侵，又要提防英法兩國聯手——同為天主教徒的詹姆士二世與路易十四是表兄弟，二人關係密切，前者還接受後者的補助金。入主英格蘭，就能借英國之力保衛他的祖國。只是威廉沒有想到，恰恰是因為英荷的聯合使荷蘭在歐洲政治中漸漸被邊緣化，其海上霸主地位最終被英國取代。

一六八九年一月，英國議會在宣布邀請威廉和瑪麗共同統治英國的同時，又向後者提出一項《權利宣言》，其核心內容是：國王不經議會同意不能制定或終止任何法律的效力，不能徵稅。威廉和瑪麗接受了宣言，當年十月，宣言經議會正式批準定為法律，即《權利法案》。

面對眾叛親離的局面，詹姆士二世哀嘆：「我在受到這樣的遭遇之後，如果我要出走的話，誰還會感到奇怪呢？我的女兒拋棄了我，我的軍隊也背叛了我。這支軍隊是我從幾乎一無所有的狀況下建立起來的，我對它給予了大量恩寵。如果像這樣的一些人都背叛了我，那麼我還能對那些我未曾給予過什麼恩惠的人抱什麼希望呢？」最終，經威廉同意，詹姆士二世逃亡法國。

對這個固執的表兄，路易十四的評價是：他是「為了一台彌撒而拋棄三個王國（英格蘭、蘇格蘭、愛爾蘭）的傻瓜」。是的，路易十四的祖父亨利四世在宗教問題上就靈活多了。當年，為了爭取信仰天主教的巴黎民眾的支持，亨利四世由新教改宗天主教，他的名言是：「巴黎是值得做彌撒的。」據說，詹姆士二世的兄長查理二世生前曾講過這樣的話：「你們將會看到，當我的兄弟作了國王之後，他將由於他的宗教狂熱而丟掉他的王國，並將因為他不加檢點的放肆行為而喪魂落魄。」真是一語成讖。

對於一六八八至一六八九年在英國所發生的這場和平入侵和政權更迭，英國歷史學家稱之為「光榮革命」。經過這次變革之後，在英國的政治生活中逐漸確立發揮了立憲君主制的原則，這是日後英國在歐洲脫穎而出並稱霸世界的制度基礎。

在歷史上，「英國」是一個外延不斷擴大的概念，漢語將「不列顛」（Britain）通稱作「英國」，更加深了「英國」概念的模糊性和不確定性。嚴格來說，「英國」只是「英格蘭王國」的簡稱。十三世紀到十四世紀之交，威爾斯併入英格蘭王國。一七〇七年，蘇格蘭與英格蘭王國正式合併；愛爾蘭則長期作為英格蘭王國的屬地存在。正因為在相當長的時間裡，英格蘭王國在英倫諸島（不列顛群島）中一直發揮著絕對的主導作用，並逐漸合併了其他部分，所以「英國」或「英格蘭王國」往往被當作可與「不列顛」互換的概念。從地理位置上看，英國算是歐洲的邊緣地帶，但是經過十六至十七世紀的內部整合，到十八世紀初，英國終於以一個大國的身分強勢回歸歐洲政治，並從此成為任何企圖稱霸歐洲大陸之國家的剋星。

一、都鐸王朝統治下的英國

一四五五至一四八五年，英格蘭爆發了一場長達三十年的內戰，史稱「玫瑰戰爭」或「薔薇戰爭」，這是蘭開斯特家族（紅玫瑰）和約克家族（白玫瑰）支持者之間為了爭奪英格蘭王位而發生的斷斷續續內戰。一四八五年，亨利·都鐸擊敗了約克家族的理查德軍隊，成為國王亨利七世。為了緩和政治矛盾，並加強自己成為英王的合法性，一四八六年一月十八日，在倫敦的西敏寺大教堂，亨利七世同約克王朝愛德華四世之女伊莉莎白舉行了結婚典禮，他們原本都是愛德華三世的後裔。亨利七世宣布約克和蘭開斯特兩大家族合併，平息了對其繼位的爭論，更以這場敵對家族之間的聯姻結束了玫瑰戰爭，並將蘭開斯特的紅玫瑰和約克的白玫瑰合併組成都鐸王朝的王徽，即紅白「都鐸玫瑰」。

蘭開斯特家族（紅玫瑰）徽章

約克家族（白玫瑰）徽章

都鐸玫瑰徽章

此時，英國人口不到三百萬人，分別約為當時西歐兩大國——法國和西班牙——的五分之一和二分之一，領土面積也遠比它們小。英國沒有常備軍，更沒有日後作為國家安全支柱的海軍。現代英國，就是在這樣寒酸的基礎上開始自己的大國之旅。

亨利七世
（1457～1509）

都鐸王朝（一四八五～一六〇三年）是英國崛起的關鍵階段。在這一百多年的時間裡，英國解決了三個重要問題：一是對內建立了中央集權的君主專制制度，二是對外擺脫了羅馬教廷的控制，三是明確了國家海洋取向的發展道路，即海權。經過三代都鐸君主的努力，英國最終由一個中世紀的政治實體成功轉變為近代民族國家，奠定了英國在十八世紀崛起的基礎。

在中世紀的歐洲，貴族強大而王權式微，英格蘭也不例外。國家內部主權因封建貴族擁有獨立的經濟權、軍事權以及司法權而不能正常運行，國王對封建貴族只有「宗主權」而沒有「主權」，國王的權力無法在貴族的領地內執行，而且有些邊境地區和威爾斯仍然獨立於國家權力之外。得益於三十餘年的玫瑰戰爭，英格蘭兩大王族蘭開斯特家族和約克家族同歸於盡，大批封建舊貴族在互相殘殺中或陣亡或被處決：男爵以上貴族陣亡約六十五人，中小封建主數以千計，家兵八萬餘人。因此，玫瑰戰爭不僅僅是一場成王敗寇的王位爭奪戰，也是英格蘭貴族封建力量遭到削弱的主要原因之一，導致了都鐸王朝控制下的強大中央集權君主制發展。在封建貴族勢力遭受重挫的同時，新興貴族和資產階級力量在戰爭中迅速增長，成為都鐸王朝新建立的君主專制政體之支柱。從這個意義上說，英國由於玫瑰戰爭消滅了封建貴族而統一成具有凝聚力的民族國家。這對於即將跨入近代世界的英國來說，無疑是一件及時的好事，因為一個內部沒有實現統一、王權軟弱的國家，是無法彙集國家資源而形成力量的，從而也就無法在競爭激烈的近代歐洲生存下來。

亨利七世即位後將鞏固王權作為首要任務。在中央政府中，新成立的樞密院取代了受制於貴族的諮議會；在地方政府方面，各郡治安法官的職權被擴大了；在郡以下，權力集中於小型教區會議手中；在司法體制上建立一系列特權法庭等等，通過這些手段進一步限制貴族權力，加強了王權對整個國家的控制。

王權的競爭者不僅是貴族，還包括議會。議會掌握著徵收新稅的權力，因而從財政上形成了對王權的制約。亨利七世採取措施擴大財源，通過實現經濟獨立擺脫議會的掣肘（國王如果不徵新稅，就可以不召開議會）。首先，亨利七世依靠繼承權獲得了里奇蒙伯爵、蘭開斯特公爵、約克公爵的大片領地，他還連續五次下令恢復內戰期間被貴族侵奪的王室領地，同時利用叛國罪審判了一千三百四十八名貴族，使他們的土地成為王室領地。王室領地的擴大使其收入從一四八五年的二萬九仟英鎊增加到一五〇九年的四萬二仟英鎊，占亨利七世財政總收入的三分之一。其次，亨利七世時期英國海外貿易大增，關稅收入年均超過四萬英鎊，成為王室另一項重要收入。

亨利八世
（1491～1547）

強大的王權需要有強大的軍事力量做後盾。在亨利七世時期，英國雖然沒有像法國、西班牙那樣建立常備軍，但是它解散了封建大貴族們的私人武裝，在國內招募僱傭軍，其來源一部分是流浪無業者，一部分是那些破落騎士。僱傭軍削弱了貴族，使國王有了足以貫徹自己意志的強大武裝力量。

對英國王權的另一威脅來自羅馬的天主教廷和教皇。中世紀的歐洲，各國教會聽命於羅馬教廷，教會不僅掌握了諸多精神與世俗的權力，而且還擁有大量的土地和財富。

亨利八世（一四九一～一五四七年在位）是都鐸王朝的第二任君主，在位期間正值宗教改革運動在歐洲大陸興起，亨利八世以「自我革命」的方式完成了英國的宗教獨立，為英國王冠增加了「信仰的守護者」和「教會之首」的頭銜。

湯瑪斯．克倫威爾
（1485～1540）

湯瑪斯．克倫威爾是英國近代社會轉型時期傑出的政治家，也是17世紀大名鼎鼎的奧利弗．克倫威爾曾祖父的舅舅。他出生於平民之家，1529年當選議會議員，1531年經由亨利八世的提拔進入樞密院。在其後近十年時間裡，他歷任財政大臣、掌璽大臣、首席國務大臣，獲封埃塞克斯伯爵，成為亨利八世身邊第一權臣。1540年，克倫威爾在為亨利八世物色第四任王后時失誤，被亨利八世判處死刑。

亨利八世與教皇決裂的導火線是離婚問題。亨利原本不是王位繼承人，真正的王儲是其兄長亞瑟，亞瑟早逝不僅使亨利有機會繼承王位，而且也被迫與寡嫂、西班牙公主亞拉岡的凱薩琳結婚。亨利七世實行反對法國、聯合西班牙的外交政策，故希望能與西班牙王室保持姻親關係。顯然，亨利八世對這樁婚姻並不滿意。一五二七年，他向教皇克雷芒七世提出離婚再娶的請求，但遭到後者拒絕。由於英國國內的舊貴族和教會人士也對國王離婚案持反對態度，亨利八世於是轉向全國要求宗教改革的鄉紳與資產階級等階層尋求支持，並於一五二九年十一月召開議會，開始實行宗教改革。

議會從一五二九到一五三六年連開八屆會議，在湯瑪斯．克倫威爾等改革派人士策動下，通過一系列議會法案實行宗教改革。根據議會法案，亨利八世從教會勒取大筆罰金，截留給羅馬教皇的年貢，取得教會最高司法權和制定教規、任命主教的全權，把主教首年俸和什一稅歸為己有，解散所有修道院，將其巨額土地財產收歸王室。從此，英國脫離了羅馬天主教會體系，建立了由國家政權控制、以國王為最高統治者的英國國教會，改革後的宗教稱為「英國國教」。

宗教改革不僅使亨利八世建立了國家的外部主權和對教會的權威，也為其帶來了滾滾財源。由於奪取教會財產，王室財政收入增加了二倍左右。宗教改革還成為英國社會和經濟變革的重要推動力。王室由於財政需求和謀求政治支持，把大批沒收的土地和財產轉賣或贈送給新貴族和工商業資產階級。這些新的土地所有者大多按資本主義方式經營土地，成為宗教改革的既得利益者，英國社會的政治經濟結構因之發生變化，資產階級和新貴族的勢力得到提升，從而為十七世紀的資產階級革命埋下了伏筆。

亨利八世還強化了英國從亨利七世時代開始的中央集權化趨勢。當時，封建舊貴族在靠近蘇格蘭的北部地區、威爾斯和西部邊區及愛爾蘭的英占區仍有著強大的影響。一五三六年，議會通過法案，明確規定只有國王才擁有對叛逆罪、謀反罪免予追究的權力，王國內任何地方的司法裁判權只能由國王授予，郡和自治領的伯爵必須以國王的名義行事。該項法令頒布實施後，除極少數例外，幾乎所有特許地的封建特權都被取消。至此，整個英國第一次無條件地聽命於國王的統一調度，中世紀國王的「宗主權」最後變成了統一的政治權力，即「國家主權」。一五三六至一五三七年，北方的舊貴族和教會勢力利用農民的不滿掀起叛亂。亨利八世依靠改革派的支持進行鎮壓，殺掉、廢黜了一批北方舊貴族，成立由改革派主持的「北方法院」進行統治。在威爾斯和西部邊區，則成立了由改革派主持的「威爾斯邊區法院」，懲辦了大批不法的舊貴族，推行英國的行政司法制度。與此同時，亨利八世還鎮壓了愛爾蘭英占區舊貴族的反改革叛亂，派改革派人士為代表進行統治。一五三八至一五三九年，亨利八世以勾結教皇的罪名，殺掉了最後一批約克王族。至此，據地稱雄的舊貴族已大致被清除掉，中央集權的君主專制制度在英國得以確立。

對於一個島國來說，海軍在其國家安全中的地位怎麼估計都不過分。在都鐸王朝頭兩任國王統治期間，英國的海軍建設開始起步。「亨利七世奠定了不列顛海軍的基礎」（恩格斯語），他留給兒子一支擁有各式船隻總計十五艘的皇家艦隊。而亨利八世則堪稱是英國皇家海軍的締造者，他比父親更重視海軍建設。他創立了正規海軍，下令建造快速靈活的新型戰艦，專門配置了戰鬥水手，艦上裝載前膛式火炮。這種火

伊莉莎白一世
（1533～1603）

炮太重，只能裝在甲板上，特別是主甲板上。在船的兩舷開設了炮口孔，不僅船頭有火力，而且側舷也有火力。亨利八世還投入巨資擴建普茨茅斯皇家船廠，修建德普特福德船廠，船塢總面積八英畝，水深可載千噸巨艦。亨利八世執政的三十八年間，皇家艦隊軍艦擴充至五十三艘，其中包括十三艘五百噸以上的戰艦。一五一四年下水的巨型戰艦「蒙上帝恩典的亨利號」（Henry Grace à Dieu）排水量一千噸，裝備四十三門青銅重炮和一百四十一門各式小炮。

都鐸王朝時代也是英國資本主義工商業獲得大發展的時期。隨著政治的統一，英格蘭各地區的經濟聯繫得到加強，封建農業開始向資本主義農業轉變，導致英國農村出現了許多資本主義農場，出現了一批與資本主義聯繫密切的新貴族，他們把累積起來的資本直接或間接地投入工業，使得英國的工業與手工業迅速發展起來。以英國的「民族工業」毛紡織業為例，十五世紀以前，英國還是一個羊毛輸出國，大量羊毛原料輸往尼德蘭的弗蘭德爾進行加工。到十六世紀，英國羊毛輸出銳減，呢絨出口激增。一三五四年，羊毛輸出三萬二千袋，呢絨僅五千匹；到一五四七年，羊毛輸出下降為五千袋，呢絨輸出激增為十二萬二千三百五十四匹。一五六五年，呢絨出口占英國全部出口商品總額的百分之七十八，羊毛僅占百分之六點三，英國呢絨在歐洲市場居首位。

一五五八年，英格蘭都鐸王朝的最後一位君主、亨利八世之女伊莉莎白一世登上王位。同年，英國失去在歐洲大陸的最後一塊領土——加萊，從此英國不再有介入歐陸爭鬥的理由，英吉利海峽將英國與歐洲大陸徹底割裂開來。在國內，君主專制的確立和宗教改革的實行標誌著英國從中世紀轉型到近代的完成。

新時代英國最突出的特性是其島國地位的確立及以此角色在歐洲和世界歷史中發揮的巨大作用：一方面，英國人警惕地注視歐洲局勢併力圖充當歐洲力量均衡的制衡者；另一方面，英國人的目光則超越了歐洲大陸，逐漸將擴張重點放到了海洋和海外殖民地的開拓上。

在英國走向海權的道路上，西班牙是它遇到的第一個障礙，踢開這個絆腳石，是英國繁榮發展、國家安全和確保新教屬性的必需。

英國和西班牙原本關係友好，但亨利八世與西班牙公主凱薩琳離婚並與教皇決裂惹惱了西班牙國王查理五世，兩國關係逐漸惡化。伊莉莎白一世和腓力二世的即位並沒有扭轉這一趨勢。十六世紀下半葉，英國資本主義工商業的迅速擴張迫切需要擴大海外貿易、尋找新的市場。可是西班牙稱霸海上，壟斷對美洲殖民地的貿易，英國合法貿易越來越困難，加上英西之間的宗教分歧（西班牙國王腓力二世是一個狂熱的天主教徒），英國與西班牙的矛盾日益尖銳。當時，英國海軍力量還比較薄弱，不敢同西班牙公開較量，便以西班牙跨洋航運和運寶船隊為目標進行私掠活動。伊莉莎白女王允許海盜船公開懸掛王國的旗幟，她的著名海軍將領霍金斯、德雷克等都是海盜出身。當一五八〇年德雷克滿載著從西班牙殖民地劫掠的金銀珠寶歸來時（價值約一佰伍十萬英鎊），女王甚至親臨德雷克船上封他為爵士，並參與分贓。英國的海盜行為給西班牙造成了巨大的損失。據不完全統計，在伊莉莎白統治的四十五年間，英國從海盜遠征、攔截船隻及襲擊西班牙殖民地和港口中淨得多達一仟二佰萬英鎊。

與此同時，與英國僅隔一條海峽、對其安全極其重要的尼德蘭爆發了反抗西班牙的起義。一五七六年任尼德蘭總督的唐·胡安不僅要重新征服尼德蘭新教徒，而且要以此地為跳板入侵英國，使英國天主教化。英國給予了尼德蘭人大量援助，兩國還於一五八五年八月簽訂結盟條約，英國向荷蘭提供五千名士兵和一千匹馬，另外還規定兩國在海上合作。西班牙則通過外交使臣和間諜在英國扶持天主教和封建殘餘勢力，組織顛覆活動。一五八六年，英國揭露了一起由西班牙操縱的謀殺伊莉莎白的案件，被監禁在英國的前蘇格蘭女王瑪麗參與此事，伊莉莎白下令處死瑪麗，英西矛盾更加激化。

國家利益與宗教利益交織在一起，英西正式開戰不過是時間問題。一五八八年，腓力二世命令「無敵艦隊」遠征英國，這是他唯一一次的海上攻勢行動。一五八八年七月，西班牙派出包括一百三十二艘主要由重型軍艦組成的「無敵艦隊」，載運二萬名士兵和大約三千門炮遠征英國。英國由德雷克指揮一支由一百六十艘輕便的快速軍艦和運輸船組成的艦隊迎戰。七月下旬，雙方在英吉利海峽相遇。以逸待勞的英國人依靠艦船上的火炮優勢，接連擊沉西班牙船隻。西班牙艦隊匆匆敗退到英國海岸南部的懷特島，英國艦隊迅速追擊到懷特島。白天，英軍在遠處用火炮擊沉對方戰艦；晚上，採取火攻戰術。到九月份「無敵艦隊」撤回西班牙時，艦隊所剩船隻還不到出征時的一半。

詹姆士一世
（1566 ～ 1625）

打敗「無敵艦隊」使英國成功抵禦了自羅馬時代以來最強大之帝國的進攻，並且使西班牙不可能再重新征服低地，國家生存面臨的威脅解除了。而且，西班牙海上力量的覆滅又使英國掃清了走向海洋的障礙，奠定了日後大不列顛帝國的基礎。

從種種跡象看，經過都鐸王朝三代君主的努力，英國已經具有了國家崛起的政治、經濟與軍事條件。但由於內部王權與議會之間的爭鬥，這一崛起的進程被延長了一個世紀。但這一延長絕不意味著失敗，因為英國最終建立了在當時最富有效率的政治制度——君主立憲制。

二、共和國時期的海權建設

英國海軍在亨利八世時雖有重要發展，但後續乏力。詹姆士一世統治期間（一六〇三～一六二五年在位），英國海軍船隻質量、年度軍費開支全面下降，從一五九〇年代每年七萬英鎊到一六〇三年的三萬英鎊。造成此種狀況，一方面來自財政壓力，另一方面也是詹姆士傾向和平和缺乏興趣的反映。查理一世（一六二五～一六四九年在位）固然對發展海軍興趣濃厚，但其統治期間海軍進步有限，並最終因經費問題與議會鬧翻，引發內戰。英國海軍真正具有劃時代意義的發展是在共和國時期實現的，英國也因此擊敗當時的世界頭號海洋強國——荷蘭——而成為新的海洋霸主。

英荷矛盾始於經濟競爭，十七世紀，由於歐洲經濟的衰退、重商主義思想的傳播、君主對經濟活動的干預使歐洲國家間的經濟關係出現了前所未有的緊張。根據這一世紀經濟思想固有的觀念，國際貿易的總量是靜止的，一方所得必為另一方所失。因此，處於領先地位的荷蘭不可避免成為眾矢之的，被解釋成其他國家遭受困難的根源，英荷經濟糾紛就是在此背景下展開的。十七世紀上半葉，圍繞紡織品市場、捕魚權、貿易與航運業，兩國存在著尖銳的矛盾和競爭。儘管英國在詹姆士一世與查理一世統治期間也採取了一些打破荷蘭壟斷地位的措施，但主要限於技術和法律手段，而事實

共和時代
（1649～1660）

1642年，英國國王與議會爆發內戰，奧利弗·克倫威爾領導的圓顱黨打敗騎士黨後，於1649年1月處死了國王查理一世，3月，國會決定廢除君主制和上議院，下議院成為最高立法機關，行政權交給下議院選舉的國務會議，克倫威爾任國務會議第一任主席，5月，共和國成立。但1653年克倫威爾宣布就任「護國公」後，共和國名存實亡，變成軍事獨裁專制。1660年，流亡法國的查理二世復辟，共和國結束。

證明，消滅荷蘭的商業優勢還需要與之破裂關係的勇氣和相應的武力支持。在共和國時期，奧利弗·克倫威爾使英國具備了後兩項條件。

克倫威爾首先使英國的對外政策擺脫了新教情結，使其世俗化了。這一變化的結果就是他決心通過剝奪荷蘭人的貿易和航運來增加英國的占有率，一六五一年的《航海條例》是這一決心的體現。而且，克倫威爾也擁有了與荷蘭對抗的有效的工具——一支強大的海軍。在克倫威爾時代，英國艦隊的規模擴大了，標準軍艦從一六四〇年的四十三艘擴展到一六五〇年的七十二艘、一六五五年的一百三十三艘，至共和國末年為一百三十一艘，超過同期荷蘭的水準。特別重要的是，海軍在國家和社會生活中的作用得以澄清，大多數人已經接受了海軍對於保衛國家和貿易的重要性，因而也就接受了為此所必須承受的巨大經濟開支。這一時期英國的政治思想開始把安全和經濟增長與海軍聯繫在一起，在此後將近三百年的時間裡，海軍的絕對優勢都是英國人不容他國染指的禁臠。

查理一世
（1600 ~ 1649）

海軍建設的成效很快在具體行動中得到驗證。英國取得了一六五二至一六五四年第一次英荷戰爭的勝利，這是英國自一五八八年以來打的第一場真正有意義的海戰。一六五五年又與西班牙開戰，艦隊遠征西印度，占領了牙買加，並襲擊了西班牙本土，捕獲運寶船。海軍還進入波羅的海和地中海。總之，英國海軍開始穿行於歐洲和北大西洋的大部分水域，追求國家明確的政策目標，是國家推行政策的有效工具。

經過三次英荷戰爭，現在，輪到英國來制定海上行為和大國競爭的規則了。失敗的荷蘭被迫接受《航海法》，即輸入英國及其屬國的貨物，必須使用英國的船隻或者輸出國的船隻。這表明，英國走向海洋的道路已不存在任何障礙。之後，荷蘭船隻逐漸退出馳騁了近一個世紀的茫茫海域，「海上馬車伕」的角色開始由英國人扮演。這一點對於確保英國在十八世紀無可匹敵的海軍優勢至關重要。事實上，在近代早期，商業船隊與海軍之間並非像後來那樣界限分明。任何一個國家，包括英國，在和平時期也是不可能供養一支龐大海軍的，通常的做法是戰時臨時擴充。下面的數字可以很明白說明問題：一五八八年，英國艦隊上服役的士兵不到一萬六千人；十七世紀五〇年代，克倫威爾的海軍人數達到了三萬人，十七世紀九〇年代，威廉三世的海軍更是高達四萬五千人。如此快速擴張的英國海軍如何才能找到合適的兵源呢？顯然，只有商業船隊才能在戰時為海軍提供足夠、受過訓練的水手。所以，一國商業船隊與海軍艦隊的規模之間存在著重要關聯。在這方面，英國比其競爭者擁有明顯優勢。而僅就造船技術、海軍規模而言，英國並非始終領先其他國家。在路易十四時代，法國海軍戰艦的數量曾超過英國；十八世紀初，英國造軍艦還要去偷法國人的藍圖。

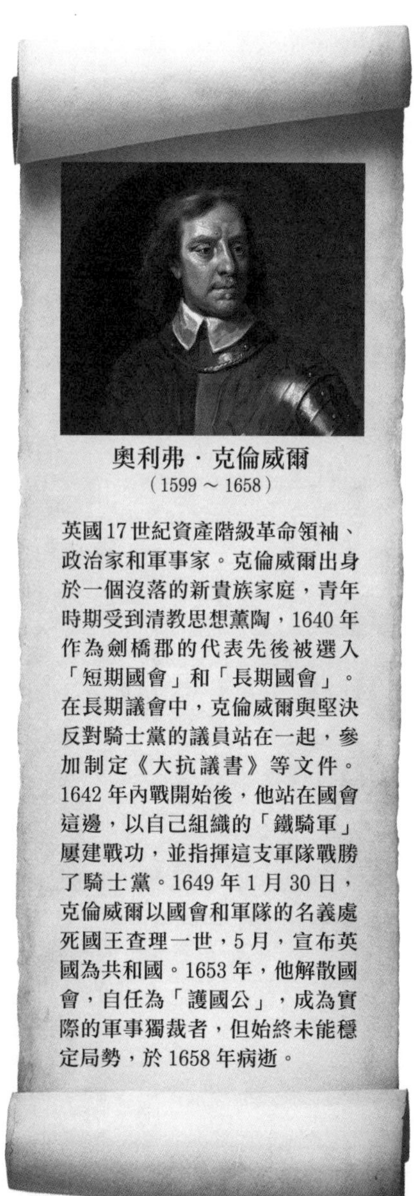

奧利弗．克倫威爾
（1599～1658）

英國17世紀資產階級革命領袖、政治家和軍事家。克倫威爾出身於一個沒落的新貴族家庭，青年時期受到清教思想薰陶，1640年作為劍橋郡的代表先後被選入「短期國會」和「長期國會」。在長期議會中，克倫威爾與堅決反對騎士黨的議員站在一起，參加制定《大抗議書》等文件。1642年內戰開始後，他站在國會這邊，以自己組織的「鐵騎軍」屢建戰功，並指揮這支軍隊戰勝了騎士黨。1649年1月30日，克倫威爾以國會和軍隊的名義處死國王查理一世，5月，宣布英國為共和國。1653年，他解散國會，自任為「護國公」，成為實際的軍事獨裁者，但始終未能穩定局勢，於1658年病逝。

強大的海權賦予了英國無與倫比的戰略優勢，催生出了英國在下一個世紀獨特的戰爭模式：即用它的商業財富來援助聯軍而自己只派一支小軍隊在歐洲大陸作戰，同時利用自身的海軍優勢控制歐洲周圍水域、保護國家安全，並贏得殖民貿易和海上貿易鬥爭的勝利。這一模式無往不利，百戰百勝。

三、君主立憲制的確立

自擊敗「無敵艦隊」和西班牙的威脅退卻後，英國在一段時間裡表現內向，不再密切捲入大陸事務。它在一六一八至一六四八年的三十年戰爭中未能發揮重要作用，並且是波蘭以西唯一沒有參加西伐利亞和會的國家。在十七世紀的大部分時間裡，國王與議會間的長期爭吵及內戰的爆發削弱了國家對外採取行動的能力。但這一混亂卻導致了最具建設性的結果，它最終催生出英國獨特的君主立憲制度，為國家的崛起提供了最為有效的政治制度保障。

都鐸王朝雖然在英國確立了君主專制制度，但專制主義在英國從未發展到法國、西班牙那樣強大的地步，究其原因，主要有兩個方面：

第一，英王沒有常備軍（陸軍）。常備軍制度產生於十五世紀末和十六世紀初，對歐洲大陸國家而言，沒有常備陸軍，安全就沒有保障，於是陸軍變成了一種國王政府的必要統治工具。因為有了常備軍，國王無論在平時還是戰時，都有了貫徹其意志的權力。英國因其相對安全的島國地位而未受到這種變化的影響。沒有陸軍，國王既無法壓制公眾的反對，也不能控制國家的荷包——掌握了稅收權力的國會。

與此相聯的第二個原因是，英國始終存在國會。以常備軍為後盾，所有歐陸國家很快都取消了各自的國會，而英王則無此資本。不僅如此，亨利八世的宗教改革使商人階級的財富大增，國會的權力反而提高了。國會控制著錢款的徵收和花費。如果國王能夠自給自足，沒有特殊的金錢需要，那麼，他就可以自己統治下去而不必召開國會。問題是，與歐洲大陸同時代的君主相比，英王並沒有經常的固定財政收入，平時國王及宮廷只能靠國王領地的地租及騎士捐維持生活。近代早期又恰逢價格革命發生，食品價格從一五〇〇到一六三〇年上漲了四倍，工業品價格上升二倍，通貨膨脹導致國王歲入的實際購買力大幅下降。在這種情況下，如果國王有特殊的金錢需要，或者一旦發生戰爭，他就必須召集國會，只有徵得國會同意，國王才能向自己的臣民徵收臨時捐稅。無疑，國會的存在構成了對王權的極大限制。

我們以同期的西班牙為例，看看在近代早期做一個「有追求」的君主需要付出怎樣的經濟代價。西班牙哈布斯堡家族不可謂不富有，當時歐洲最富庶的兩個地方——義大利和低地都是其領地，又有來自美洲源源不斷的黃金、白銀，他們掌握著歐洲其他王室望塵莫及的財富。但是，連綿不斷的戰爭使西班牙君主一直在為具有償付能力而苦苦掙扎。十六世紀四〇年代，查理五世發現他的正常和非正常收入根本不能支付開銷，他的賦稅早已提前多年抵押給了銀行家。查理退位時，留給腓力二世的國債已約有二仟萬達卡（ducat）。腓力二世的開支更大，他承繼了父親同法國的戰爭，而這場戰爭的花費如此之大，以致一五五七年西班牙王室不得不自行宣布破產。在低地的戰爭費用到十六世紀七〇年代已經非常龐大，而且總是不能按期支付，結果激起軍隊暴動。雖然十六世紀八〇年代來自美洲的礦產收入猛增，每年約有二佰萬達卡，但是一五八八年「無敵艦隊」的花費竟達一仟萬達卡。一五九八年腓力二世去世時，西班牙王室的總債務高達一億達卡。這筆巨債的利息差不多等於全部賦稅的三分之二。

撇開西班牙霸業成敗不說，只就其支付的高昂經濟成本而論，就是受到重重制約的英國王室所無法企

威廉一世
（1650～1702）

及的。因此，十六至十七世紀的英國之所以在軍事上一直表現乏力，既無法在歐洲大陸維持有效的軍事存在，也沒有能力在近海以外保持一支艦隊，究其原因，主要不是因為國家窮，問題在於它的政府。由於君主不存在法國或西班牙那樣的固定稅收，因此就不能充分利用其人民的資源，導致政府在軍餉、給養、招兵、艦船建造和維修方面困難重重，維持長期服役的軍人成為國王政府負擔不起的一項奢侈。以伊莉莎白時代為例，當時西班牙的歲入是其可利用資金的六至八倍，所以伊莉莎白女王的謹慎、優柔寡斷以及令人驚訝的慳吝也就可以理解了。在其統治期間，由於財政上的困難，伊莉莎白的政策總是一方面希望防止戰爭，而另一方面卻鼓勵私掠行為。前者使她可以在固定收入限度之內統治整個國家，後者可以增加收入而不必召開國會。

問題是，在一個因為軍事革命而帶來戰爭開支迅速增長的時代裡，只有那些能夠承受得起這些方面的消耗，並且形成一套能夠替補損失的財政和行政管理制度的國家，才有希望贏得帝國競爭。

十六世紀，由於都鐸王朝幾位君主的明智、審慎與精明，國王與國會之間尚能和諧相處。但是，一六〇三年開始的斯圖亞特王朝，其所奉行的對外政策與宗教信仰卻大大冒犯了資產階級和新貴族的利益。如在詹姆士一世時期，英國海外貿易和殖民地事業的強大敵人是西班牙，但國王卻對西班牙實行友好政策；查理二世和詹姆士二世都和法國維持親密的外交關係，從路易十四手裡領取補貼，而此時法國已經成為英國海外事業的頭號競爭者。更讓資產階級和新貴族不能容忍的是查理二世和詹姆士二世恢復天主教的企圖。一六七二年，查理二世頒布了《容忍宣言》，宣布國王有權恢復天主教徒的政治權利，這實際上就是恢復天主教的先聲。這一前景使資產階級新貴族寢食難安，因為天主教一旦恢復，那些在十六世紀宗教改革時買到天主教寺院土地的大商人及新貴族勢必要歸還這些土地。詹姆士二世是一個公開的天主教徒，他即位後，作為恢復天主教的第一步，就是任命天主教徒為法官。

斯圖亞特家族國王的倒行逆施導致其與國會的關係日趨緊張。從一六四〇年開始，英國的國內政治陷入長達近半個世紀的動盪，其間經歷了內戰、護國政體、復辟，最終，資產階級和新貴族找到了他們理想的權力代理人——詹姆士二世的女婿荷蘭執政威廉三世。一六八八年十一月五日，威廉率領荷蘭海軍在英國登陸。一六八九年二月，威廉正式登上英國王位，為「威廉一世」。這是英荷兩國在歷史上唯一一次被劃到了同一個人的名下。一六八九年三月，國會通過《權力法案》，規定此後英國國王必須是新教徒，國王必須按照國會的意志行事，而且只有在下院同意下，才能徵收新稅及招募常備軍。至此，英國變成了君主立憲國家。

九年戰爭
（1688～1697）

又稱「奧格斯堡同盟戰爭」，是法王路易十四在位時的第三場重要戰爭（前兩場分別為權力轉移戰爭與法荷戰爭）。戰爭起因是路易十四欲在歐洲大規模擴張，因此遭到荷蘭、英國、西班牙等組成大同盟聯合對抗。戰爭的結果是法國被逼與大同盟各國言和，並退回了此前占領的很多土地，其擴張勢頭被遏制。

上述一六八八至一六八九年發生的事件，英國歷史學家稱之為「光榮革命」。經過這次變革之後，在英國的政治生活中逐漸確立起了立憲君主制的原則。

一六八八年光榮革命確立的新政體對英國來說至關重要，代表資產階級利益的國會掌握了國家權力，從而可以確保國家機器為資產階級利益服務，而資產階級則願意為此支付必要的開支。所以，以光榮革命為起點，對外殖民擴張成為國家關注的重點，海軍則是確保國家安全、繁榮的基石以及贏得對外征服的工具，並因此被置於壓倒性重要的位置。

現在，國會開始慷慨地打開錢袋了，英國政府有了遠比從前更充裕的財政收入，可以充分利用經濟成長所帶來的收益。在查理二世統治期間（一六六〇～一六八五年在位），正常情況下王室年度收入僅為一佰三十至一佰四十萬英鎊，只有在一六六五年和一六六六年的戰爭年頭才達到二佰萬英鎊，並且在一六八七年詹姆士二世時再次上升到這一水準。與之形成鮮明對照的是，九年戰爭期間英國財政總收入為三仟二佰七十萬英鎊，西班牙王位繼承戰爭期間是六仟四佰二十萬英鎊，這一增長單獨一項最大來源是一六九二年開始徵收的土地稅。消費稅也擴展至幾乎每一種消費品。增稅之所以得以實施而沒有引起造反是因為控制國會的人支持它。從前懷疑政府的資產階級和新貴族開始信賴他們的政府，不再擔心自己的錢被用來顛覆他們的自由，所以，他們願意承擔必要的賦稅以支持國家的戰爭行為，當然，這些戰爭也能夠為他們帶來可觀的收益。在光榮革命後的一百年當中，英國平均稅收總值增長了六倍。一位國會議員這樣評論道：

> 任何一位紳士請看一眼我們桌上的財務報告書吧。在那他將注意到我們的稅收狀況已膨脹到了多大的規模，多大的數字……太可怕了，就是看一眼目錄也讓人恐懼，因為接連好幾欄中，我們看到的只有稅、稅、稅……。

據統計，到十八世紀三〇年代，英國人在每二十先令的開支中，就有十先令是以消費稅的形式交給了國家。

不僅稅收前所未有地增長，更重要的是公眾還願意借錢給政府，信用市場開始在英國大規模發展。這進一步表現了公眾對於新政治制度的絕對信心，既相信它有能力，也有意願償還借貸。正如十八世紀英國的政治經濟學家查爾斯・達韋南特（Charles Davenant）所說：

在所有僅存在於人們思想領域的事務中，沒有什麼比信貸這種東西更虛幻、更美好了。它絕不能被任何強力控制，它只懸在人們的觀念中。它依賴我們的希望或恐懼的激情，它常常是不經意地來，沒理由地走，而且一旦失去，便很難恢復。

一六九四年英格蘭銀行成立，到一七〇〇年，英國的公共財政體系已是全歐最好。在西班牙王位繼承戰爭中，公眾在公共證券上的投資支付了戰爭費用的大約三分之一。在奧地利王位繼承戰爭結束時，英國國債已達七仟伍佰八十一萬二仟英鎊，到七年戰爭結束時，增至一億二仟六佰七十九萬四仟英鎊，到一七八三年對美戰爭結束時，大英帝國的國債已累積到近乎天文數字的二億四仟五佰萬英鎊！相當於二十多年的稅收總值。

對於供養一場戰爭來說，信貸的重要性無疑是壓倒性的，因為沒有一個國家能以它當時的收入來支持一場大規模的戰爭，信貸給予國家預支未來的繁榮以救濟現在的貧困的能力，即以按揭的方式打仗。至此，英國的全球戰略終於擺脫了財政上的尷尬，錢已不再是問題。在整個十八世紀，沒有一個歐洲國家像英國那樣，能夠為漫長的戰爭提供源源不斷的金錢，並以此為手段在歐洲大陸尋找願意替它牽製法國的盟友。

英國在光榮革命中所確立的政治制度在十八世紀又發生了很大的變化，使君主立憲政體進一步完善。根據一六八九年的《權利法案》，立法權、軍權及財政大權完全屬於國會，國王手裡只剩下行政權，樞密院大臣仍由國王任命並且向國王負責。而在威廉一世在位期間，英國開創了一個先例，即國王必須任命下院多數黨領袖為樞密大臣。威廉一世在任命下院多數黨為樞密大臣後，經常與少數幾個重要的大臣議事於密室，從此之後，這幾個大臣就逐漸形成為內閣，而且內閣大臣向國王提出的建議，國王一般總是採納。根據一七〇一年的王位繼承法，國會所通過的法案都要由有關大臣簽署。這樣，批准法律的部分責任也由國王轉到內閣大臣身上了。

到安妮女王時期（一七〇二～一七一四年在位）又形成先例，內閣大臣所推薦的法案為國會兩院通過後，國

安妮女王
（1665 ～ 1714）

王或女王必須批准；假若否決，那麼內閣大臣就必須辭職，但是國王仍只能從下院多數黨中任命大臣。從一七〇七年以後，英國國王就不再行使否決權了。這意味著國會開始享有絕對的立法權。

一七一四年，安妮女王病逝，且無子嗣，來自德意志的漢諾威選帝侯、新教徒喬治一世繼承英國王位。喬治是詹姆士一世的曾外孫，算是安妮的遠房表兄（有五十多位比他有優先權的信奉天主教的親戚因信仰而被排除在外）。此時他已經五十四歲了，討厭英國潮濕的天氣，在擔任英國國王的十三年中，大部分時間是在漢諾威度過的。對於喬治而言，這個意外的王冠帶來的最大困難是他不會講英語。他的英國大臣們又不會講德語，君臣之間只好用法語交談，但是懂得法語的廷臣也不太多。於是，君臣之間使用蹩腳的拉丁語來幫忙，雙方又經常詞不達意，交換意見時造成很大的語言障礙。因為語言不通，喬治一世從一七一七年起就不再出席和主持內閣會議，在內閣大臣中逐漸就產生了主持內閣會議的首席大臣——首相，內閣完全擺脫了國王的控制。

就這樣，在歐洲其他國家的君主正在享受著絕對王權之際，英國的君主卻逐漸變成了統而不治的虛君。

但虛君並不代表國家權力的軟弱，國會和內閣為英國提供了當時世界最為優質和穩定的政治管理，這是英國大國地位強有力的依託和保證。

四、西班牙王位繼承戰爭及其國際影響

至十七世紀晚期，在建立帝國的道路上，英國已顯示出不可阻擋的強勁勢頭：在連續的征戰中，它建立起一支歐洲最強大的海軍；在打敗荷蘭的基礎上，它的商業觸角已經伸向全世界；在光榮革命之後，它的政治實現了與商業的最佳結合。現在，環顧歐洲，除了法國，其他國家均已不是英國的對手。最終，借助於一七〇一至一七一一年的西班牙王位繼承戰爭，英國在打敗法國的基礎上完成了大國崛起的第一段征程——成為歐洲第一強國。

顧名思義，西班牙王位繼承戰爭的導火線是西班牙王位的繼承問題。十六世紀曾經獨步歐洲的西班牙哈布斯堡家族在經歷了一個半世紀連綿不斷的戰爭後，此時已走過了它的輝煌時代而步履蹣跚了。雪上加霜的是，自一六六五年之後，西班牙又開始處於隨時面臨王位繼承危機的狀態。國王查理二世在一六六五年繼承王位時年僅四歲，他是腓力四世三個兒子當中僅存的一個，但是王室之間長期近親通婚使這個孩子的身體和精神都存在嚴重問題，自出生起就被斷定難以成人，且不會有子嗣。這就意味著，一旦這位西班牙哈布斯堡家族的最後男性成員去世，歐洲各國將面臨由誰來繼承這個龐大帝國的問題。當時西班牙的領地遍布歐、美、亞、非四大洲，如此沉重的遺產加到任何一個王室身上，都將是一個令其他國家無法承受

腓力五世
（1683～1746）

的砝碼。

令人意外的是，查理二世雖然體弱多病，但並沒有像人們預想的那麼短命，他一直活到了一七〇〇年，不過沒有生育能力倒是事實。所以，西班牙王位的繼承問題儘管沒有在查理登上王位之後很快出現，但是到十七世紀九〇年代末，所有的信息都顯示，查理二世已經走到了生命盡頭，王位問題也就成為歐洲大國關注的焦點。

按照西班牙哈布斯堡王朝的繼承法，如果國王死後沒有男性繼承人，與王朝有婚姻關係的人享有繼承王位的權利。根據這個法律，最有資格繼承王位的是法國的波旁家族和奧地利的哈布斯堡家族。法王路易十四和奧地利皇帝雷奧波德處於同一個權利等級，他們的母親都是腓力三世的女兒，他們又都娶了腓力四世的女兒，即這兩位都是腓力三世的外孫、查理二世的表兄兼姐夫。

當時，就幾個大國來說，基本的立場是瓜分，因為誰都不想讓這份遺產被別人獨占，誰也都無法安穩地獨占這份遺產。當然，如何瓜分也是一個難以達成共識的問題。一六九八年和一七〇〇年，路易十四與英國國王兼荷蘭執政威廉一世曾簽署了兩個瓜分條約。但是，西班牙人反對瓜分他們的國家，查理二世對瓜分的企圖非常憤怒，宣布他的遺產只能由一個人繼承。一七〇〇年十月二日，查理二世立下遺囑，將不可分割的繼承權交給法國太子（即路易十四的兒子）的第二個兒子安茹公爵，或第三個兒子貝里公爵，或皇帝的第二個兒子查理大公。這個遺囑頗有些出人意料，西班牙人的意圖是，通過把他們的帝國與歐洲最強大的君主路易十四聯繫在一起而保證它的完整性。他們預計，法國別無選擇，因為拒絕的結果就是王位將落入死對頭奧地利之手。在立下這個遺囑一個月後，查理二世就結束了自己可憐的一生。

現在，球被踢到了路易十四的腳下。這樣一位擁有強盛國力、與眾不同的君主會如何處置西班牙人扔過來的這個燙手山芋呢？毫無疑問，他會勇敢地接受這個挑戰。事實上，路易十四也沒有退路。從理論上來說，他有三條路可以選擇：一是和平實施與英國人達成的條約。但這幾乎不可能，因為西班牙人反對瓜分，奧地利也不會同意這個條約；二是放棄繼承權。但這會導致皇帝的兒子查理大公登上西班牙王位，其結果既會增加奧地利的權勢，也不符合路易十四一貫強調的尊嚴、榮譽原則，他不可能對此置之不理；三是接受這份遺囑。這注定會引起歐洲其他國家的反對，因為他們已經不能再容忍法國的權勢進一步擴大了。無論做出什麼選擇，最終的結果都可能是戰爭。既然如此，路易十四決定接受西班牙的邀請。

一七〇〇年十二月，安茹公爵出發赴西班牙，一七〇一年初達到馬德里接受王位，宣布為西班牙國王腓力五世（一七〇〇～一七四六年在位）。更讓其他國家不能容忍的是，路易十四居然發表正式文件，宣布腓力五世有權繼承法國王位。這就意味著，有一天，法西兩國有可能合併。再加上路易十四幫助腓力五世占領了南尼德蘭，而腓力五世又給予法國在西班牙海外領地的貿易特權。凡此種種，都超出了歐洲大國的承受底線，最終促使反法大同盟在一七〇一年九月成立，其成員包括英國、荷蘭、奧地利、丹麥、普魯士、漢諾威、巴拉丁及一些德意志小國。而法國的陣營只有西班牙、巴伐利亞、科隆、葡萄牙和薩伏伊。

在反法的陣營當中，英國的作用至關重要，如果沒有它的金錢和軍隊，尤其是金錢，大陸國家不可能戰勝法國。此時，經歷光榮革命的英國政局穩定、國力日盛，西班牙王位繼承戰爭可謂是恰逢其時：對歐洲而言，終於有了一個反法的核心和金主；對英國而言，終於有一個將法國拉下馬的機會。

戰爭初期，由於法國軍隊訓練有素、名將雲集，而反法的一方倉促上陣、力量分散，所以法國占了優勢，在各個戰場上都取得了勝利。英法之間的較量也擴展到了兩國在北美的殖民地，北美作戰也被稱作「安

馬爾博羅公爵
（1650～1722）

妃女王戰爭」。一七〇四年之後，由於盟友相繼投靠敵人，內部也出現了新教徒起義，法國陷入內外交困、力不能支的處境。從一七〇五年開始，盟軍連戰連捷。

在這次戰爭中，反法大同盟一方湧現出一位傑出的天才軍事指揮家——英國的馬爾博羅公爵，他在十一年的戰爭當中擔任聯軍最高指揮官，從沒有輸過任何一場戰役。馬爾博羅公爵本名約翰·邱吉爾，是二戰期間英國首相丘吉爾的祖先。英國著名的軍事理論家富勒（Fuller）對其有過如下評價：

> 以將才而論，他具有一種很少見的魄力，能夠對於一場戰爭做整體性的觀察，他能夠把海權與陸權、戰略與政策都融合成為一體。沒有一件事能逃出其觀察力之外，即令在戰術方面或行政方面，任何細節也不會被忽視。他是一個謀略家，總是經常使敵人感到神祕莫測；他也是一個管理家，他的人員對於任何東西都不會感到缺乏。在計劃一場戰役時，他可以忍受無限的痛苦，在執行一個計畫時，他又能不怕無限的困難。

馬爾博羅公爵一生跌宕起伏，頗具傳奇色彩。他早年為約克公爵（即後來被議會廢黜的國王詹姆士二世）當侍從，參加過一些戰爭，深得約克公爵信任，受封男爵。約克公爵繼承王位後，他參與平息反政府叛亂而被任命為英軍總司令。但是，他在一六八八年的宮廷政變中轉而擁戴威廉一世，並受封伯爵。至此故事並沒有結束。馬爾博羅伯爵於一六九一年因涉嫌參與詹姆士二世謀叛而被捕入獄，獲釋後失去威廉一世的寵信。一七〇二年安妮女王即位後再度被重用，這在很大程度上得益於西班牙王位繼承戰爭，也與他的妻子是安妮女王的侍從不無關係。一七〇四年，他因戰功卓著而受封公爵。也許是言行不慎，也許是人紅是非多，一七一一年下院指控他濫用公款，被免職後僑居國外。一七一四年回國，積極參與迎立漢諾威王朝英王喬治一世，再度受重用，但不久即因病引退。從馬爾博羅公爵的生平可以看出，除了是一名偉大的軍事指揮家外，他還是一個在政治上嗅覺極其靈敏，立場高度靈活的投機者。

一七一〇年之後，戰爭進入了第三個階段，一些新情況和新趨勢的出現使大聯盟的支柱——英國的態度發生了變化。第一個因素是英國政局的變化，托利黨取代輝格黨上台執政，它反對輝格黨參加歐洲大陸戰爭的政策，開始和法國尋求妥協。當然，出現這一局面也是因為英國在海外已經收穫了足夠多的利益，繼續打下去可能破壞大陸均勢，導致奧地利坐大。第二個因素是瑞典在北方戰爭中失利，俄國有可能取得波羅的海霸權，這將威脅到英國在這一地區的貿易和航行，所以，英國需要騰出手來應對北方出現的新形勢。第三個因素是皇帝約瑟夫一世於一七一一年去世，其弟查理大公，即西班牙國王的備選人之一，成為皇帝查理六世。查理是其父雷奧波德皇帝歐洲大帝國計畫的追隨者，他的上台使英國人擔心，一旦奧地利獲勝，就會實現皇帝合併西班牙、建立哈布斯堡歐洲大帝國的計畫，從而破壞歐洲的均勢。對英國來說，龐大的西班牙帝國既不能合併於法國，同樣也不能合併於奧地利。

英國從一七一一年就開始與法國祕密和談，馬爾博羅公爵被解職。一七一二年和談公開化，雙方的軍事行動停止，法國得以擺脫困境，避免了澈底失敗的命運。現在，大同盟當中只剩下奧地利還在堅持與法國作戰。一七一三年三月二十一日至四月十一日，參加和談的各方代表雲集荷蘭烏特勒支城，以英國、荷蘭、普魯士、薩伏伊、葡萄牙為一方，法國為另一方簽署了《烏特勒支和約》。查理六世拒絕簽署和約，繼續對法國作戰。但是沒有英國的支持，奧地利根本不是法國的對手。一七一三年十二月，法國、奧地利也開始談判，一七一四年三月十七日簽署了《拉什塔特和約》。在一七一三至一七一五年間，英國、荷蘭、奧地利又簽訂了一系列《界防條約》，這些條約一般通稱為《烏特勒支和約》。

條約的主要內容包括：

（一）承認腓力五世繼承西班牙王位，但法、西兩國永遠不得合併。其實後來很長一段時間，兩個波旁王室的關係並不好，路易十五和他的叔叔腓力五世還曾經發生過戰爭。

（二）對皇帝查理六世放棄西班牙王位以補償。這相當於在一定程度上分割了西班牙。西班牙的南尼德蘭和在義大利的大部分領地劃歸奧地利。從此，開始了奧地利對義大利長達一個半世紀的控制，直到義大利在十九世紀六〇年代獲得獨立和統一。

（三）法國承認漢諾威選帝侯喬治有權繼承英國王位。因為安妮女王沒有子女，遂產生了一個在她身後由誰來繼承王位的問題。安妮是被廢國王詹姆士二世的女兒，有一個同父異母的弟弟詹姆士，安妮最初從家族的角度考慮，傾向於弟弟繼位。但是詹姆士和他的父親一樣，也是一個虔誠的天主教徒，讓天主教徒當國王是英國社會和議會絕不能接受的。除此之外，就只有德國的漢諾威家族有資格繼承王位。安妮的曾祖父詹姆士一世的女兒嫁到了德國的漢諾威，是喬治的祖母，喬治也算是安妮的遠房表兄弟。他既有英國王室的血統，又是新教徒，所以被英國議會確定為英國王位的繼承人。一七一四年，喬治繼承英國王位，稱「喬治一世」。

（四）英國的獲益主要是在殖民地、海上據點和貿易特權方面。英國從法國手裡得到了加拿大的新斯科舍，紐芬蘭、哈德遜灣領土，還有西印度群島的一些島嶼。這是法國丟失北美殖民地的開端，再過半個世紀，北美大致變成了英國的天下，成為英語世界的一部分。英國還獲得了西班牙在地中海的梅諾卡島和控制進出地中海的要塞直布羅陀。這些據點對於英國在十八至十九世紀的海上霸權至關重要，英國海軍對世界各大洋的控制實際上是通過控制要點來實現的。直布羅陀對英國尤其具有戰略意義，在十九世紀六〇年代蘇伊士運河鑿通之後，直布羅陀成為歐洲通往印度和遠東的咽喉。另外，英國獲得了在西班牙屬地的貿易特權，對於一個海權國家來說，這是一個與海軍同等重要的大事。

（五）布蘭登堡選帝侯的普魯士國王地位得到各國承認。這預示著，在不久的將來，歐洲大國隊伍裡將出現一個嶄新的面孔。

英國是西班牙王位繼承戰爭和《烏特勒支和約》的最大贏家，它不僅擴大了殖民地和貿易特權，而且進入了地中海，這對歐洲後來的政治進程產生了重大影響。法國的霸權野心被遏制，歐洲大陸的均勢得以保持。所以，西班牙王位繼承戰爭和《烏特勒支和約》使英國一躍成為歐洲頭號強國。而就在半個多世紀之前，英國人還沉淪在內部的紛爭當中，十七世紀六〇至八〇年代，英國國王還要接受他們的表兄弟路易十四的資助。

與英國的崛起相呼應，法國則從歐洲第一強國的地位跌落下來，除了日後在拿破崙手裡有過短暫的勃興之外，法國再也沒有獲得過路易十四時代的輝煌、地位、實力與影響力。在十八世紀，它雖然也參加了多次戰爭，但再也不是為崇高的榮譽而戰了。

《烏特勒支和約》簽訂之後，英國在海洋上和在世界市場中都獲得了優越的地位，誠如馬漢（Mahan）所說的：

> 不僅是在事實上，而且也在它的自覺心中。

CHAPTER V THE GREAT NORTHERN WAR AND THE RISE OF RUSSIA

第五章　北方戰爭與俄國崛起

十七世紀末，半野蠻的沙皇俄國闖進了歐洲國家的視野。彼得大帝一手抓改革，一手抓打仗，以改革支撐戰爭，以戰爭固化改革成果。當北方戰爭最終結束之時，曾經的波羅的海霸主瑞典倒下了，一個強悍的俄羅斯帝國在西北歐冉冉升起，歐洲國際政治大棋局裡又多了一個玩家。

在二〇一四年國際政治的諸多關鍵詞中，烏克蘭恐怕是最熱門的一個，它與克里米亞、空難、天然氣、反政府武裝、石油價格、美俄歐俄關係、G20高峰會等問題糾結在一起，儼然是牽動二〇一四年國際政治經濟的龍頭和重點。

理論上，一個國家推行什麼樣的內政外交政策是該國自己的事，所謂不干涉內政就是基於此而來。但是，俄羅斯卻對烏克蘭的向西轉表現了極大的憤怒和不可接受。之前，北約的東擴俄羅斯也只是口頭抗議而已，而烏克蘭僅僅一個與歐盟建立聯繫國的舉動就令俄羅斯怒不可遏，並接連出重拳回應，甚至為此不惜與歐美對抗。

俄羅斯為什麼對烏克蘭表現出如此的在意與在乎？烏克蘭人面對俄羅斯與歐洲，為什麼又會呈現出截然對立的分裂——東部親俄，西部親歐，這些都要從兩國的淵源說起。

事實是，俄羅斯、烏克蘭、白俄羅斯三個民族有著共同的祖先——古羅斯人。古羅斯的第一個中心城市就是今天烏克蘭的首都基輔，八八二年，諾夫哥羅德王公奧列格征服基輔及其附近地區後建成基輔-羅斯公國，基輔也被認為是俄羅斯的城市之母。基輔-羅斯公國的疆域包括聶伯河到伊爾門湖之間的土地，這裡成為包括烏克蘭、俄羅斯、白俄羅斯在內的東斯拉夫文明發源地。

十世紀初，基輔-羅斯不斷擴張，版圖東至伏爾加河口，經克里米亞半島至多瑙河口，北起拉多加湖，循波羅的海沿岸，南臨草原，初步奠定近代俄羅斯聯邦的領土規模。九八八年，基輔-羅斯大公弗拉基米爾接受了傳自拜占庭帝國的基督教作為國教，使得羅斯人告別了多神教的信仰。羅斯受洗對基輔-羅斯公國及現代俄羅斯、烏克蘭、白俄羅斯發展發揮了重大作用。自此之後，俄羅斯人確定了自己日後的思想根基。

從十一世紀中期起，基輔-羅斯陷於封建混戰，分裂為十八個公國，古羅斯部族逐漸分裂成俄羅斯人、烏克蘭人和白俄羅斯人三個支系。十三世紀二〇年代，基輔-羅斯被蒙古金帳汗國征服，此後羅斯人的發展中心轉移至東北部莫斯科一帶。一四八〇年，留裡克王朝支系莫斯科公國統一羅斯，驅除了蒙古人。

從十四世紀起，烏克蘭人開始脫離古羅斯而形成具有獨特語言、文化和生活習俗的單一民族，並歷受立陶宛大公國、波蘭等國的統治。一六五四年，烏克蘭哥薩克領袖赫梅利尼茨基與俄羅斯沙皇簽訂《佩列亞斯拉夫和約》，商請沙俄來統治東烏克蘭，自此東烏克蘭（聶伯河左岸）與俄羅斯帝國正式合併，開始了烏克蘭和俄羅斯的結盟史。十八世紀，俄羅斯又相繼把烏克蘭和黑海北岸大片地區併入自己的版圖。到一七九五年，除加利西亞（一七七二至一九一八年屬於奧地利）以外，烏克蘭其餘地區均在沙皇俄國統治之下。

一九一七年十月革命之後，烏克蘭曾有過短暫的「獨立」時期。一九一七年十二月五日，烏克蘭蘇維埃社會主義共和國成立，後於一九二二年十二月加入蘇聯。但是，西烏克蘭卻在一九一八至一九二〇年的外國武裝干涉時期被波蘭占領。一九三九年十一月，二戰爆發，波蘭被德國和蘇聯分割占領，西烏克蘭成為蘇聯的一部分。

一九九一年十二月，伴隨著蘇聯大廈的傾覆，烏克蘭、俄羅斯、白俄羅斯等十五個蘇聯加盟共和國獲得獨立。但是，不同的歷史經歷，使同一個烏克蘭民族打上了不同的烙印。東烏克蘭因與俄羅斯合併多年而在情感上更加傾向這個東方的老大哥，西烏克蘭長期在西方的統治之下（波蘭和奧地利），只在二戰後短暫歸屬蘇聯，所以從內心更認同西方的文明。這種情感的撕裂是造成烏克蘭在東、西之間搖擺不定的主要原因。而俄羅斯起源於基輔—羅斯，自然不甘心丟掉自己的民族發源地。

其實，俄烏之間的恩怨情仇恰是一部俄羅斯的帝國史，而今日之紛擾動盪，也仍然是蘇聯帝國解體這場大地震的餘波。

在歐洲人眼裡，俄國是個東方國家，而俄國的國徽則是雙頭鷹：一隻注視著東方，一隻注視著西方。這說明，俄國人自己也認為，東方是其文化和利益的一部分。十八世紀，憑藉彼得大帝的改革和在北方戰爭的勝出，俄國成為歐洲國際體系的一部分，並發揮著重要作用。時至十九世紀上半葉，俄國更是被冠以

「歐洲憲兵」的稱號。十九世紀末，俄國逐漸走向衰落，日俄戰爭的失敗則啟動了俄國最終覆滅的歷程。一九一七年的十月革命之後，在其廢墟上，一個嶄新的蘇維埃社會主義國家誕生了。

一、彼得大帝的改革

到十七世紀末的時候，當年那個向蒙古人稱臣納貢的莫斯科大公國已經成為一個強大的君主專制國家，大公變成了沙皇，它的版圖西至聶伯河上游，東抵鄂霍次克海，北達北冰洋，南鄰裏海北岸，是歐洲領土面積最大的國家。

但俄國有一個非常重要的缺陷——沒有出海口：南方的黑海沿岸被土耳其人霸占著，北方波羅的海沿岸在強大的瑞典手裡。只要沒有出海口，俄國就很難與先進的西歐國家交流，就無法改變自己野蠻的邊緣國家身分。

當時，與英國、法國、荷蘭等近代化國家相比，俄國在政治、經濟、文化、科技等方面的落後極為明顯。俄國實行農奴制，沒有經歷文藝復興和宗教改革，從自然科學到文學、哲學都毫無生氣。當彼得率領他的考察團抵達西歐時，他們的粗魯無禮令當地人非常震驚：這些俄國人能喝下數量驚人的啤酒、紅酒和白蘭地，英王威廉一世甚至給彼得一世送去一份賬單，上面記錄了沙皇的扈從在英國寄宿期間對鄉間房屋的破壞情況，此外，彼得一世由於命令他的隨從列隊穿越花園，也使美麗的風景遭到破壞。顯然，俄國與西歐的差距不是一星半點，俄國人在物質和精神上仍處於中世紀狀態。

彼得一世
（1683～1746）

一六八九年，十七歲的沙皇彼得一世親政，打通向南、向北的出海口就成為他的首要目標。一六九五年和一六九六年彼得兩次率軍遠征，但獲得黑海出海口的任務並沒有完成。對土耳其作戰當中暴露出了俄國軍隊的落後、腐敗，使彼得產生了按照西歐模式改革俄國的想法，同時他也想到西歐去尋找和土耳其作戰的盟友。於是，彼得就在一六九七年組織了一個「大使團」訪問歐洲。

彼得化名彼得．米哈伊洛夫隨團出訪，身分是普列奧布拉任斯基軍團的下士。考察團先後來到普魯士、荷蘭、英國、奧地利等國家。在荷蘭的阿姆斯特丹造船廠裡，彼得一世和工匠們住在一起，吃粗茶淡飯，學習建造軍艦和駕駛船隻，由於表現出色，他被師傅和工友們推薦為「優秀工匠」。在英國，他還旁聽了議會辯論，研究了英國的政治制度。顯然，英國的議會政治並沒有令彼得產生好感，相比之下，荷蘭的工場，特別是造船業給他留下的印象更深刻。總之，他盡了最大的努力學習西方的文化、科學、工業及行政管理方法。

彼得在這次行程當中，除了見識到西方的先進，從而使他堅定了改革的決心之外，還有一個重要的收穫就是戰略方向的調整。本來彼得把重點放在南方，意在和土耳其爭奪黑海出海口，因為比起控制波羅的海沿岸的瑞典來說，土耳其在軍事上顯然要落後很多，他想在西歐尋求對土耳其作戰的盟友。但是，在和布蘭登堡選帝侯進行結盟談判的時候，選帝侯提醒他：

在國際的賭局裡，土耳其的牌將要輸掉了……但是瑞典卻是莫斯科背後最危險的敵人。

當然，選帝侯這麼做是有私心的，他想讓俄國和他一起對付瑞典、波蘭。可是這一席話卻觸動了彼得一世的思考。而且在歐洲周遊一圈之後，他發現，西歐國家對與土耳其作戰沒什麼興趣，當時西班牙王位繼承問題迫在眉睫，各國的注意力都在這個上面。不過，對瑞典作戰倒是個良機，因為大國們已經無暇東顧，瑞典的霸權政策又導致它和鄰國關係緊張，俄國不難找到反瑞典的盟友。而且，波羅的海是俄國通往西歐最短的海上通道，遠比黑海方便。所以，歐洲之行使彼得將戰略重點由南方轉向北方，開始著手建立反瑞典同盟。

從後來的事態發展來看，恰恰是因為打開了通向波羅的海的出海口，俄國才得以躋身歐洲政治，並按照西歐模式進行政治、經濟和軍事改革，使自身成為一個近代意義上的強國；反之，如果俄國將戰略重點放在奪取黑海出海口上，那麼即便成功，對俄國崛起的促進作用也是極為有限的，畢竟，黑海是一個半封閉的海，控制其周圍地區的土耳其也沒有多少可令俄國學習、借鑑的地方。

一六九八年秋天彼得回國，之後立即發動了一場全方位、澈底改變國家命運的大變革。

彼得的改革首先是從生活方式和行為習俗開始，第一件事情是剪鬍子，下令全國城鄉的男人都不許留鬍子。據說，當幾位大臣前來問候遠道歸來的沙皇時，彼得突然操起手中的剪刀朝他們的鬍子剪了過去，從而揭開了改革的序幕。本來，鬍子在俄羅斯人的觀念裡是「上帝賜與的裝飾品」，但它已經成為與世界文明交往的障礙。後來因為阻力太大，彼得也作了些讓步，一時想不通的也不會砍頭，但是要出錢購買留鬍權。

別爾嘉耶夫
（1874～1948）

這個錢可不少，一個富商每年要繳一佰盧布（RUB），而且繳了錢，事情還沒有完，要把政府所發上面刻著「錢收訖」的小銅牌掛在脖子上，以備隨時查驗。

彼得大帝做的第二件事情，就是革除傳統的寬袖長袍，每一個體面的人必須做一套「西裝」。他認為，這種傳統服裝華而不實，有礙工作，必須禁止。他在宴會上自己動手，把客人的大袖袍剪得乾乾淨淨。

在經濟方面，彼得大力鼓勵工商業的發展，允許企業主買進整村的農奴到工廠做工，批准外國人在俄國開辦工廠。為了鼓勵西方工藝和技術的引進，他把許多西方技術人員帶入俄國，派遣年輕人到東歐去學習。

在政治上，改革的目的是建立完整的中央集權統治，提高工作效率。彼得剝奪了貴族領主杜馬會議的職能，代之以參政院，下設十一個委員會（實際上相當於西方國家的「部」）負責具體工作；劃分行政區域，將全國分為五十個省。彼得還頒布了一個「職能表」，將文武官員分成十四個不同的等級，所有官員不管門第出身，都要從最低一級做起，靠功績晉陞。

彼得認為，俄國東正教會是一股落後的反動勢力，故罷黜大教長，代之以宗教院，使教會成為國家政權的一部分；俄羅斯的傳統曆法被廢除，代之以歐洲通用的公元紀年；按照西歐的語言習慣改革了俄羅斯文字；彼得還建立了俄國第一座圖書館、醫院、劇院、博物館、印刷所，還出版了第一份報紙，親自擔任主編。

在北方戰爭取得了階段性勝利之後，彼得立即著手在剛剛奪取的涅瓦河畔波羅的海邊的沼澤地上建立了新首都聖彼得堡，從而使自己不僅在心理上，同時也在地理上更靠近西方。聖彼得堡為俄國提供了一個「瞭望歐洲的窗口」，從此就成了俄國與西歐交往的主要地點。

當然，在所有的改革中，軍事改革是最為重要的。彼得一共建立了正規陸軍二十一萬人，並有十九萬人非正規兵力作為支援。他還從零開始創建海軍，創立了一所學校來培養海軍軍官，修建船塢，建設港口；建造了一支共有大戰船四十八艘、其他小船七百八十七艘的艦隊，這是俄國得以戰勝瑞典的最重要資本。與英國、荷蘭等國不同，彼得在完成所有這一切時，並沒有一支商業船隊為他提供有技術的水手和經驗豐富的船長。

彼得的改革就廣度來說，幾乎超過了世界歷史上的任何一次改革，但是他在這個過程中採取的手段極為粗暴，「不惜以野蠻的手段對付野蠻」，甚至連他的兒子都反對他，最後死在獄中，為此而送命的人據說占了當時國家人口的三分之一。但是，這一次成功的改革推動了社會進步，增強了俄國實力，鞏固了專制統治，為對外侵略擴張準備了條件，使俄國由歐洲的窮鄉僻壤變成了世界強國。正如俄羅斯二十世紀著名思想家別爾嘉耶夫（Berdyaev）所說：

> 彼得大帝的改革對人民是如此巨大的痛苦，但沒有彼得的強制性改革，俄羅斯就不能完成自己在世界歷史中的使命，也不能在世界歷史上獲得自己的發言權。

在啟動改革的同時，彼得也在緊鑼密鼓地組織反瑞典的北方同盟，準備對瑞典的戰爭。一六九九年，俄國、丹麥、薩克森三國的反瑞典同盟正式形成。一七〇〇年七月，俄國與土耳其簽訂了和平條約，八月七日，彼得對瑞典宣戰，北方戰爭開始。

二、軍事天才查理十二世

在北方戰爭中，彼得的對手是小他十歲的瑞典國王查理十二世。一六四八年三十年戰爭結束後，瑞典成為波羅的海沿岸的霸主。查理十二世於一六九七年即位時年僅十五歲，這位瓦薩王朝的第十代國王繼承了一個龐大帝國：包括整個斯堪地納維亞半島（挪威除外）、芬蘭、卡累利阿、因格里亞、愛沙尼亞、立窩尼亞、西部波美拉尼亞、維斯馬、不萊梅和威爾登，以及大多數波羅的海中的島嶼。瑞典人不僅控制了波羅的海，而且除了尼曼河和維斯瓦河以外，所有流入該海的各大河口也都在其控制之下。它還擁有當時北部歐洲首屈一指的武裝力量，計海軍戰艦四十二艘、陸軍十五萬人。

但這只是表面現象。在瑞典帝國的顯赫威勢下，覆亡的種子已經潛伏其中：在東面，它阻塞了俄羅斯向波羅的海的發展；在南面，它受到神聖羅馬帝國和布蘭登堡的威脅；在西方，它面臨丹麥的敵意。如果它的敵人聯合起來，瑞典就很難招架了。顯然，對於一個孩子來說，維繫如此危機四伏的大帝國任務未免過於沉重了。

當然，這個孩子絕非等閒人物，他的血管裡流淌著其先輩能征善戰的基因，天生就是一個軍事統帥。學者富勒是這樣描述查理十二世的：

他的個性很特殊，是一個遊俠之士，也是一個狂醉之徒。他是以戰爭為生活的，他對於戰爭的困難和冒險具有癖好，甚至有過了勝利本身。前途愈無望，情況愈惡劣，他反而更起勁。他城府極深，不可測度，他的自信是無限的，而他的自欺能力也是無邊的——照他看，沒有什麼目標是他不可以實現的。敵人的數量優勢，敵軍陣地的強度，他自己部隊的疲憊，裝備和補給的缺乏，惡劣的道路，泥濘、雨雪、冰凍、烈日，一切的一切，照他看都是上天故意設置的障礙，用來考驗他的天才。沒有東西能夠阻止他，任何危險和困難都只能激勵他更前進。他精神高昂，但也頗有自制力，言而有信，對於紀律頗知重視。他在戰場上，能使他的部下把他當作神話中的英雄看待，對於他的領導產生無限的信心。他的無畏精神是非常特殊的，他的精力極其旺盛，此外他也具有一種戰術性的慧眼，只要看一眼，即能夠發現敵人戰線或陣地上的弱點，於是就立即像雷霆一樣向那裡打擊。

但是，對於這樣的一位曠世奇才，奧古斯特和彼得卻把他當作小孩看待，一心想瓜分他的國家。當時與瑞典對抗的北方同盟總共只有軍隊八萬五千人，計俄國四萬、波蘭-薩克森二萬五千、丹麥二萬，除丹麥外，俄、波都沒有海軍。十八歲的查理十二世是在擁有軍事優勢的情況下進入戰爭，自從這一次離開瑞典後，他就再也沒有回來過。

一七〇〇年二月，在北方戰爭正式開戰之前，薩克森首先偷襲里加，但沒有成功。三月，丹麥又進攻好斯敦。查理十二世出其不意地在丹麥的西蘭島登陸，包圍哥本哈根，迫使丹麥投降。八月八月，也就是

查理十二世
（1682～1718）

彼得宣戰的第二天，瑞典和丹麥簽訂了《特拉文達爾和約》（Peace of Travendal），丹麥退出戰爭。丹麥的退出對於剛剛宣戰的俄國來說是一個不祥的信號。

擺脫了丹麥之後，查理立即向東進發，十一月十九日，他來到了距離納爾瓦只有九英里遠的拉格那，此時，納爾瓦已經被彼得的四萬大軍攻陷。儘管對手在數量上占有五比一的優勢，但查理的自信和求戰、求勝意願卻沒有受到絲毫影響，他率領八千人，在風雪掩護之下進攻。他對著自己的將士大聲喊著說：「這是天賜的良機，風雪在我們的背後，敵人無法看清我們的人數是如此稀少。」

結果，查理十二世取得了納爾瓦戰役的勝利，俄軍損失七千多人和一百五十門大砲。

就這樣，年僅十八歲的查理十二世在不到一年的時間裡打敗了三個年紀比他大得多的對手，使自己名聲大震。對此，伏爾泰這樣評價道：

在別人還沒接受完全部教育的那個年紀，他（查理十二世）已被公認為偉人。

不過，查理十二世很快就顯示出了年輕的負面影響：盲目自信、不聽規勸。納爾瓦戰役勝利後，查理十二世不聽從高級將領的意見乘勝追擊失敗的俄軍，而是把薩克森選帝侯兼波蘭國王奧古斯特二世當作主要敵人（波蘭的國王不是世襲制，是由選舉產生），調兵南下，進攻波蘭。本來波蘭議會對俄瑞戰爭持中立態度，迫使國王只能以薩克森選帝侯而不是波蘭國王的身分參戰，現在，受到攻擊的波蘭只好投入到反瑞典的戰爭當中了。

查理十二世陷入與波蘭和薩克森的作戰當中長達六年，對彼得來說，喘息的時間當然越長越好，他可以藉機醫治戰爭的創傷，大力推進改革以增強自己的實力。到一七〇六年的九月，查理十二世終於解決了波蘭，奧古斯特放棄波蘭王位，退出北方戰爭。他的下一步行動是遠征俄國。一七〇七年夏天，查理十二世率領四萬大軍從薩克森向俄國出發。此時，查理的威望如日中天，全歐洲都預測他一定會打敗彼得，並在克里姆林宮受降。在莫斯科，空氣緊張到一觸即發的程度，據說除了戰鬥與死亡，莫斯科人似乎已無話可說。

如果事情真的像人們預料的那樣，那就未必太單調乏味了，歷史通常是以出人意料的面目呈現在世人面前。

三、波爾塔瓦大捷與《尼斯塔特和約》

當查理與彼得再次交手時，此時的俄國已是今非昔比了。戰敗之後的這幾年，彼得可沒閒著。在眾多外國顧問的輔助下，他廣泛借鑑西方的軍事技術和戰術，通過大刀闊斧的改革，不僅軍隊的作戰能力大大增強，兵力也達到了二十萬。相比之下，瑞典當時的總兵力只有十一萬。

一七〇八年，查理十二世率重兵進攻俄國。一七〇九年七月八日，俄瑞兩軍在烏克蘭的小鎮波爾塔瓦展開決戰。瑞典投入正規軍三萬人和四門大砲，俄國投入正規軍四萬二千人和七十二門大砲，俄軍的兵力和火力都占優勢。經過二個多小時的激烈戰鬥之後，瑞典軍隊潰散，查理十二世在一小股騎兵的掩護下逃往土耳其，六年之後才回到歐洲，一七一八年在對挪威的作戰中身亡。

在波爾塔瓦戰役中，瑞軍損失一萬餘人，俄國傷亡四千六百人，戰局因此發生逆轉，俄國在北方戰爭中的艱苦時期過去了。此後，波蘭、丹麥與俄國恢復同盟關係，普魯士和漢諾威也參加了同盟。

波爾塔瓦會戰還有更為深遠的意義。彼得從勝利中得出啟示，他必須要建立一支更為強大的正規陸軍和一支波羅的海艦隊，以維持俄國剛剛在東歐獲得的地位。問題是，對於當時的任何一個國家，哪怕是財力雄厚的英國，維持這樣的兵力都實屬不易，何況方方面面都極為落後的俄國！為了做到這一點，彼得必須在財政上進行改革，進而必須採取歐洲的行政制度以代替俄國東方式的舊制度，因為任何一個改革都不可能孤立地進行，不觸及行政制度，單純的財政改革是不可能成功的。所以，彼得的主要立法性改革都出現在波爾塔瓦以後並非偶然，一個初始變量的變化帶來了滾雪球式的效應。事實上，彼得原本只是一個軍人，其一切行動的動力都是打贏戰爭，他最初只想進行軍事改革，這也是幾乎所有落後國家在改革之初都會堅持的路線。而不同的國家之所以在相同的開局之後會有不同的結局，關鍵是在最初的改革啟動後有沒有後續的改革跟上。如果改革只侷限在軍事領域而沒有政府和社會的相應變革，那麼戰爭工具的「西化」也很難成功。彼得恰恰是在軍事改革之後自覺而又不自覺地走上了全盤改革的道路，這是俄國最終得以崛起的關鍵原因，十九世紀下半葉的日本亦是如此。

在俄國實力不斷恢復和上升的同時，瑞典的軍事潛力已經耗盡，在戰場上連連失敗。到一七一四年，俄國已經侵入芬蘭，迫使瑞典撤出。同年夏天，俄國的波羅的海艦隊全殲瑞典的特遣艦隊，這是俄國海軍取得的第一場勝利。也就是說，在陸軍和海軍兩方面俄國都超過了瑞典。俄軍已經準備在瑞典登陸了。

但是，俄國的擴張野心引起了其他國家的強烈反對。英國認為：

如果沙皇實現他的宏偉計畫，他將由於摧毀和征服瑞典而成為離我們更近、更可怕的鄰居。

所以，它們不能允許俄國繼續擴大自己的權勢。從一七一四年之後，北方戰爭演變成英國和俄國之間的外交較量，英國要組織一個反俄同盟，俄國則努力分化它。通過靈活的外交，彼得改善了與法國的關係，拉住了普魯士，與土耳其和解，避免了被孤立的局面；又通過軍事行動和外交施壓，迫使瑞典同意和談，一七二一年八月二十日，兩國簽署了《尼斯塔特和約》，持續二十一年的北方戰爭就此結束。

《尼斯塔特和約》的主要內容包括：

（一）除了芬蘭交還給瑞典之外，俄國獲得了瑞典在波羅的海東岸的領土，相當於今天從聖彼得堡到里加灣的大片地區，還有出海口。

（二）沙皇及其後嗣對於歸還瑞典的芬蘭大公國永遠不再有任何權利，也不得以任何名義、任何藉口提出任何要求。

在條約當中，彼得獲得了波羅的海的出海口及其沿岸的土地，俄國終於從一個內陸國家變成了瀕海國家，世代沙皇們奮鬥的目標實現了，而且這個出海口離歐洲、也是當時世界的核心區更近。

北方戰爭和《尼斯塔特和約》標誌著歐洲又誕生了一個名副其實的大國。一直以來，地處歐洲東部邊緣的俄國在文化與宗教上帶有野蠻色彩，西歐國家對俄國的實力報以輕蔑的態度。但是，一場北方戰爭打出了俄國的名聲和地位。彼得不僅打敗了一個歐洲國際體系當中公認的強國，而且基本上是靠自己的力量獨立完成了作戰。如果說成為大國有什麼標誌的話，能夠獨立地打敗另一個大國應該算是其中最重要的一條。在當時的歐洲，除了英國和法國之外，只有俄國做到了，而奧地利和普魯士打仗都需要其他國家資助。對於俄國的橫空出世，有人這樣形容，俄國「像一隻新下水的船隻，在斧子的敲擊和大砲的轟隆之中，駛向歐洲列強的大家庭」。從此之後，歐洲沒有誰敢忽視俄國的存在，俄國開始以它獨有的方式對歐洲的政治進程施加影響。

既然俄國在打敗瑞典的基礎上成就了自己的強國夢想，瑞典當然也就由波羅的海的首強淪落為歐洲的二流國家。到此時為止，歐洲強國的座次已經發生了幾次大的變化。西班牙、荷蘭先後失去強國地位，現在又輪到了瑞典。能夠在二百年的歲月裡始終處在強國位置的只有英國和法國。

一七二一年十月二十二日，俄羅斯參政院為表彰彼得在北方戰爭中的偉大功績，為他加封「全俄羅斯大帝」和「祖國之父」的稱號，彼得大帝的稱呼由此而來，沙皇俄國也正式改稱「俄羅斯帝國」。

四、葉卡捷琳娜二世與俄大國地位的鞏固

彼得大帝的改革和北方戰爭的勝利造就了俄羅斯大國崛起的1.0版本。但這一崛起並非是不可逆。在強鄰環伺、競爭激烈的近代歐洲，任何國家都如逆水行舟般不進則退。而俄羅斯作為一個高度君主專制的國家，其國運更加依賴沙皇的英明與否。

從一七二五年彼得去世到一七六二年葉卡捷琳娜即位，這三十七年是俄國政局極其不穩定的時期，共發生了五次宮廷政變，更換了七個沙皇。政治的動盪使俄羅斯帝國前景堪憂，只有一位能幹的鐵腕人物才能重振國威，並將俄羅斯的崛起升級至2.0版本。完成這一使命的是來自德國的女沙皇葉卡捷琳娜二世（一七六二～一七九六年在位）。

葉卡捷琳娜原名蘇菲亞，一七二九年生於德意志一個並不富裕的貴族家庭，父親是普魯士軍隊中的一位將軍，後被封為公爵，但領地很小。一七四二年，她的遠房表哥、好斯敦王子彼得被他的姨媽、俄羅斯女皇伊莉莎白選中，成為俄羅斯皇位繼承人。因為父親的關係，蘇菲亞與彼得的聯姻方案得到了普魯士國王腓特烈的支持。據說，腓特烈請來了最好的法國畫師為她畫了一幅肖像畫，然後把這幅肖像送到聖彼得堡供伊莉莎白女皇過目。一七四五年八月，蘇菲亞同俄國皇位繼承人彼得大公，即後來的彼得三世結婚，改名為葉卡捷琳娜。

葉卡捷琳娜二世
（1729 ～ 1796）

與她拒絕認同俄羅斯語言、宗教、文化而且仍以德國人自居的丈夫相比，葉卡捷琳娜的身心全都投向了她的新祖國。她努力學習俄語，皈依東正教，並因此而博得了宮廷上下的好感，拉近了自己與俄國人的距離。但是她與自己丈夫的感情並不好，彼得甚至揚言要廢黜她，只是因為女皇的反對而未能得逞。

一七六一年十二月二十五日，伊莉莎白女皇逝世，彼得繼位，史稱「彼得三世」。彼得即位後，處境岌岌可危的葉卡捷琳娜開始醞釀宮廷政變，而這位新沙皇的任性妄為又引起了軍隊和貴族的強烈不滿，為政變成功創造了條件。彼得三世在七年戰爭的勝利在望之際命令沙俄軍隊停止戰鬥，退出所占的普魯士土地，與普王腓特烈二世簽訂和約，只因為他是腓特烈二世的崇拜者，他甚至還準備「親自率領一部分軍隊，聽從腓特烈二世的指揮」。在國內，彼得三世要俄羅斯人改信路德教，宣布信東正教的人為異教徒，沒收東正教會的財產。彼得三世的倒行逆施使俄國上層人心思變。一七六二年六月二十八日，葉卡捷琳娜發動政變，推翻了彼得三世，登基稱帝。七月十七日，被囚禁的彼得三世神祕死亡，一說毒死，也有說是勒死，葉卡捷琳娜對外宣稱是消化不良而死。

葉卡捷琳娜即位時，貌似強大的俄羅斯已是危機四伏。她在日記中寫道：

> 國庫空虛，軍中已三月無餉。商貿日益凋敝，多有囤積壟斷之現象。國政鬆弛，軍機各部亦有欠款之舉，海政疲憊，幾近崩潰。司法淪為銖兩悉稱，律令之行唯強者是瞻。

而在國外，彼得大帝時微不足道的普魯士王國已經憑藉七年戰爭崛起為大國，南方的黑海沿岸仍然在土耳其的控制之下。因此，擺在女皇面前的任務，不僅是如何強化國家政權、增加國庫收入，還有鞏固歐洲強國地位、打通黑海出海口的問題。

葉卡捷琳娜二世很快就顯示了她出色的治國才能。對內，她推行了一系列改革措施，進一步加強了中央集權，擴大貴族特權，使農奴制度發展到頂點。這些舉措短期內鞏固了沙皇對國內的統治，但從長期來看也加劇了貴族農奴主和農奴兩個階級的矛盾對立。

對外，葉卡捷琳娜二世最輝煌的兩大成就是瓜分波蘭和贏得兩次俄土戰爭，從而大大擴張了俄羅斯的版圖，將自身的權力觸角深入中歐，並最終成為黑海沿岸國家。

在近代歐洲，波蘭的政治體制堪稱奇葩。在其他國家要麼實行君主專制、要麼實行憲政制的情況下，波蘭實行的是貴族民主制。這一制度有兩個重要特點：一是自由選王制。波蘭的國王不是世襲的，而是由貴族選舉產生，但幾乎每一次選舉都會帶來其他國家的干涉並引發動盪；二是自由否決權。即一項議案必須全票通過，哪怕只有一個議員反對也不行，這種波蘭式的極端民主導致政府在有爭議的議題上往往議而不決，從而使國家意志得不到體現。最終，民主在波蘭施行的結果非但沒有產生荷蘭和英國那樣強大的政權機器，反而使國家陷入極其虛弱的無政府狀態。在歐洲國家紛紛加強王權或議會權力之際，波蘭的貴族民主制無疑為自己最終被瓜分的命運埋下了伏筆。

葉卡捷琳娜二世對波蘭採用循序漸進的策略。首先，她在一七六三年操縱波蘭選王會議，將她的情夫波尼亞托夫斯基扶上波蘭王位。接著在一七七二年，俄國、普魯士、奧地利三國第一次瓜分波蘭，俄國得到了白俄羅斯和拉脫維亞的一部分。在國家遭到瓜分後，波

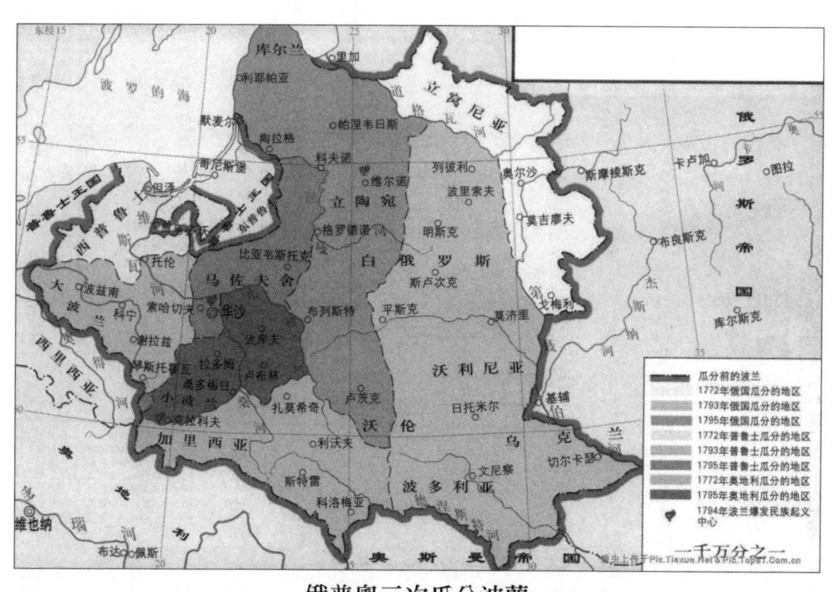

俄普奧三次瓜分波蘭
（1772～1795）

蘭人開始反思自己的政治體制，並於一七九一年通過了《五三憲法》，宣布廢除自由選王制和自由否決權。但此時改弦易轍為時已晚，周邊幾個大國豈能容許波蘭浴火重生！葉卡捷琳娜派軍隊攻占華沙，宣布《五三憲法》無效，並與普魯士一起簽訂了第二次瓜分波蘭的協議，得到西烏克蘭、白俄羅斯和立陶宛的一部分，一七九三年，波蘭的最後一次議會以「沉默表示同意」的形式通過了這個瓜分協議。一七九五年，在波蘭救亡起義風起雲湧之際，為免夜長夢多，俄、普、奧三國決定第三次瓜分波蘭，使這個國家從地圖上徹底消失了。通過三次瓜分波蘭，沙皇俄國共分得四十六萬多平方公里的土地。波蘭慘遭瓜分的教訓清楚說明了，任何歐洲國家想要生存下來，就必須建立一個有效的政府以迎接挑戰和機會。

彼得一世在位時期未能奪取黑海出海口，這原本是他的最初目標。這個任務到葉卡捷琳娜二世時終於完成。通過一七六八至一七七四年和一七八七至一七九一年兩次對土耳其戰爭，俄國從土耳其手裡奪取了黑海北岸的大片土地（其中就包括克里米亞半島），並且取得了在黑海自由航行的權利。

三次瓜分波蘭也顯示了俄羅斯在歐洲，特別是中歐事務上的強大影響力。不僅如此，俄羅斯還插手歐洲大國的關係。一七七八至一七七九年奧普戰爭之後，戰後雙方請俄羅斯做和解調停人，而葉卡捷琳娜二世也利用這次機會在國際舞台上公開提出和解條件並附加上俄羅斯的要求，而且得到了衝突各方的認可。俄羅斯以衝突調停人的身分頻頻插手歐洲事務的時代就此開始。

作為一名以「開明專制」著稱的君主，葉卡捷琳娜二世也像她同時代的其他君主那樣，充滿了藝術和人文氣息，伏爾泰形容她是歐洲上空最耀眼的明星。她支持俄國藝術的發展，慷慨贊助哲學家和藝術家。在法國啟蒙思想家狄德羅（Diderot）因生活窘迫到不得不變賣自己的大量藏書時，葉卡捷琳娜二世出資幾十萬盧布買下了他所有的藏書，只提出一個要求，就是在狄德羅在去世之前不要讓他和他的書分開，因為「這是一件最痛苦不過的事」。

葉卡捷琳娜二世一共執政三十四年，其間俄羅斯人口由二千三百二十萬人上升至三千七百四十萬人，領土面積增加了六十三萬平方公里，軍隊人數也從十六萬上升到三十一萬，海軍戰艦數量由二十一艘上升至六十七艘，巡洋艦數量由六艘上升到四十艘，國庫收入由最初的一仟六佰萬盧布上升至六仟九佰萬盧布。無論從哪個角度衡量，沙皇俄國都已經是歐洲國際體系響噹噹的大國。俄羅斯在十九世紀的強勢，很大程度上得益於葉卡捷琳娜二世所奠定的基礎。

在俄羅斯帝國歷史上，只有兩個沙皇獲得了「大帝」的名號：一個是帝國奠基人彼得一世，另一個就是葉卡捷琳娜二世。據說，望著大大擴張了的俄國版圖，這位雄心勃勃的女皇曾豪情萬丈地說：

假如我能夠活到二百歲，全歐洲都將匍匐在我的腳下！

第六章　七年戰爭與普魯士崛起

CHAPTER VI　THE SEVEN YEARS' WAR AND THE RISE OF PRUSSIA

布蘭登堡—普魯士在十八世紀初才獲得王國地位，經過了幾代選帝侯和國王的努力，才逐漸積蓄了足夠的財力和軍事實力。當一七六三年七年戰爭結束之時，普魯士已經從一個偏遠的德意志國家一躍成為歐洲五強之一，並進而在十九世紀統一了德國。

在當下拆遷盛行的中國，廣泛流傳著一個關於普魯士國王與磨坊主的故事。

話說十八世紀普魯士的國王腓特烈二世喜歡清靜，因此他也像路易十四一樣在首都之外的波茨坦給自己修建了一座無憂宮。無憂宮落成後，腓特烈卻遇到了一個不大不小的煩惱，原因是無憂宮旁建有一座磨坊，磨坊工作時發出吱吱嘎嘎的噪音打破了國王的清靜，干擾了這位哲人的思考。國王忍無可忍，於是召見了磨坊主，對他說：「你的磨坊對我的干擾太大，所以你我二人中有一人必須離開。」接著，他讓磨坊主開個價，要把磨坊買下來。

然而大膽的磨坊主卻反問道：「國王陛下，您認為您這座宮殿值多少錢呢？」國王回答他說：「您這人還真不一般吶。您有多少錢可以把我的宮殿買下？您覺得您的那座磨坊所值幾許呢？」磨坊主回答：「最最仁慈的大人吶，不過您也沒有足夠的錢來把我的這座磨坊買下。」國王開了個價，接下來開了第二個、第三個，但是磨坊主始終不為所動，一再說：「這座磨坊是不賣的。」他說：「就像我生在這裡一樣，我也要死在這裡。而且就像我從我的祖輩手上把這座磨坊繼承下來一樣，我的後代也將從我手上把它繼承下去，在這座磨坊裡得到先人們的福蔭。」國王失去了耐心，說：「您這人好不懂事，您知不知道，其實我根本無須與您費口舌！我叫人給您的磨坊估個價，叫人把它拆了，然後再給您點錢，您要也好，不要也好，悉聽尊便！」聞聽此言，這個無懼的磨坊主笑了。他回答說：「說得好，尊貴的大人，假如柏林沒有最高法院的話，您當然可以為所欲為。」這就是說，只要國王敢這樣幹，他就敢提起訴訟。

腓特烈國王是一個正直的紳士，也很仁慈，所以磨坊主的真摯和無畏非但沒有引起他的不快，反而令他高興。所以從這一刻起，他下令不得為難這個磨坊主，並且與這個磨坊主保持著和平的鄰里關係。

其實，這個故事是假的，據說是伏爾泰為了啟蒙法國人而改編的。那麼，伏爾泰要透過這個故事傳遞出怎樣的信息呢？恐怕主要不是讚揚腓特烈二世的品德，而是普魯士當時所實行的「法律之前人人平等」之司法原則。當然，能夠在十八世紀一個君主專制國度確立此種原則，本身也要歸功於國王腓特烈二世對普魯士法律建設的貢獻。

腓特烈二世出身帝王之家，但卻以一個文藝青年的身分繼承了王位。他自幼酷愛文學、音樂，深受法國啟蒙哲學思想熏陶，以至人們認為，他將是一位開明但文弱的國王。開明在某種程度上是事實，他在普魯士推行的一系列改革說明了這一點，他還和法國啟蒙思想家伏爾泰保持長期通信。但是，預言腓特烈文弱卻嚴重不符合他後來的人生軌跡。的確，他一上台就解散了父親訪遍歐洲尋來乃至綁架來的巨人擲彈兵團，而且下令禁止軍中體罰士兵——這個命令後來在戰爭中被撤銷了，在戰爭遇到挫折時他也數度準備自殺，甚至隨身攜帶毒藥。但腓特烈二世毫無疑問是一個偉大的軍事家，一個在戰場上有勇有謀的統帥。正是他，最終將普魯士由神聖羅馬帝國的一個偏遠小國擴張成歐洲國際體系的五強之一，並奠定了一個世紀之後德國統一的基礎。

一七八六年八月十七日，腓特烈二世於無憂宮中的沙發椅上安然逝世，享年七十四歲。由於身後無子，他的王位由侄子繼承。此時距離法國大革命爆發僅有三年時間，不知倘若腓特烈健在，該如何應對因革命而突然崛起的法國戰爭機器。這抑或是他本人的幸事，因為歐洲無數的名將都栽倒在打著自由、平等、博愛旗幟的法軍面前。按照腓特烈的遺願，本應下葬在無憂宮露台，他的愛犬身旁，但他的侄子卻將他葬在了波茨坦格列森教堂的地下墓室裡。直到一九九一年八月十七日，腓特烈才回到了他想到的地方。

今天，在德國首都布蘭登堡門附近的菩提樹下大街，依然佇立著腓特烈大帝的騎馬銅像，銅像的北側街面就是被譽為現代大學制度之濫觴的柏林洪堡大學。這尊塑像奠基於一八四〇年，為了慶賀他登基一百週年，經過十一年的打造，於一八五一年落成。

二百年來，歐洲先後湧現出的大國都是大西洋沿岸國家，如英國、荷蘭、法國、葡萄牙、西班牙等，另有中歐的奧地利和北歐的瑞典。在西歐國家的眼裡，東歐地處偏僻，經濟落後，是一片蠻荒之地。但是，從十八世紀初開始，歐洲的政治重心逐漸向東移動，繼沙皇俄國崛起之後，普魯士又在十八世紀中葉憑藉七年戰爭躋身大國之列。

一、普魯士的前世今生

普魯士原本是布蘭登堡－普魯士，它有兩個源頭：一是布蘭登堡，一是普魯士。從王室正統來看，正源是布蘭登堡。一四一四年，霍亨索倫家族的代表腓特烈一世從神聖羅馬皇帝那裡取得了布蘭登堡領地和選帝侯稱號，此為布蘭登堡的開始。在十六世紀宗教改革中，布蘭登堡選帝侯接受了路德教。到十七世紀初，選帝侯又利用婚姻關係取得了萊茵河下游的克萊費、馬克及拉芬斯堡。

在中世紀早期，普魯士還是一片蠻荒之地，居民屬於斯拉夫民族。後來，條頓騎士團遷往此地開疆拓土，普魯士成了騎士團的地盤，德意志人、波蘭人、立陶宛人以及歐洲其他民族紛紛前來移民。騎士團在和波蘭－立陶宛的戰爭中失利後，普魯士被一分為二，西普魯士併入波蘭王國，東普魯士仍由騎士團統治，但是對波蘭國王稱臣。換句話說，此時整個普魯士並不在神聖羅馬帝國的範圍之內。條頓騎士團的最後一任團長阿爾布雷希特來自霍亨索倫家族，在他手裡，也就是一五二五年，東普魯士由騎士團領地變成普魯士公國，成為世襲領地。一六一八年，普魯士公爵絕後，由近親布蘭登堡選帝侯繼承東普魯士，由此布蘭登堡和東普魯士才由共主統治。當時的布蘭登堡選帝侯有兩重身分：選帝侯是帝國的臣民，而作為東普魯士的公爵，他同時又是波蘭國王名義上的臣屬。另外，這兩個地方並不相連，中間還隔著波蘭領土西普魯士，即使是布蘭登堡，也不是一塊連貫的領地。

大選帝侯腓特烈．威廉
（1620～1688）

普魯士國家的真正開創者是大選帝侯腓特烈．威廉（一六四〇～一六八八年在位）。大選帝侯參加了三十年戰爭，在戰爭結束時兼併了東部波美拉尼亞，又趁波蘭新王即位的機會使東普魯士領地擺脫了波蘭的宗主權，兩個領地合併，布蘭登堡－普魯士因此得以在一群德意志小邦當中脫穎而出。為了增加財政收入，大選帝侯獎勵工商業發展，千方百計吸引外來人口。他表示，所有移民都可以允許保有完全的宗教自由。所以，有數以千計的荷蘭人、法國人以及其他民族紛紛移入布蘭登堡，他們主要是商人和技藝高超的手工業者，因而把資本和技術帶到這裡。這些新來的移民建立了毛織和麻織手工場，進行絲的加工和天鵝絨、蠟燭、絹帶等物的生產。這些人後來變成了真正的普魯士人。另外，大選帝侯也意識到，一個國家的權力是用它的戰鬥力來衡量。他的父親在一六三七年曾建立一支小型常備軍，他把它擴大到二萬五千人。大選帝侯將這支軍隊當作外交性和戰略性的工具使用，阻止了東普魯士落入波蘭人和瑞典人手中。

大選帝侯死於一六八八年，由其子腓特烈繼位。腓特烈三世在西班牙王位繼承戰爭中利用帝國的困難處境，以八千人軍隊援助皇帝為交換條件勒索到了國王的稱號，史稱「腓特烈一世」，並在戰爭中獲得了新的領土。但是，這個國王的頭銜是「King in Prussia」，翻成中文是「在普魯士的國王」，也就是國王稱號僅限於普魯士一地，並不適用於所有的領地。這是皇帝耍的一個花招，他並不願意在帝國內部出現一個國王，而普魯士雖然是選帝侯的領土，但並不屬於神聖羅馬帝國的範圍，所以就給了選帝侯一個「在普魯士的國王」的稱號。到一七一三年戰爭結束時，布蘭登堡－普魯士人變成了一個嶄新的普魯士民族。

一七一三至一七四〇年在位的腓特烈·威廉一世（腓特烈二世的父親）是一位性格嚴厲、窮兵黷武的國王，他也是歐洲歷史上第一個穿軍服的國王。他把軍事訓練的嚴酷推向極致，將國家一年七佰萬塔勒（Thaler）收入中的六佰萬投入到軍隊建設中。他在政府各部門中厲行節約，把王國的財政整理得井井有條，並將四萬名南日耳曼人移民到東普魯士地區。他把陸軍由五萬人擴充至八萬人。在他的時代，普魯士人口居歐洲第十三位（只有二百五十萬），領土居第十位，而軍隊人數卻居第四位，達到八萬五千四百六十八人，占總人口的百分之四。當時各國常備軍數量普遍比較少，人口二千萬的法國也只有常備軍十六萬人。

腓特烈·威廉一世
（1688～1740）

腓特烈·威廉一世在生命的最後一刻也不改軍人本色。據說，他在彌留之際聽到神父布道「人赤條條地來，也赤條條地去」的時候，還從病榻上掙紮起來說：「怎麼能赤條條的，我要穿上我的軍裝」。腓特烈·威廉一世統治時期雖然沒有在歐洲的舞台上有太大的作為，但是他為他兒子的擴張準備好了條件。

一七四〇年，當腓特烈·威廉一世去世之際，他留給兒子的是一個高效率的國家，擁有充實的國庫和歐洲訓練最優良的陸軍。假如腓特烈二世有足夠的雄才大略，那麼父親的苦心經營已經給了他堅強有力、能實現騰飛的翅膀。

腓特烈二世是在父親嚴酷的軍事訓練下長大的，雖然他一直聲稱自己喜愛藝術，但父親的軍人基因卻牢牢根植於他的血脈之中，而且他比父親更具戰略眼光和冒險精神。上台伊始，腓特烈二世就對自己國家的情況做了一番客觀分析。他認為，普魯士在戰略形勢上仍然是一個很脆弱的國家：沒有天然的陸疆，並且為強鄰所包圍著。在這種環境下，要想維持其強國地位，就只有向外擴張一條路。腓特烈登基不久，一個普魯士擴張的良機就出現了，這就是奧地利王位繼承問題。

二、奧地利王位繼承戰爭

在當年的西班牙王位繼承戰爭中與路易十四的孫子爭奪西班牙王位的奧地利查理大公，於一七一一年繼承哥哥約瑟夫一世的皇位成為神聖羅馬帝國皇帝查理六世。但是這個查理六世一直沒有兒子，他的兄弟也沒有男性後代。根據當時奧地利的繼承法，女性不能繼承王位。查理既不想讓自己這個歐洲最古老的王室到此終結，也不願意家族的世襲領地像西班牙那樣遭到分割。所以，查理六世未雨綢繆，於一七二〇年頒布了一份《國事詔書》，規定所有奧地利的領地是永遠不可分割的，如果他死後沒有男嗣繼承人，除神聖羅馬帝國皇帝的稱號外——皇帝不能由女性擔任，奧地利的王位由他的長女瑪麗亞·德雷莎繼承。此後，德意志的諸侯和一些大國都陸續承認了《國事詔書》。

腓特烈二世
（1712～1786）

可是，一七四〇年，當僅二十三歲的瑪麗亞·德雷莎依照詔書的規定成為奧地利首位女大公時，諸侯和大國們就出爾反爾了。他們以為，瑪麗亞·德雷莎是一個年輕的女孩子，少不更事，軟弱可欺，所以違背諾言，紛紛提出領土或王位要求。

在這些背信棄義的人當中，薩克森選帝侯和巴伐利亞選帝侯提出了繼承權的問題。這兩個人分別娶了皇帝約瑟夫一世的長女和次女，也就是瑪麗亞・德雷莎的堂姐，雖然約瑟夫的女兒出嫁時都宣布放棄繼承權，但是身為堂姐夫的兩位選帝侯還是以繼承權為藉口，向年輕的姨妹發難。普魯士國王腓特烈二世則提出，作為承認瑪麗亞・德雷莎繼承權的補償，奧地利將西里西亞割讓給普魯士。法國雖然沒有什麼具體的要求，但是對於削弱自己宿敵哈布斯堡家族的任何機會都不會放過。最後，一個由法國和普魯士領頭，有巴伐利亞、薩克森、西班牙和撒丁參加的反奧聯盟形成了。

瑪麗亞・德雷莎天生就具備帝王氣派，她臨危不懼，勇敢頑強，決心捍衛她的王位和奧地利領地的完整。她說：「雖然我是一個可憐的女王，但是有一顆男人的心。」她表示，自己無論遇到多大的阻力都不會後退。

腓特烈二世在女王拒絕領土要求後，於一七四〇年十二月十六日進軍西里西亞，奧地利王位繼承戰爭爆發。繼普魯士之後，巴伐利亞與法國以及西班牙軍隊也加入戰爭。奧地利王位繼承戰爭與七年戰爭在某種程度上可以看作同一場戰爭。奧地利王位繼承戰爭埋下了七年戰爭的種子，而七年戰爭最後奠定了結局。

必須得承認，腓特烈是一個不喜歡軍事的軍事天才，他的軍事戰略是典型的「先發制人」，這主要是由普魯士較弱的國力以及處於歐洲中心的地理位置所決定。因為敵人很容易迫使它兩線或多線作戰，也很容易進入到它的核心地區，所以，為避免被動，腓特烈二世經常在戰爭中採取主動攻勢，奧地利王位繼承戰爭和七年戰爭都是以先發制人式的突襲開局。

瑪麗亞・德雷莎
（1717～1780）

奧地利王位繼承戰爭實際上是兩場戰爭的合稱，彼此的戰場和爭奪的目標完全不同。在歐洲大陸對壘的雙方是得到英國支持的奧地利對得到法國支持的普魯士、巴伐利亞、薩克森和西班牙等國。在海外，戰爭主要在英國、法國之間進行，戰線從北美延伸到西印度群島和印度。綜合來說，海外英國取得了勝利，大陸法、普集團占了上風。但是，長期的戰爭消耗使各國都難以承受，都產生了和平願望。一七四八年簽署的《亞琛條約》其實是在雙方出現財政困難，無力再戰的情況下達成的妥協。雖然瑪麗亞·德雷莎的繼承權得到承認，但是被迫把西里西亞割讓給普魯士。西里西亞是歐洲紡織工業中心，為德意志最為富庶的省分之一，後來為普魯士提供了四分之一的歲入。

顯然，好強的女王決不會嚥下這口惡氣，她說：

> 上帝的憐憫使我得以堅強，使我能夠在他為我所安排，布滿荊棘、痛苦和淚水的道路上徘徊前進；就算戰鬥到最後，我寧可賣掉最後一條裙子，也絕不放棄西里西亞！

而法國，又一次在海外的較量當中輸給英國，雖然占領了奧地利的尼德蘭，也被迫交出。奧地利要復仇，法國不甘心失敗，所以，奧地利王位繼承戰爭並沒有解決任何爭執，《亞琛條約》注定了只是一個停戰協定，無法帶來長久的和平。

儘管戰爭到一七四八年才正式結束，但挑起事端的普魯士卻從一七四五年就退出戰爭，對其他國家間的廝殺作壁上觀，從此到一七五六年七年戰爭爆發，腓特烈二世贏得了十年的和平建設時期。

腓特烈很清楚，自己奪取西里西亞後便成為報復的對象；而一旦瑪麗亞·德雷莎找到新的資源和同盟之後，便是自己倒霉之日。事實上，腓特烈雖然打贏了戰爭，但是與其他大國相比，普魯士仍然是一個十分脆弱的國家。首先，它的領土是由碎片組合而成的。東部的東普魯士被波蘭王國所切斷，西部的西伐利亞行省中間隔著許多獨立的德意志政治實體。領土的不連貫既帶來了管理上的問題，也使其難以集中力量形成整體優勢，在戰爭時期更容易遭到敵人的入侵和占領。其次，它是大國當中人口最少的。一七五六年，加上剛剛掠奪來的西里西亞，普魯士人口一共也才有四百五十萬，此時英國的人口為八百萬，法國人口為一千八百萬。再次，安全形勢不容樂觀。普魯士人口最密集的西里西亞有半數是天主教徒，在情感上更親近奧地利；柏林到薩克森邊界僅僅七十公里，而薩克森選帝侯是天主教的波蘭國王奧古斯特三世，將腓特烈看成是一個不講規則的土匪。

為了改變這種脆弱、危險的處境，腓特烈整軍經武，積極為下一場戰爭做準備。他把經濟置於國家控制之下，以備戰時之需；把收入的百分之七十五以上花在維持軍隊上，使父親一七四〇年留下的八萬人軍隊到擴充至一七五六年的十五萬人；他用嚴酷的懲罰訓練軍隊，以養成士兵無條件服從的習慣。

至一七五〇年代，普魯士的外交形勢日趨嚴峻，戰爭的腳步越來越近了。腓特烈與英國交好、締結《白廳條約》（保證英王在德意志的漢諾威領土不受侵犯，並以武力「對付侵犯德意志領土完整的任何國家」）的舉動大大觸怒了與英國爭奪海外殖民地的法國。而奧地利女王瑪麗亞．德雷莎從來也沒有忘記臥薪嘗膽，為了奪回西里西亞，懲罰騙子、強盜、普魯士國王腓特烈二世，她的首相考尼茨親王成功地聯合俄國女沙皇伊莉莎

龐巴度夫人
（1688 ~ 1697）

法王路易十四的情婦，社交名媛。她憑借自己的才色，影響了路易十五的統治和法國的藝術。她興建了埃夫勒宮，即今天法國總統府愛麗舍宮；贊助出版了《百科全書》；在她的關心下，法國的文學藝術空前繁榮，伏爾泰的著名悲劇《唐克雷蒂》就是獻給她的，她與另兩位激進人士狄德羅和孟德斯鳩也過從甚密。據稱她為了鞏固自己的地位而鼓動路易十五參加七年戰爭，前線的將軍甚至收到她用眉筆畫的作戰圖。七年戰爭失敗後，龐巴度夫人因染上肺結核去世。伏爾泰稱讚她「有一個縝密細膩的大腦和一顆充滿正義的心靈」。

白．彼得羅芙娜和法王路易十五。這樣一來，到一七五六年七年戰爭爆發前夕，歐洲就發生了一場所謂的「外交革命」，即同盟關係的重新組合。這裡不變的對立關係有兩組：英國對法國，奧地利對普魯士，上次戰爭是英奧結盟對法普，這次變成了英普結盟對法奧。為什麼稱「外交革命」？因為新的組合不僅顛覆了上一場戰爭的同盟關係，而且改變了法奧之間二百多年的敵對和英奧之間近一百年的合作，變化之大，有如一場革命。俄國加入到了奧地利那邊。在對峙的兩個陣營中，一方是英國和普魯士，另一方面以法國為核心，包括奧地利、俄國、薩克森、西班牙和瑞典。至此，戰爭雙方已經做好準備。

奧地利、法國、俄羅斯三個歐洲強國首次站在同一個戰壕上，而普魯士則除了遠在海外的英國，在大陸上沒有一個盟友。眼見形勢不妙，腓特烈二世再次先下手為強，於一七五六年八月二十九日進軍薩克森，七年戰爭爆發。他聲稱，為了對付瑪麗亞．德雷莎、俄國伊莉莎白．彼得羅芙娜女皇、法國路易十五的情婦龐巴度夫人這三條裙子的陰謀，他不能坐以待斃。戰爭的先機就是要看誰先占領薩克森和奪占他的國庫。

從當時的情況來看，形勢對普魯士極為不利，因為幾乎整個歐洲大陸的國家都聯合起來反對它，盟友英國顯然不可能在歐洲投入太多的兵力，英國此刻的注意力正集中在海外。所以，腓特烈二世的第一槍打得多少有些令人意外，雖然這是奧地利考尼茨親王最希望看到的，因為根據一七五六年五月一日的《凡爾賽協定》，除非普魯士有明顯的侵略行為，法國才會反普。現在，奧地利如願以償。

三、七年戰爭與普魯士的崛起

七年戰爭也有歐洲和海外兩個戰場。雖然一般以一七五六年八月普魯士進攻薩克森作為七年戰爭爆發的時間，但實際上英國、法國從一七五四年就開始在海外作戰了，當歐洲大陸的戰爭爆發之後，由於同盟關係，兩場戰爭就融為一場戰爭。

普魯士雖然在七年戰爭中取得了最初的甜頭，但很快就陷入被動，原因很簡單，它的對手太多、太強大了。至一七五七年二月，整個歐洲，除了英國、丹麥、荷蘭、瑞士、土耳其外，都聯合在一起與普魯士為敵。腓特烈二世能經受住這個考驗並保住西里西亞嗎？

更糟糕的是，英國的援助並沒有如期而至。幾乎有一年之久，普魯士都是孤軍奮戰，以十六萬的軍隊，抵擋比它多一倍的敵軍（法軍十萬五千，神聖羅馬帝國聯軍二萬，奧地利軍十三萬，俄軍六萬，瑞典軍一萬六千）。

腓特烈二世唯一的希望，就是在敵軍尚未集結之時各個擊破，但一七五七年六月十六日，他卻在科林戰役中敗給奧軍主將道恩元帥。他的將領丟下受傷和被俘的一萬四千官兵，帶著一萬八千殘軍向薩克森方向撤退。不久（七月二日），腓特烈又得知母親去世的消息，在戰場壓力和情感重創的雙重夾擊下，他終於堅持不住了。他寫信給姐姐威廉敏娜女伯爵，訴說自己的絕望：

> 由於你一向堅稱自己在從事一項偉大的和平工作，我懇求你幫我，派米波拉先生送五十萬銀幣給法王的寵兒龐巴度夫人，也就是以前說的那個裙子陛下，以謀求和平。

但求和已經行不通了，勝利在望的反普同盟是不會善罷甘休的。此時，一支法國軍隊已經進入德意志境內，另一支軍隊攻擊了英王喬治二世之子坎伯蘭公爵指揮的漢諾威軍隊。緊接著，一支瑞典軍隊登陸波美拉尼亞，一支十萬人的俄軍侵入東普魯士。不久，奧軍收復西里西亞大部，一支奧軍甚至突入柏林並勒索了重金。

幸運的是，一七五七年十一月五日，在萊比錫以西的羅斯巴赫附近，腓特烈以二萬一千人的軍隊打敗了四萬一千人的法國和帝國聯軍，聯軍損失七千人，而普軍只損失五百五十人。

羅斯巴赫會戰的勝利來得非常及時，英國因此又建立起對腓特烈二世的信心，以前國會只願意撥款十六萬四仟英鎊在漢諾威建立觀戰部隊，現在決定每年撥款一佰二十萬英鎊建立一支參戰部隊，倫敦街頭大放煙火為腓特烈慶祝生日。

但是，腓特烈二世卻沒有多少時間去高興，他所面臨的形勢依然十分嚴峻。一支法軍控制著漢諾威大部，西里西亞大部分地區重歸哈布斯堡家族。好在羅斯巴赫的勝利使腓特烈二世恢復了勇氣和信心。十二月五日，腓特烈二世的四萬三千人與七萬二千人的奧軍展開魯騰會戰。

會戰開始後，腓特烈在高地上看到奧軍成兩列長長的橫隊，普軍成縱隊接近，與奧軍陣線呈垂直。腓特烈派他的前衛部隊展開在奧軍前方，以隱蔽其部隊朝右轉，朝著奧軍陣線右翼延伸點部位某一點運動，他的縱隊在這裡轉換成橫隊，呈四十五度角挺進，直插至敵人的陣線延伸部，形成典型的斜形戰術，在敵人大部隊完全沒能做出反應前，就擊潰了他們。奧軍有二萬人在混亂中被俘，而腓特烈只付出了六千三百人的傷亡代價。對此，拿破崙這樣評價道：

魯騰會戰是運動、機動和決斷的傑作。僅此一戰就足以使腓特烈名垂千古，並使他躋身於世界偉大將領的行列。

不久之後，幾乎整個西里西亞又重回普魯士手裡。

受到勝利激勵，英國再一次慷慨解囊。一七五八年四月十一日，英國答應在十月間給腓特烈六十七萬英鎊的額外補助，並承諾不片面談判。對於經濟上已經十分窘迫的腓特烈來說，英國的補助可謂是久旱逢甘霖，其重要性毋庸置疑。

但是，腓特烈此後兩年的戰事並不順利。俄、奧、法三支大軍從四面八方逼近，腓特烈被迫在幾條戰線上疲於奔命，首都柏林多次受到威脅。而常年的征戰使普魯士軍隊的數量、素質、訓練都在下降，它的對手不僅有無窮無盡的潛力，論將才奧地利道恩元帥也不在腓特烈之下。很明顯的，除非奇蹟出現，否則，普魯士不可能獲勝。

戰爭至此，普魯士已經無意再打。一七五九年十一月十九日，腓特烈寫信給伏爾泰：

如果這次戰爭繼續打下去，歐洲將返回黑暗時代，而我們這一些人，也將變成野獸一般。

可是，腓特烈二世卻不想割讓西里西亞，普魯士的英國盟友老皮特（William Pitt）也正忙於兼併法國的殖民地，豈能願意在此時談和？所以，腓特烈只好硬著頭皮打下去。

至一七六一年，腓特烈處境更加艱難。極度關心漢諾威的英王喬治二世上年末去世了，新王喬治三世對漢諾威不感興趣，下令結束這一耗費大錢財的戰爭。法國陸軍大臣舒瓦瑟爾轉向西班牙，兩國簽訂家族協議，對付共同的敵人。奧地利的勞東率領七萬二千奧軍與俄軍在五月會合，完全切斷東普魯士和布蘭登堡的聯繫，並準備占領柏林。英國要求腓特烈承認失敗、割讓西里西亞，腓特烈拒絕，英國遂停止援助。整個歐洲，包括許多普魯士人都要求腓特烈讓步，他的士兵已經失去戰鬥的意志，聲稱如果再次受到攻擊，他們寧願投降。到這年年底，腓特烈二世發現，自己已經完全孤立了，他承認，只有出現奇蹟才能解救他。絕望的腓特烈隨身帶著毒藥，告訴部下他將支持到最後再服毒自盡。

但是，人算不如天算，就在腓特烈「山重水復疑無路」之際，他居然等到了「柳暗花明又一村」的時刻。原來，仇恨腓特烈的俄女皇伊莉莎白於一七六二年一月五日逝世，她的外甥彼得三世繼位。當年彼得大帝的長女安娜．彼得羅芙娜嫁到德意志的好斯敦公國，生下彼得三世。彼得三世因為姨媽沒有子女而被確定為皇儲，但他到俄國的時候已經十幾歲了，在骨子裡是個德國人。彼得是腓特烈二世的狂熱崇拜者，他一繼承皇位，就下令俄軍全線停火，把占領的全部土地歸還給普魯士。五月五日，俄國單獨同普魯士簽訂和約，還把八萬俄軍交給腓特烈指揮。六月十日，俄軍重現投入戰場，然而這次卻是以普魯士的盟國身分參戰。彼得三世穿著一襲普魯士軍裝，並自動請求為「國王，我的主人」服務。俄普聯手在布爾克斯朵夫戰役中打敗奧地利，重奪西里西亞。

腓特烈戲劇性地轉敗為勝，不僅保住了普魯士，還保住了西里西亞。不久，瑞典也退出反普同盟。雖然彼得三世被妻子在當年的一場政變推翻並被祕密處死，但葉卡捷琳娜二世保留了俄普和約。

俄、瑞的退出使反普聯盟因此瓦解。十月二十九日，腓特烈的弟弟亨利親王率領二萬四千人在薩克森佛萊堡戰役擊敗三萬九千的帝國議會軍，這是七年戰爭的最後一戰。

在海外，英、法的戰線從北美延伸到西印度群島和印度。在北美，英軍一開始受挫，法國占優勢。後來，由於法國的海上力量被英國消滅和歐洲大陸戰事的牽制，北美戰局開始有利於英國。到一七六一年，英國在北美和西印度戰場都取得了全面勝利，印度英軍也在這一年奪得了朋迪榭里，法國戰敗。不過，帶領英國人在戰爭中取得巨大勝利的老皮特卻被迫在一七六一年下台，主張和平的布特（Bute）政府上台。多年的戰爭使每一個國家都面臨著財政拮据、兵員枯竭的局面，即使對贏家，戰爭也變得越來越難以承受，此時俄、英兩國政局的變動恰好為和談提供了契機。

一七六二年十一月五日，英國、法國、葡萄牙、西班牙籤署《楓丹白露條約》，一七六三年二月十日，英國、法國簽署《巴黎條約》，一七六三年二月十五日，普魯士、奧地利、薩克森簽署《胡貝圖斯堡和約》。《胡貝圖斯堡和約》沒什麼新意，只不過確認了普魯士對西里西亞的占有；另外，腓特烈二世答應支持女王的兒子約瑟夫當選皇帝。德意志諸國恢復到戰前狀況，什麼都沒有改變。

普魯士是七年戰爭的最大贏家。在戰爭中，普魯士獨抗法國、俄國、奧地利三大強國，幾次面臨亡國邊緣，但腓特烈以驚人的毅力頑強地挺了過來，絕不放棄西里西亞。所謂幸運之神的眷顧，也是因為有腓特烈的勇敢和堅持。戰爭的結果使普魯士徹底割走了奧地利經濟最發達並且德意志移民占多數的一個省，並進入歐洲國際體系一流強國行列。腓特烈個人也獲得軍事史上不朽的英名，贏得了「大帝」稱號。

奧地利和法國無疑是七年戰爭的輸家。但相比之下，法國的處境比奧地利更為糟糕。根據《巴黎條約》，法國遭受的恥辱比荷蘭在十七世紀或西班牙在十六世紀所蒙受的還要更甚，其失敗也更為徹底。西班牙和荷蘭雖然威信掃地，但各自仍保有大量殖民地；而法國，二百餘年的殖民努力頓時化為烏有，海軍也幾乎全軍覆沒，商業利益喪失殆盡。

經過奧地利王位繼承戰爭和七年戰爭，歐洲的政治重心進一步向東歐轉移。西班牙、荷蘭成為無足輕重的角色，法國的實力受到極大削弱，而東歐卻出現了令人生畏的俄國和野心勃勃的普魯士。此後三十年，歐洲政治舞台上的主角已經變成了俄國、普魯士和奧地利。

四、全能的「腓特烈大帝」

普魯士的崛起幾乎可以與腓特烈個人的功績畫上等號。雖然之前的大選帝侯和普魯士王國的頭兩任國王都對普魯士崛起做出了重大貢獻，但普魯士成為公認的大國卻是在腓特烈時期實現的。因為七年戰爭的緣故，腓特烈二世給世人留下的最深刻印象莫過於其傑出的軍事才能。腓特烈和他的軍隊集中體現了那一時代的戰爭模式，其根本建立在一個假設之上，即普通士兵可以被訓練但不可被信任，畏懼是腓特烈的戰術能夠順利運作的關鍵。正如他自己所說的：

> 一支軍隊大部分是由遊手好閒、不思進取的人所構，除非將軍不斷地監視他們……這架機器……將很快分崩離析，（士兵們）對長官的畏懼要超過面臨的危險的恐懼。

腓特烈繼承了歐洲訓練精良步兵的方式，當他的騎兵達不到步兵標準時，他就用無情的操練將其「鞭策」成形。這套體系運作的關鍵，是普魯士擁有歐洲最職業化的軍官隊伍。腓特烈強迫年輕的貴族去做軍官。一旦他們參了軍，只有疾病和死亡才能將他們解放出來。普魯士軍官要和他的隊伍呆在一起，因為是他們而不是軍士監督著操練和管理，他們還要在前線領兵衝殺。為了使他的軍官感到光榮，腓特烈制定了一個由軍人占主導地位的社會等級制度，即使只是一個中尉或上尉，也要優於一名高級文官。

在具體戰術上，腓特烈二世善於發揮普軍高速敏捷的機動能力，在敵人做出反應前，於關鍵性的陣地和方向上集中優勢兵力打擊敵人，力求速戰速決，以此來爭取和創造有利於己的戰場態勢。腓特烈偏愛進攻。他說過，凡是不主動進攻而坐以待斃的任何軍官，他都要加以處罰。

憑著腓特烈傑出的軍事才能，在七年中，普魯士一個國家抵擋了歐洲三個最強大的國家，雙方的軍隊人數比為一比三，人口數之比更達一比二十！沒有腓特烈，就沒有普魯士在七年戰爭中的勝利。

作為軍事統帥，腓特烈不僅打贏了兩場對普魯士至關重要的戰爭，而且還寫出了軍事理論著作《戰爭原理》。這本書集中體現了腓特烈對自己早期戰爭經驗的總結和思考，是當時最好的戰爭實踐指南。該書被奉為西方軍事經典，對拿破崙及以後西方軍事思想產生了深遠影響。在書中，他提出了一條著名的軍事法則：

> 戰爭中的一條永遠公理是——確保你自己的側翼和後方，而盡量設法迂迴敵人的側翼和後方。

這條鐵律是他從許多次血戰中提煉出來的，並使他從勝利走向勝利。

拿破崙對腓特烈也是不吝溢美之詞：

愈是在危急的時候，就愈顯出他的偉大，這是我們對他所能夠說的最高讚譽之詞。

最使腓特烈顯得傑出的，不是他的運動技巧，而是他的膽大妄為。他所做的事情，有許多是我所不敢做的。他會放棄他的作戰線，有時好像是完全不懂得戰爭藝術一樣。

但是，如果我們認為腓特烈僅僅是一介武夫，那就大錯特錯了。

在那個時代，腓特烈大帝是一個非常獨特的君主。他既不是法國那樣行將崩潰的絕對專制帝王，也非英國那樣正在興起的立憲君主，在他的身上，集中了古代的暴君和義大利文藝復興時代王子的雙重特質，他是一個藝術家，也是一個軍人。

作為軍人，戰場上的殺戮是必須的，但腓特烈卻情感豐富細膩，喜歡藝術，討厭炮火和軍營。腓特烈曾經說過：

當國王實在不是我的願望，音樂家或是詩人才是我的追求。

他對所有藝術都感興趣，他自己起草設計了波茨坦的無憂宮，收藏了很多名畫，吹得一口好長笛，還親自作曲。

腓特烈為自己的統治冠上當時歐洲最流行的標籤——「開明專制」。腓特烈與啟蒙思想家伏爾泰過從甚密，作為一個受過十八世紀啟蒙思想影響的帝王，他的「開明」並非只是粉飾之詞。從一個國王的角度來說，他心胸寬廣，當時普魯士的人民可以通過上書或求見的方式向國王求助。他的名言是：「我是這個國家的第一公僕。」他說：

我和我的人民已經獲得了一個雙方滿意的諒解。他們說他們想說的話，我做我想做的事。

腓特烈在內政方面建樹頗豐。他領導了在當時歐洲領先水準的司法改革，第一次在普魯士公布了統一的憲法草案，表達了法治精神和國王完全放棄干預司法的司法獨立精神，秉承羅馬法「眾人之事，應由眾人決定」的精神，下令讓臣民對法律條文廣泛討論，廣泛徵集意見。他特別注重「人人平等」的原則，在一七七七年致司法部部長的信，他這樣寫道：

我很不高興，那些在柏林吃上官司的窮人，處境是如此艱難。還有他們動輒就會被拘捕，比如來自東普魯士的雅各布・特雷赫，他因為一單訴訟而要在柏林逗留，警察就將他逮捕了。後來，我讓警察釋放了他。我想清楚地告訴你們，在我的眼中，一個窮困的農民和一個最顯赫的公爵或一個最有錢的貴族沒有絲毫高低之別。法律之前人人平等！

十八世紀的政治家哲學家對「開明」的註解，如宗教寬容、鼓勵科學文化、放寬書報檢查等方面，在憲法中都有所體現。普魯士是歐洲第一個享有有限出版自由的君主國家。

腓特烈還積極設立學校，將其父開創的義務教育制度發展完善。一七六三年，普魯士頒布了《鄉村學校規程》，規定五至十三歲兒童必須接受義務教育。普魯士從而成為世界上第一個建立了比較規範的強制性義務教育制度的國家。在腓特烈統治時期，普魯士興建了數以百計的學校。

腓特烈致力於改善農民狀況，對於窮人免費供食，為數千老婦開辦養老院。他希望澈底廢除農奴制，但在普魯士地主的強烈反對下失敗，只能在國王的屬地上逐步實行。他發展科學研究，興修水利，並推行重商主義。儘管他在位四十多年的時間裡國家飽受戰火摧殘，但經濟仍取得迅猛發展，人口從二百二十萬增加到五百四十三萬，年稅入翻了近兩番，國庫儲備從八仟萬塔勒增加到伍仟萬塔勒。

腓特烈對於所有的宗教教派都持包容態度，他相信每個人都可以「經過自己的道路進入天堂」。在柏林的腓特烈花園，一座新教的教堂和一座天主教教堂並排而立。

在腓特烈留下的遺產中，西普魯士的獲取是至關重要、影響深遠的一筆。一七七二年，在腓特烈的倡導下，普、奧、俄三國第一次瓜分波蘭。普魯士得到了西普魯士，從此結束了東普魯士與西部國土分割的狀態，普魯士的主要領土連成一片，國家因此更有凝聚力。腓特烈從此成為「普魯士的國王」，而不是像其兩屆前任那樣，稱自己為「在普魯士的國王」。

到一七八六年腓特烈去世時，普魯士的領土擴大了一點六倍，他給他的後繼者留下的是一個強盛而且蒸蒸日上的國家，他也因此被後人尊為「腓特烈大帝」。

CHAPTER Ⅶ THE NAPOLEONIC WARS AND PAX BRITANNICA

第七章 拿破崙戰爭與英國世界霸權的確立

十八世紀是英國為世界霸權累積能量的時代。七年戰爭擴大了海外帝國，工業革命為世界工廠奠定了基礎。當拿破崙最終輸掉滑鐵盧之戰時，終結的不僅是法國稱霸歐洲的野心，還有英國作為歐洲大國的身分。從此，一個「不列顛統治下的時代」開始了，英國成為世界的大英帝國，這是英國大國地位的2.0版本。

二〇一四年九月十九日，全世界的目光都集中到英國，確切地說，集中到了大不列顛及北愛爾蘭聯合王國的蘇格蘭。這裡剛剛舉行了一場關乎英國未來的公投——蘇格蘭是否脫離英國成為獨立國家？其實，這場公投影響的豈止是英國，如果蘇格蘭可以獨立，加泰隆尼亞和巴斯克為何不可以？這是西班牙堅決反對蘇格蘭獨立的原因，所以西班牙總理拉霍伊早就放出狠話，獨立後的蘇格蘭休想加入歐盟！

當然，公投結果有驚無險，回答No的人以百分之五十五勝出，蘇格蘭繼續作為英國的一部分。且不說這場公投將在未來怎樣改變蘇格蘭與中央的關係，至少眼下英國的地圖依舊，搭載「三叉戟」的核潛艇也不用搬出位於蘇格蘭的克萊德海軍基地了。特別重要的是，那個飄揚在世界上很多國家的國旗，上面的米字標誌不會因少掉代表蘇格蘭守護神聖安德魯的白色交叉十字而顯得突兀。

也許，正是因為這次蘇格蘭的公投，很多人才對英倫三島錯綜複雜的歷史有了一些瞭解，英國，並不像它的中文名字那樣，只有一個英格蘭，雖然這是它最重要的部分。

蘇格蘭曾是一個獨立國家，一六〇三年，其國王詹姆士一世繼承了沒有子嗣之英國女王伊莉莎白一世的王位，之後兩個國家共用一主但並沒有合併，直到一七〇七年兩國才正式成為一個國家。今天的愛爾蘭也曾經是英國的一部分，自一五四一年開始，英王兼任愛爾蘭國王，一八〇一年兩國正式合併。這一年，英國的米字國旗也形成了，是由原英格蘭的白地紅色正十旗（代表英格蘭守護神聖喬治）、蘇格蘭的藍地白色交叉十字旗和愛爾蘭的白地紅色交叉十字旗（代表愛爾蘭守護神聖派翠克）重疊而成。十九世紀是英國國力的巔峰時代，作為帝國象徵的米字旗飄揚在世界各地。在二十世紀非殖民化運動之後，很多獨立的前殖民地國家仍然在其國旗上保留了米字的標誌，以顯示其與英國的淵源。一九二一年愛爾蘭獨立，但北部六郡即北愛爾蘭仍屬英國，所以，國旗中象徵愛爾蘭的部分並未消失。

時至今日，英國早已從曾經的霸主地位回歸到一個普通大國，但不可否認，如果蘇格蘭獨立，英國的實力將進一步受損——人口會減少百分之八，經濟總量縮小百分之九，失去接近三分之一的領土。這無疑會削弱英國在國際舞台上的地位，尤其是在歐盟內部的影響力。難怪公投結果揭曉後，從英國首相卡麥隆到北約乃至歐盟，可謂鬆了一大口氣，就連一貫沉著冷靜的英國女王都在電話中「喜極而泣」。

這次蘇格蘭的公投也讓世人見識到了光榮革命之後，英國在十八世紀逐漸確立的政治制度。按照一般的邏輯，女王作為國家元首，在公投這樣關乎國家命運前途的大事上理應表態。但是，白金漢宮在九月九日發表公開聲明稱，女王雖然贊成蘇格蘭繼續留在聯合王國，但在公投上將保持中立，因為公投是「蘇格蘭人民自己的事情」，根據英國憲法，女王對政治議題須保持中立。王室對政治不介入到如此不通融的程度，只能說英國的君主立憲制之澈底，君主是完全意義上的虛君。

公投過後還出現了一個小花絮。首相卡麥隆因太過高興而忘形，一不小心透露了女王對蘇格蘭獨立公投結果的態度。他告訴紐約市前市長彭博，當他電話告知女王公投結果時，女王「喜極而泣」。這番話被現場的麥克風捕捉到，對此，卡麥隆公開向女王道歉，稱失禮行為讓他想狠抽自己。

有意思的是，蘇格蘭人雖然想獨立，但並不排斥英國王室。首席大臣薩蒙德所領導的蘇格蘭地方政府一直表示，如果九月十八日的蘇格蘭公投得出蘇格蘭獨立的結論，女王將仍然是蘇格蘭君主。倘若真的如此，那麼英國與蘇格蘭的關係將又回到十七世紀了。

在打敗荷蘭、初步建立了海上霸權後，英國又同法國在海上進行了一個世紀的交鋒。通過在歐洲、北美和印度的一系列戰爭，法國的海上力量遭到毀滅性打擊。十九世紀初拿破崙帝國崛起後，英法展開新一輪海洋爭奪戰。一八〇五年，雙方在特拉法加進行了十九世紀初規模最大的一場海戰，最終英國勝出，確立了其不可撼動也不再有人撼動的海上霸主地位。十九世紀是一個英國稱雄世界的時代。

一、十八世紀的英國

英國之所以能夠最終戰勝拿破崙的法國並在戰爭後成為無可爭議的海洋霸主、世界第一強國，十八世紀的累積是必不可少的基礎。這一累積包括兩個方面，一是通過一系列戰爭擴大了海外帝國，其間雖然失去了北美十三州殖民地，但這是大旋律中無關宏旨的小音符，況且獨立後的美國依然是英國的商品市場和最重要的投資地；二是開始了第一次工業革命，使英國在經濟上與其他歐洲國家拉開距離。

一七五六至一七六三年的七年戰爭是英國走出歐洲，與法國爭奪世界霸權的一場決定性戰爭。七年戰爭最重要的戰場不是在歐洲大陸，那裡場面雖然宏大激烈且損失慘重，但最終不過是造成了微不足道的變化——歐洲又回到了戰前，只是確認了腓特烈大帝對西里西亞的兼併而已。從對世界的影響角度看，七年戰爭的主要戰場在大西

特拉法加海戰

洋、北美以及印度。英國以金錢收買歐洲大陸上的新興軍事強國普魯士為自己打仗，牽製法國的兵力，以便英國發揮其海軍優勢奪取法國海外殖民地。戰爭期間，英國沒有直接出兵歐陸，僅對法國沿海要地實施襲擾或封鎖，間接配合普軍的行動。對此，十九世紀的德國宰相俾斯麥精闢地總結到：英國外交政策的核心就是在歐洲大陸找一個用身體替他擋子彈的傻瓜。

英國將自己的全部精力都用在了歐洲之外，首相老皮特的目標直指法國海外屬地和貿易利益：他要奪取法國在加勒比海的島嶼和加拿大，獨占印度。奪取法屬美洲殖民地的第一步必須是削弱法國海軍。只有這樣，才能將法國的殖民地孤立起來，使其無法得到母國增援。一七五八年，英國擁有一百五十六艘遠洋軍艦，法國只有七十七艘。從一七五九年起，英軍先後擊敗法國地中海艦隊與大西洋艦隊，法國的海上軍事力量大致被消滅。作為這一行動的直接後果是，法國與其殖民地的貿易從一七五五年的三仟萬里弗爾降到一七六〇年的四佰萬里弗爾。

獲得大西洋的海上霸權之後，英國征服法屬美洲的道路已經打開。當時新法蘭西自大湖地區直至密西西比流域，封鎖著新英格蘭向西擴張的道路，這是英國殖民者所不能容忍的。法國在聖勞倫斯河河口的布雷頓角島上建成的路易斯堡要塞是防守加拿大的大門。一七五八年六月二日，路易斯堡要塞被一支四十二艘艦船組成的英國艦隊包圍，艦上共有一萬八千士兵，由愛德華·博斯科恩海軍上將指揮。防守要塞的是六千二百人和十條船，來自法國的補給已經斷絕。七月二十六日，要塞投降，這是英國征服加拿大的開端。

一七五九年九月十三日的亞伯拉罕平原戰役，是一場決定七年戰爭北美戰區勝負的戰役。這場戰事就在當時魁北克城外的高原上進行（現址為魁北克市的國家戰場公園）。整場戰役一共打了三十分鐘，卻結束了長達三個月的攻城戰以及改變了加拿大日後的發展。魁北克城內剩餘的法國守軍在九月十八日向英軍投降。英軍攻取了魁北克城以後，聖勞倫斯河上再也沒有任何障礙能阻止英國海軍前進了。一七六〇年九月八日，法屬加拿大總督投降，加拿大落入英國人手裡。

同時，英國也在東方與法國全力爭奪印度。當時，英國的東印度公司在馬德拉斯、孟買和加爾各答建有據點，法國人則在朋迪榭里和金德訥格爾建立據點。在蒙兀兒帝國衰退之際，英、法都在爭取擴張自己的權力，衝突在所難免。奧地利王位繼承戰爭期間雙方已經大打出手，《亞琛條約》僅僅使戰事中斷而已。七年戰爭使戰火重新點燃。一支英國艦隊在英屬東印度公司軍隊支援下，攻取了法國據點金德訥格爾。一七五七年六月二十三日，英屬東印度公司與法國支持下的印度孟加拉王公西拉傑·烏德·達烏拉在普拉西交手。當時，孟加拉擁有七萬人軍隊，以及五十三尊法國東印度公司送給他們的大砲和四十名法國炮手。而克萊武指揮的英國軍隊只有九百名英兵和二千名印度士兵，雙方實力懸殊。但是在戰役開始前克萊武買通了孟加拉軍隊的將領米爾·賈法爾，戰役打響後又適逢暴雨，孟加拉軍和法軍的槍炮火藥受潮，失去效力，而英軍的槍炮火藥都預先蓋上了防水布，保持完好。最終，英國人只以死傷七十二人的代價擊潰了孟加拉的七萬大軍（死傷五百餘人）。普拉西戰役雖然只是一個小仗，但結果卻極其重要，它為英國人征服孟加拉，以至最後征服整個印度鋪平了道路。

普拉西戰役的勝利使英屬東印度公司在孟加拉取得霸權，之後英國人又將矛頭轉向法國，並在隨後的第三次卡納蒂克戰爭中將法國的勢力從印度澈底清除。自此，印度開始逐漸成為英國的殖民地。

在海上，英、法艦隊進行了三次不分勝負的交戰，但英國可以自由地補給，而法國的基地卻在遙遠的模里西斯。一七六〇年一月二十二日，喬治·坡可克（George Pocock）的英國艦隊獲得決定性的勝利，一七六一年一月十六日，彈盡糧絕的朋迪榭里投降，這決定了印度未來是由英國獨占而不是英法平分秋色。

整個七年戰爭，英國在海外攻城略地，一個一個勝利的取得如秋風掃落葉一般。霍瑞斯·沃波爾（Horace Walpole）驕傲地說：

> 我們的鐘都為歡呼勝利而敲得破舊不堪了。

一七六三年二月十日，英法兩國簽署《巴黎條約》，主要內容有：

（一）美洲的加拿大、新斯科舍、布雷頓角以及密西西比河以東的土地全部由法國轉入英國手中，西班牙將佛羅里達交給英國，從法國手裡獲得路易斯安那西部和一筆錢作為補償。

（二）在西印度，法國將格瑞那達島、聖文森島、多米尼克島和托巴哥島割讓給英國，四個島都屬於小安地列斯群島。

（三）在印度，法國只保有五個城市，但必須拆除工事，不得設防，只能用作通商。也就是說，法國人的身分是商人而不是帝國的建立者。

七年戰爭和《巴黎條約》使英國受益匪淺。它通過消滅法國的海上力量、鯨吞法國的殖民地進一步鞏固了自己的海洋霸權，成為名副其實的世界強國，而不僅僅是歐洲強國。七年戰爭奠定了大英帝國世界霸權的基石。一位英國歷史學家評論說：

> 從戰爭結束起，英國較其周圍國家重要還是不重要，已無關緊要。因為英國已不再僅僅是一個歐洲強國，不再僅僅是德國、俄國或法國的對手。

在趕走了法國人之後，英國就開始了逐步吞併印度的過程。英國人將在印度搾取的財富送回英國後促成了工業革命的發展。印度也為英國人提供了無與倫比的根據地，使他們以此為跳板在十九世紀進一步擴張到南亞其他地方，擴張到中亞和遠東。在北美，墨西哥以北地區大致成為英國的天下，成為英語世界的一部分，這一點對人類歷史尤其具有意義，因為後來就是在北美英國殖民地的基礎上，誕生了一個影響世界極大的超級大國。時至今日，法國在北美經營幾百年的痕跡只有加拿大說法語的魁北克省了。七年戰爭在一定層度上，改變了世界政治的進程。

到十八世紀下半葉，以英國為中心，輻射到整個殖民地的商業貿易圈大致形成。在這個貿易圈中，作為宗主國的英國提供工業品或製成品生產，美洲殖民地提供菸草、魚類及海防倉庫，西印度群島殖民地提供蔗糖及其他熱帶農副產品，印度則提供香料。

二、工業革命1.0

在對外征戰不斷取得勝利的同時，英國內部也醞釀、發生了一場變革，即從十八世紀下半葉發端的工業革命。這是英國在近代一次極其重要的技術與制度創新，奠定了它在下一世紀中的「世界工廠」地位。

所謂「工業革命」，是指資本主義工業化的早期歷程，即資本主義生產完成了從工場手工業向機器大工業過渡的階段，是以機器生產逐步取代手工勞動、以大規模工廠化生產取代個體工場手工生產的一場生產與科技革命。工業革命發源於英格蘭中部地區，隨後傳播到英格蘭乃至整個歐洲大陸，十九世紀又傳播到北美。

工業革命與海外帝國擴張同時發生並非偶然現象。後者促使海外市場不斷擴大，對各種商品的需求量與日俱增，對此，以手工工場為支撐的生產能力變得捉襟見肘。為了能經受住這種考驗，幾乎整個英國都在開足馬力生產。

市場上迫切的需求首先出現在紡織業，因為這個行業的產品與普通人的生活關係最密切。一位英國棉紡主從他在倫敦的經理人那裡得到這樣的信息：

無論你能生產多少平紋布，好的次的我們都要。你必須想辦法發明，在工業中你們大有可為。

為了以更快的速度生產，滿足市場永無止境的需求，工匠們的聰明才智被充分調動了起來，新的發明一個接著一個：飛梭（一七三三年）、珍妮紡紗機（一七六四年）、水力紡紗機（一七六八年）、騾紡機（一七七九年）、卡特萊特動力織布機（一七八五年）。舊式的紡織生產單位一般以戶為單位，隨著上述新發明的出現，生產規模大大擴展，更多的人能在一起工作，工廠模式出現了。

棉紡織業生產效率的提高和經營模式的改變成為引發工業革命蝴蝶效應的初始變因。紡織機作為工具機需要強大的動力來推動，而使用水力需要有足夠的落差，所以工廠必須建在有急流的鄉間，而不是交通方便、人口密集的城市，流水的量也受到季節影響。因此，發明一種不受地理條件限制的動力就成了工業發展的迫切需要。一七六九年，瓦特試製成功單向蒸汽機，一八八二年造出雙向蒸汽機，一七八四年取得專利。蒸汽機使人類從此開始擁有自己創造的動力，而不用再受制於大自然，它解決了大工業發展所必需的動力問題，開始推動工業革命向縱深發展。在瓦特的訃告中，人們這樣讚頌他發明的蒸汽機：

它武裝了人類，使虛弱無力的雙手變得力大無窮，健全了人類的大腦，以處理一切難題。它為機械動力在未來創造奇蹟打下了堅實的基礎，將有助並報償後代的勞動。

後人為了紀念這位偉大的發明家，把功率的單位定為「瓦特」。

蒸汽機首先用來為工廠提供動力，紡織行業用它來驅動紡紗機和織布機，煉鋼廠用它來開動鼓風機，為高爐提供風力，煤礦用它排除礦井積水。至一八〇〇年，英國已有蒸汽機三百二十一台，到十九世紀二〇年代，棉紡織工業中蒸汽織機已經替代了絕大部分的手工紡織機。在兩台蒸汽紡織機旁工作的一個男孩，其所織的布匹比一個熟練的手工織工多十五倍。

詹姆士・瓦特
（1736 ～ 1819）

接著，人們就嘗試將蒸汽機用於運輸，並最終促使水陸交通發生了革命。法國茹浮華・達班（Jouffroy d'Abbans）侯爵成功使用蒸汽船航行；一八〇四年，理查・崔維克（Richard Trevithick）製造出第一台蒸汽機車。雖然這兩種機型從經濟上來看都不算成功，但經過不斷努力，蒸汽火車和蒸汽輪船很快便相繼問世。一八一九年，第一艘汽船橫渡大西洋，到了一八四〇年代，英國主要鐵路幹線已經大致建成。

蒸汽機還改變了人們生產和生活方式。小工場主無力購買和使用昂貴的蒸汽機，規模化經濟因而得到發展；大工廠需要更多工人，促使越來越多的人背井離鄉向城市集中，破壞了原有的社會結構；從男人到女人，從成人到兒童，大量工人不分晝夜在工廠工作，不僅改變了前工業化時代的生活方式和家庭模式，也為社會主義運動與民族主義的興起，以及大眾政治時代的到來奠定了基礎。

工業革命的技術發明不僅僅停留在棉紡織業和蒸汽機改良上，鋼鐵行業也從中受益，而價格便宜、質量上乘的鋼鐵又促進了機械化的發展。一七〇九年後，英國冶煉行業開始用焦炭（由煤提煉而來）替代相對昂貴的木炭作為冶鐵燃料。焦炭除了價格更便宜，還使生產者能夠建造更大的鼓風爐，增加鐵的產量。十八世紀，英國的鐵產量突飛猛進而價格卻更加便宜。價格低廉的鐵製設備和零部件使得工業機器更為牢固強勁，並很快應用於建築、造橋及造船業中。十九世紀前，鋼的製造十分昂貴。一七四〇至一八五〇年間，一系列技術進步簡化了煉鋼過程。一八五六年，亨利·貝塞麥（Henry Bessemer）建造了改良的鼓風爐，即貝塞麥轉爐，使生產大量便宜的鋼成為可能。鋼產量激增，很快在需要高強度機械作業的行業替代了鐵製工

瓦特蒸汽機

具、機器和建築材料。

工業革命帶來的海外貿易和工業生產的急劇擴大對金融也產生了更大的需求。一七六〇年之後，以金質貨幣為基礎，英國出現了複雜的信用制度。一七五〇年，英國只有十二家銀行，到一七九六年，幾乎每個鎮市上都有銀行。國家財富的增長、金融業的發展為國家在有需要融資的時候提供了條件。在拿破崙戰爭中，英國為反法國家提供的巨額補助金，其中有相當一部分來自於國債。一七五六年，英國的國債只有七仟四佰伍十七萬伍仟英鎊，而到一八一五年飆升至八億六仟一佰萬英鎊。如此驚人的募集資金能力是其他國家所不具備的，這也是英國權勢的重要基礎之一。

英國工業革命從十八世紀六〇年代開始，於十九世紀三、四〇年代完成，其間社會生產力經歷了驚人的發展。從一七七〇年到一八四〇年間，每個工人的日生產率平均提高二十倍，原棉消耗量從一八〇〇年的五千二百萬磅，增加到一八四〇年的四億五千九百萬磅；生鐵產量從一七二〇年的二萬五千噸，增至一八四〇年的一百三十九萬六千四百噸；煤炭產量一七〇〇年為二百六十萬噸，一八三六年則增至三千萬噸。工業革命期間，英國建成了紡織、鋼鐵、煤炭、機器製造和交通運輸五大工業部門，到十九世紀五〇年代，英國取得了世界工業和貿易的壟斷地位。

工業革命的巨大成就決定性地拉開了英國與其他國家的距離。一七九三年，乾隆還可以傲慢地拒絕馬戛爾尼擴大貿易的請求，但半個世紀之後，英國就用大砲強行轟開了清朝的大門，清朝不僅開放通商，還要割地賠款，並給予英國人租界、治外法權以及最惠國待遇。

三、法國大革命與拿破崙戰爭

當英國的工業革命正在如火如荼進行之際，一場震驚歐洲的政治革命於一七八九年在法國爆發了。這場革命最終引發全歐規模的戰爭，並一度使法國問鼎歐洲權力之巔。雖然法蘭西帝國的崛起使英國面臨「無敵艦隊」覆滅以來的最大威脅，但憑藉強大的海權和工業革命所累積起來的巨大財富，英國不僅打贏了這場「歐洲均勢」保衛戰，而且順勢擴大了自己的權勢，完成了由一個歐洲強國到世界強國的華麗轉身。

法國大革命爆發後，歐洲國家最初持觀望態度。一七九一年六月二十日，法王路易十六出逃失敗被捕，激發了歐洲君主們對法蘭西共和國的敵視，也加劇了法國人民對外國干涉的擔心。一七九二年四月二十日，法國對奧地利宣戰；八月，奧地利與普魯士聯軍進逼巴黎，要求恢復路易十六的自由與統治。九月二十日，臨時組織的法軍憑藉「保衛共和國」的高昂熱情，在瓦爾密戰役中出人意料地擊敗了訓練有素的普魯士軍隊，扭轉了不利的戰局，保住了新生的共和國。

一七九三年一月二十一日，法國國民公會以叛國罪為由處死路易十六，這一行動激怒了歐洲所有的君主，因為它挑戰了君主制的合法性來源——君權神授之觀念，從而對其他國家的政體構成了威脅。英國、西班牙、葡萄牙、荷蘭、拿坡里王國，以及德意志和義大利諸邦都加入了反法同盟，共和國再度面臨危機。

危機之中，卡諾將軍對法國軍隊做出重大改革，實行全國普遍徵兵制；就地解決補給；多兵種混合編成；使用步兵縱隊代替步兵橫隊，以利於快速機動；大量使用散兵；大規模集中使用砲兵。經過改革的法國軍隊雖然由沒有軍事訓練和經驗的普通公民組成，但高昂的民族主義激情和諸多戰術創新使其成為一支足以和歐洲各國職業軍隊相抗衡的大軍。法國和反法同盟在各條戰線上展開了多年的拉鋸戰。一七九七年一月十四日，拿破崙．波拿巴指揮法軍在裡沃利戰役贏得了對奧軍的決定性勝利，奧地利被迫和談，法國贏得了對第一次反法同盟的勝利。

一七九九年，英國、俄羅斯、奧地利、拿坡里、葡萄牙和部分德意志邦國再次結成反法同盟，並在戰場上取得了節節勝利。這個危機時刻給了遠在埃及的拿破崙奪取最高權力的機會，於是一個軍事強人橫空出世，之後，法國大革命就與拿破崙個人的名字聯繫在一起。

拿破崙
（1769～1821）

拿破崙全名是拿破崙．波拿巴，因為國王、皇帝只稱名，不稱姓，所以後人都叫他「拿破崙」。他於一七六九年出生於地中海的科西嘉島，當時這個島嶼剛歸屬法國不久，所以，拿破崙算不上是地道的法國人。他後來進入巴黎軍事學校學習。一七八九年大革命爆發之後，拿破崙參加了革命軍。一七九三年，年僅二十四歲的拿破崙在土倫戰役中嶄露頭角，並因此破格提拔為砲兵准將。擔任圍攻部隊砲兵指揮官的杜紀爾將軍在戰後給巴黎陸軍部的報告中不無誇張地寫道：

我簡直無法用語言向你們形容波拿巴的功勞。他的知識非常豐富，智力相當發達，性格異常堅定，但這還不能讓你對這位非凡軍官的優秀素質有個最起碼的瞭解。

一七九六年，遠征義大利的勝利讓拿破崙名聲大震；一七九八年五月，他率大軍遠征埃及；一七九九年八月，拿破崙得知，在他遠征埃及期間，第二次反法聯盟形成了，法國丟了義大利，國內一片混亂。他當機立斷，率領五百名士兵祕密啟程回國，十月返回巴黎。十一月九日，拿破崙發動霧月政變，推翻了督政府，成為三個執政官之一。一個月之後，拿破崙成為首席執政官，兩年以後，又成為終身執政。

當上首席執政官之後，拿破崙就開始了一帆風順的對外征服過程，從一八〇〇年到一八〇九年，拿破崙戰無不勝，粉碎了第二、三、四、五次反法聯盟。一八一〇年前後，拿破崙的霸業達到了頂峰，法蘭西帝國包括一百三十個省，人口七千五百萬，占當時全歐洲人口的一半。拿破崙自己不僅是法蘭西帝國皇帝，而且還兼任義大利國王、萊茵聯盟的保護者；哥哥約瑟夫任西班牙國王，弟弟路易任荷蘭國王，最小的弟弟吉洛姆任西伐利亞國王，妹夫繆拉任拿坡里國王。在歐洲的歷史上，恐怕沒有哪個家族像波拿巴家族那樣，把如此之多的王冠戴到自己頭上。另外，義大利其他地方和瑞士、波蘭也都建立了聽命於法國的國家，教皇國併入法國。奧地利和普魯士因為戰敗而割地賠款，除了俄國和英國，整個歐洲都拜倒在了拿破崙的馬靴之下。

拿破崙為什麼能在如此短的時間內取得如此巨大的成功?毫無疑問，這是因為他繼承了革命家的遺產，包括一支由公民組成、勇於為祖國獻身的軍隊，一支建立在才能而不是出身基礎上的軍官隊伍，一個優於法國敵人的靈活戰術體系。而且，拿破崙繼續對軍隊的作戰方法進行改進，比如將縱隊和橫隊結合起來形成混合隊形，增加砲兵人數等。拿破崙還改進了軍隊的組織結構。在戰爭初期，法軍將步兵、騎兵和砲兵聯合起來，創造了一種只有幾千人的小型軍隊——師，它既可以獨立行動，也可以與其他師聯合作戰。在開始一八〇五年戰役前，拿破崙又將師發展成軍。軍解決了指揮和供應問題。拿破崙的新式野戰軍往往因為規模過於龐大而無法由一個人有效控制，將其分成軍之後，拿破崙就加強了對部隊的指揮和控制。軍還改進了後勤供應，因為沿不同線路前進的幾個軍要比只沿著一條路線行進的一支大軍更易於補充給養。

戰場上接連不斷的勝利使拿破崙有了稱帝的想法，一八〇四年，拿破崙就此舉行由成年男子參加的公民投票。結果，贊成票為三百五十七萬二千三百二十九票，反對的只有二千五百六十九票。就這樣，在把一個世襲君主送上斷頭台之後，法國人又把這個來自科西嘉的小個子男人送到了皇帝的寶座上，因為正是這個男人，帶給了他們無限的榮光，在被英國人壓制了一百年之後，法國人終於可以揚眉吐氣了，這份輝煌即使偉大的路易十四也沒有帶給他們。

拿破崙本來決定在七月十四日舉行登基慶典活動，因為這一天是法國大革命的爆發日，可是一八〇四年七月十四日正好是星期六，拿破崙下詔慶典改在七月十五日星期天舉行。但是，普通的登基典禮還不能讓拿破崙滿足，他要效仿一千年前的查理曼大帝，由教皇為他加冕，成為查理曼大帝那樣的「羅馬人的皇帝」。不過，拿破崙可不願意屈尊去羅馬，他要把教皇請到巴黎。拿破崙的權勢是教皇都不敢輕視的，因為這個時候，拿破崙的軍隊正駐紮在義大利的北部和中部，直接威脅到羅馬。一八〇四年十二月二日，教皇庇護七世在巴黎為拿破崙舉行加冕儀式。正當教皇準備將皇冠戴在拿破崙的頭上時，讓人意想不到的一幕發生了：拿破崙突然伸手接過皇冠，自己戴在頭上，接著，他又拿起一頂小皇冠戴在皇后約瑟芬的頭上，拿破崙可不想讓別人以為他的皇冠是教皇給的。

從一七九三年的土倫戰役到一八〇四年稱帝，拿破崙從一個下層軍官走到政治巔峰只用了十年的時間。

既然成為名正言順的皇帝，龐大的帝國就必須得後繼有人。但是，年過四十的皇后約瑟芬已經過了生育年齡。一八〇九年十二月十五日，拿破崙與約瑟芬離婚。當拿破崙再一次談婚論嫁的時候，他的境遇已經發生了翻天覆地的變化。今天，他是歐洲的主宰，只有一位大國的公主才能配得上他的身分和地位，他也需要這樣的新娘，給他的皇位和血統增加幾分正統色彩，因為出身是拿破崙唯一不能改變的。

問題是，此時的歐洲國家已經被拿破崙消滅得差不多了，除了法蘭西帝國外，只有英、俄、奧還可排在大國行列。當然，屢敗屢戰、英勇倔強的英國人是不會與拿破崙聯姻的，所以可能的選擇就是俄國和奧地利。起初拿破崙更中意俄國，因為這個國家游離在他的掌控之外，聯姻可以加強俄法關係。但是，拿破崙的求婚遭到沙皇婉言拒絕。於是，奧地利成為唯一的選擇。而奧地利為了保全自己國家，非常願意把公主嫁給拿破崙。一八一〇年四月，十八歲的奧地利公主瑪麗・路易莎與拿破崙舉行婚禮，第二年的三月，瑪麗・路易莎生下了兒子羅馬王。帝國後繼有人的消息讓整個國家都欣喜若狂。看起來，有了羅馬王，這個波拿巴家族的法蘭西帝國就可以代代相傳了。

事情真的能像法國人想像的那樣嗎？當然不是。其實拿破崙貌似強大輝煌的帝國始終沒能解決一個問題——即如何迫使英國求和、接受法國在歐洲大陸的霸權地位。拿破崙的陸軍可以在歐洲所向披靡、攻無不克，可是他的海軍卻無法和英國相比，窄窄的英吉利海峽已成為拿破崙無法跨越的天塹。只要英國沒有被征服，拿破崙的江山就坐不穩，因為率先啟動工業革命的英國，累積了足以影響戰爭進程的巨大財富，它會尋找一切機會組織反法同盟，給那些表面上屈服而實際上片刻不忘復仇的國家以希望和補助金。

怎麼才能踢開英國這個拿破崙建立歐洲霸權的絆腳石？對法國而言，迫使英國求和的途徑有兩個：要麼直接獲得英吉利海峽的控制權從而威脅英國生存，要麼間接地絞殺英國與歐陸和殖民地之間的貿易從而斷了其財路。

由於有強大的皇家海軍防衛，拿破崙很難發動對英國的戰爭。一八〇五年十月二十一日特拉法爾加會戰的失敗澈底粉碎了拿破崙侵英的夢想。在這次會戰中，法蘭西聯合艦隊遭受決定性打擊，主帥維勒訥夫被俘，二十一艘戰艦被俘，法國海軍精銳盡失，而英國海軍艦隻毫無損失。對於這次會戰的重要意義，英國軍事理論家富勒在《西洋世界軍事史》中評價說：

> 無論從哪一方面來說，特拉法爾加海戰都是一個值得記憶的會戰，它對歷史具有廣泛的影響。它把拿破崙征服英國的夢想完全擊碎了。英法一百年來的海上爭霸戰從此告一結束。它使英國獲得了一個海洋帝國，這個帝國維持達一個世紀以上。

雖然拿破崙被迫放棄其直接攻擊英國的計畫，可是間接路線看來還是暢通的，假如他能控制歐洲沿海港口，那麼英國的財源，即海外貿易將被切斷；而如果沒有這項巨大的財源，英國政府就不可能有希望擊敗拿破崙。英國的財力是支撐反法聯盟存在的支柱。

從一八〇六年十一月到一八一〇年十月，拿破崙發布了多個敕令，這些敕令的核心思想就是禁止歐洲大陸與英國及其殖民地進行貿易，與英國及其殖民地來往的船隻也一律沒收。拿破崙的大陸封鎖體系確實給英國造成了一定損失，但要說讓英國窒息、迫使英國屈服那還遠遠不夠。一是貿易的下降並不能使英國經濟立即崩潰，二是英國有制海權，歐洲的海岸線極其漫長，法國杜絕不了走私的問題。與此同時，英國的海上反封鎖措施則隔斷了法國與中立國、殖民地的聯繫，法國和歐洲的海港一片死寂，幾乎無法進行任何對外貿易。結果，拿破崙的大陸封鎖政策引起法國國內和盟友的普遍不滿，也是促使法國與俄國分道揚

威靈頓公爵
（1769～1852）

鑣的重要原因。

除了英國，俄國也是拿破崙的心腹之患。這個國家與法國一直是貌合神離。其實，拿破崙對俄國還是非常客氣，一八〇七年俄國雖然戰敗，但是在隨後簽署的和約當中，俄國不但沒有像普魯士、奧地利那樣割地賠款，而且還獲得了新的領土！但是，法俄兩國的友誼並沒有像拿破崙預想的那樣順利，一八〇八年九至十月，拿破崙與沙皇在艾爾福特舉行會晤，雖然兩位皇帝表面上非常親熱，但是在將近二十天的會談中拿破崙沒有獲得亞歷山大任何有價值的承諾。所以，這次會晤讓拿破崙意識到，法俄同盟徒有其表。此後，兩國關係因為波蘭問題開始惡化，亞歷山大又拒絕了拿破崙向自己妹妹的求婚，再加上俄國公開允許英國產品走私進入俄國港口，破壞拿破崙的大陸封鎖體制，凡此種種，都讓拿破崙堅定了征服俄國的想法。

一八一二年六月二十四日，拿破崙率領六十多萬大軍渡過尼曼河，對俄國不宣而戰，從此，也就邁開了帝國滅亡的第一步。俄國是一個進去容易出來難的國家，它的西部是大平原，當然很容易進去；可是它又太大，再多的兵力、再遠的推進距離都是滄海一粟，再加上氣候惡劣，習慣溫暖天氣的西歐人根本受不了。於是乎，廣闊的領土和寒冷的冬天就成為俄國人戰勝入侵者的法寶。拿破崙進入俄國後，雖然贏得了一些戰役的勝利，但是俄軍總司令庫圖佐夫採取了退卻戰術，誘敵深入，迴避與拿破崙進行大戰。九月十四日，法軍進入莫斯科，留給拿破崙的是一座著火的空城。拿破崙想和庫圖佐夫決戰，但是找不到人。他幾次想和沙皇談判，願意以最寬大的條件締結和約，但是沙皇不理睬他。拿破崙在莫斯科滯留了一個多月，糧草將盡，戰馬死了幾萬匹，十月十三日，莫斯科下了第一場大雪，最後，拿破崙被迫於十月十九日從莫斯科撤退。他的大軍在攝氏零下三十五度的冰天雪地裡行走，一路上村莊空無一人，沒有糧食，武器彈藥也無法補充，後面又有俄軍騷擾，餓死、凍死的人不計其數。到十二月中旬，法軍渡過尼曼河時，不到半年時間，六〇多萬大軍只剩下了二萬人。

一八一三年六至八月，第六次反法聯盟形成，參加的國家有英國、俄國、奧地利、普魯士、瑞典、西班牙和葡萄牙。十月，第六反法聯盟與法國在德國萊比錫展開決戰，拿破崙大敗。

萊比錫戰役推倒了拿破崙帝國滅亡的第一塊多米諾骨牌。一八一四年三月三十一日，反法聯盟軍隊進入巴黎。四月十一日，法國與普、奧、俄簽訂了《楓丹白露條約》，拿破崙正式退位，但終身保留皇帝稱號，每年領取二佰伍十萬法郎年金，並擁有地中海厄爾巴島的主權。

一八一五年二月二十六日，正當反法聯盟國家為了分贓而爭論不休時，拿破崙帶領一千人從島上逃出，三月一日在法國登陸，在向巴黎行進的途中，他受到了法國人民的熱烈歡迎，三月二十日，拿破崙重返巴黎，路易十八倉惶出逃，拿破崙重登王位，統治法國近一百天，史稱「百日王朝」。但這一次回歸只是拿破崙的迴光返照而已。

滑鐵盧是比利時首都布魯塞爾南郊十八公里處的一個小鎮，一八一五年六月十八日，拿破崙在比利時滑鐵盧被威靈頓公爵率領的反法聯盟軍擊敗。拿破崙向西逃，準備渡海去美國，計畫失敗之後向英國海軍投降。六月二二日，拿破崙再次宣布退位。這一次，他是作為戰俘，終身監禁，反法聯盟國家把他遠遠地送到了南大西洋遠離大陸的聖赫倫那島以絕後患。一八二一年，年僅五十二歲的拿破崙鬱鬱而終。

曾經顯赫一時的拿破崙為什麼會失敗？概括起來有四個方面的原因：戰略上的貪婪，英國始終如一的反對，其他民族對法國的憎恨，對手在軍事上的改進和革新。拿破崙雖然具有出色的戰術和作戰能力，但在戰略上存在致命缺陷。他既不知道適可而止，也不知道適時而止，他從未有過一個使自己滿意、也能保證歐洲長期穩定的終極目標，因此注定要失敗。也正是戰略上的貪婪，導致英國對他自始至終的反對，因為英國無論如何也不能接受一個擁有大陸霸權的法國。更為重要的是，強大的海權和工業革命賦予了英國摧毀拿破崙霸業的能力。

拿破崙也敗於他在歐洲所激發出的民族主義精神。事實上，自從拿破崙從莫斯科撤退之後，歐洲反法戰爭的性質就發生了變化。在此以前，除了在西班牙，對抗拿破崙的都是一些舊王室；從此以後，與他為敵的就是歐洲各國的人民了，反法起義遍布整個歐洲。法國革命曾喚醒了法蘭西的民族精神，這一民族精神賦予法國橫掃歐洲的力量。革命的法國還為封建統治下的歐洲其他國家帶去了自由、平等、博愛等革命理念，打碎了各國的封建秩序，這些都讓拿破崙在歐洲受到普遍歡迎。但是，隨著拿破崙的征服越來越具有掠奪性質，隨著一個個割地賠款條約的簽訂，他喪失了革命所賦予他的合法性，成為一個失去神聖光環和道德感召力的普通征服者。歐洲各國的民眾開始憎恨他，憎恨法國人的統治。法國大革命的理想和拿破崙的征服啟蒙了歐洲人民，他們和法國人一樣，也有了自己的民族主義情緒和愛國主義熱情，他們因此獲得了法國人曾經擁有的那種驚人力量。

拿破崙的對外征服也將其原本獨享的軍事創新很快傳遍歐洲，尤其是徵兵制，幾乎已經被所有國家採納。如果說拿破崙曾經以總體戰打贏了其他國家的王朝戰爭的話，那麼，在雙雙進入總體戰之後，拿破崙的優勢也就喪失了。

拿破崙的影響並未因為個人霸業的失敗而終結，他給歐洲和世界打下了深深的烙印。維也納會議之後的歐洲，舊王室紛紛復辟，從表面上看似乎又回到了一七八九年之前。事實上，拿破崙對歐洲舊秩序的破壞帶有不可逆性，自由、平等、博愛等理念已經在歐洲大地生根發芽，民族主義思想廣為傳播，已經覺悟的人民不可能再次被欺騙、被奴役。在自由主義和民族主義的感召下，十九世紀的歐洲大陸革命運動一浪高過一浪，出席維也納會議的政治家們不是回到了過去，而是來到了未來。

拿破崙的影響還遠達美洲。他對西班牙和葡萄牙的入侵，使它們失去對美洲殖民地的有效控制，進而爆發了拉丁美洲獨立運動。他把路易斯安那從西班牙手裡要回，又以平均每英畝三美分、總共一仟伍佰萬美元的「低價」賣給美國，使美國領土擴大了一倍，並打通了西進的道路。

當然，拿破崙失敗的最直接後果是，一個世界性霸權誕生了。

四、開啟新時代——不列顛治下的和平

拿破崙第一次退位之後，波旁王朝在法國復辟。一八一四年五月三十日，反法聯盟國家與法王路易十八簽署了和約，這是第一次《巴黎和約》。英國、俄國、普魯士、奧地利四大國給予了法國非常寬大的媾和條件：不賠款、不割地、沒有占領軍，法國還可以保留少部分侵占的領土，英國也歸還了大部分法國殖民地。之所以如此寬容，主要是為了樹立復辟王朝的威信，穩定局勢。本來反法聯盟國家希望所有關於領土的解決都能納入到《巴黎和約》當中，但是拿破崙造成的破壞和改變實在太大，短時間內無法把所有的問題都一一解決，而且盟國在有些問題上的分歧也很大。所以第一次《巴黎和約》只就法國和部分的歐洲領土問題達成共識，其他的有關問題留待國際會議解決。

一八一四年九月，結束拿破崙戰爭的維也納會議召開，代表十五個王朝的二百一十名代表出席了會議。

雖然多年的戰爭使奧地利入不敷出，但它還是慷慨解囊，為來賓們安排了豐富多彩的娛樂活動，如舞會、音樂會、溜冰、乘雪橇、打獵、賽馬等等，據說每天耗資一萬英鎊。有人形容，會議不是在行進，而是在跳舞。當然，這只是表面現象，在歌舞昇平的背後，俄、英、普、奧四大國一直在進行激烈的討價還價，他們各有企圖，為分贓不均而相互爭吵。

維也納會議的使命與以往類似國際會議的一個重要不同點在於，它不僅僅要分贓，要確定新的政治版圖，而且它還要建立一個能夠保證歐洲長久和平和均勢的國際制度。畢竟，歐洲經歷了近四分之一個世紀的戰爭蹂躪，各國都遭受了巨大損失。所以，出席維也納會議的各國政治家們都有一種強烈的和平願望，他們知道，歐洲的舊制度已經再也承受不住任何衝擊了，他們要自覺地建立一個確保長治久安的新機制。

維也納會議所秉承的原則是正統主義、均勢原則和補償原則。所謂正統主義，就是要恢復歐洲各國被推翻的王朝統治；所謂均勢原則，就是要維持大國之間實力的大致均等，不允許哪一個國家擁有過分的權勢。不過，這種均勢只適用於歐洲大陸，在海洋英國則一手遮天；所謂補償原則，就是以犧牲小國為代價滿足大國要求，補償大國受到的所謂損失。一八一五年六月九日，各國簽署了《最後議定書》。

《最後議定書》的主要內容包括：

（一）關於波蘭-薩克森問題。波蘭本來已經在一七九五年消失，被俄國、普魯士、奧地利三國分三次瓜分。一八〇七年，拿破崙在普、奧第二次和第三次瓜分到的波蘭領土上建立了華沙大公國。最後，俄國獲得了華沙大公國的絕大部分土地，建立了一個由沙皇兼任國王的波蘭王國，沙俄的勢力因此深入中歐，推進到距離維也納只有三百多公里的地方。在維也納會議之後的差不多半個世紀的時間裡，俄國充當了歐洲憲兵的角色，是各國都必須討好的對象。因為失去了部分原波蘭領土，奧地利在義大利得到補償，普魯士則得到薩克森的一部分和萊茵河左岸的領土。

（二）關於低地國家。尼德蘭北方七省獲得獨立後，南方繼續留在西班牙帝國之內，稱南尼德蘭。西班牙王位繼承戰爭之後，南尼德蘭的宗主權又轉給了奧地利。低地雖然面積不大，但經濟發達，地理位置重要，是歐洲商業和戰略的要地。一直以來，它都是法國對外擴張的重要目標。奧地利認為南尼德蘭，即比利時離它太遠，不好防守，所以主動放棄而在義大利獲得補償。最後，比利時與荷蘭合併（比利時後於一八三〇年宣布獨立）。

（三）關於德意志問題。神聖羅馬帝國在一八〇六年已經被拿破崙廢除，很多小邦和自由城市也被合併，要想把德意志的秩序完全恢復到過去是不可能的。最後成立了新的德意志邦聯，由三十九個邦和四個自由城市組成，有一個邦聯議會，奧地利代表任會議主席。

（四）其他的領土交易。瑞典把芬蘭讓給俄國，從丹麥手裡得到挪威作為補償，丹麥又從瑞典手裡獲得波美拉尼亞，丹麥以波美拉尼亞不與本土相連為理由，換取了普魯士的勞恩堡。這一連串的交易其實對普魯士最有意義，因為它在波羅的海南岸的領土相連了，便利了它的交通、運輸以及管理。

（五）承認瑞士為永久中立國，並保證其領土完整。這大概是維也納會議最經得起考驗的成就，就連兩次世界大戰的戰火都沒有燃燒到瑞士。

（六）關於義大利。義大利又恢復到了四分五裂的局面，舊王朝紛紛復辟。拿破崙的皇后、奧地利公主瑪麗·路易莎獲得了帕爾馬公國，兒子羅馬王得到摩德納公國。

《維也納議定書》並沒有涉及法國，因為法國的問題在一八一四年五月的第一次《巴黎和約》當中已經解決。可是後來情況有了變化，拿破崙又殺了個回馬槍，而且受到法國人的熱烈追捧。這說明，法國人的擴張情緒與帝國情結仍然存在，而且，第一次《巴黎和約》對法國如此寬大，他們居然不知感恩，還要擁護拿破崙。所以，盟國決定對法國進行懲罰。一八一五年十一月二十日，英、俄、普、奧與法國簽訂了第二次《巴黎和約》，規定割地、賠款、駐軍。當然並不嚴重，盟國也害怕嚴重了會威脅波旁家族的統治。關於英國所獲得的海外利益和種種特權在維也納會議之前就已經獲得列強的認可，所以，相關的問題也沒有出現在議定書當中。

現在，法國被嚴密地包圍起來。北面有擴大的荷蘭；東面，普魯士獲得萊茵河左岸，符騰堡和巴伐利亞兩個德意志邦國的領土也有所增加；東南，瑞士成為受國際保護的永久中立國，撒丁王國的領土擴大。築起這麼一道堤壩就是為了擋住法國向外擴張的道路。事實上，在拿破崙之後，法國也沒有了挑戰歐洲均勢的實力，這些防範多少有些多餘。當一八七〇年它在普法戰爭當中慘敗給普魯士的時候，歐洲國家這才發現，歐洲大陸的頭號強國已經在不知不覺中變成了普魯士（德國）。

拿破崙戰爭和《維也納議定書》的最大受益者自然是英國。十九世紀的德國經濟學家李斯特（Friedrich List）如是說：

> 過去一個世紀的歷史教導我們，大陸各國每有一次相互間的戰爭，其結果無不是增進（英國的）工業、財富、航海、殖民地占有和島國優越權勢。

事實的確如此。在拿破崙戰爭期間，英國的貿易、海軍、殖民地繼續擴大。從世界各國海軍力量的對比來看，一七九〇年，英國的海軍總噸位為四十八萬五千九百噸，僅次於它的法國為三十一萬四千三百噸，第三的西班牙為二十四萬二千二百噸，儘管英國排名世界第一，但仍沒有確立絕對優勢，法西兩國的海軍總噸位數合起來超過了英國；到了一八一五年，英國的總噸位數達到六十萬九千三百噸，法國儘管仍排名第二，但減少到二十二萬八千三百噸，俄國列第三，為十六萬七千三百噸，西班牙淪落到第四，還不到六萬噸。至此，英國海軍的總噸位數超過了排在其後的三國總和，大致相當於世界其他各國海軍總噸位數的總和。正如希爾所說：

> 英國的國防力量，特別是海軍的力量，在這場戰爭後的近一個世紀裡無人能與之匹敵。

英國在拿破崙戰爭中完成了帝國重建的任務，「日不落帝國」大致成形。從根本上來說，拿破崙戰爭是十七世紀末以來英、法商業和殖民霸權競爭的延續，只是這一次英國不再一味地擴大地盤，在工業革命已經開始的背景之下，英國此番主要爭奪的是那些擁有廣闊市場的殖民地以及對英國海外貿易通道暢通至關重要的一些殖民據點，包括從法國人手中強占的模里西斯、塞席爾群島、托巴哥和聖露西亞，從荷蘭、西班牙、丹麥等國手中強占的開普敦、錫蘭、馬爾他、千里達、黑爾戈蘭等。

總之，到一八一五年拿破崙戰爭結束時，隨著帝國版圖的迅速擴大，第二帝國大致定型。如果說第一帝國的中心是北美十三州殖民地，那麼，日益興盛的「日不落帝國」，其中心則是遠東的印度。印度對於帝國的重要性，曾擔任印度總督的寇松（Curzon）是這樣評價的：

> 只要我們統治印度，我們就是世界上最強大的國家；可一旦丟掉了印度，我們的

地位將一落千丈，只能降格為一個三流國家。

更多人則具體地將印度譽為「帝國王冠上最珍貴的寶石」。

一八一五年之後，英國的商船與戰艦出現在全球各個角落，他們獲取領地、開設口岸、掠奪原料、傾銷產品。十九世紀中葉的兩場鴉片戰爭打開了中國市場；一八五八年，英國與法國、荷蘭一起強迫日本簽訂了一系列不平等條約；一八三六年和一八五七年，英國與伊朗簽約；一八三八年和一八六一年，英國與土耳其簽約。這些條約內容雖不盡相同，但有一點是共同的，即英國要求得到貿易、投資等方面的特權。為確保帝國安全以及貿易的通暢，英國這一時期還占領了一些軍事要塞與貿易據點，如一八一九年占領新加坡，一八三九年占領亞丁港，一八四一年占領香港。

在十八世紀，英國的海上霸權還時不時地會受到法國的挑戰，而整個十九世紀，這一霸權已經是無可爭議和不可撼動了。大英帝國的海軍游弋在世界各大洋維持秩序與安全，海上交通的重要據點比如直布羅陀、馬爾他、蘇伊士、好望角、新加坡、香港統統都由帝國軍隊來控制，其他國家在服從英國領導的前提下，可以自由在海上通行，進行貿易和殖民地開拓。

在海軍、殖民地之外，支撐英國「日不落帝國」地位的另一個支柱就是工業革命所造就的世界工業霸主地位。一八五〇年，英國生產了全世界金屬製品、棉織品和鐵產量的一半，煤產量的三分之二，其他如造船業、鐵路修築都居世界首位。一八六〇年，英國生產了世界工業產品的百分之四十至百分之五十，歐洲工業品的百分之五十五至百分之六十。一八五〇年，英國對外貿易占世界貿易總量的百分之二十，十年後增至百分之四十，英鎊成為國際貨幣。一八五一年在倫敦召開的第一屆世界博覽會向全世界展示了英國工業化的成果，並宣告英國成為世界上最強大的工業化國家。

對此，英國人洋洋得意地宣稱：

北美和俄國的平原是我們的玉米地；芝加哥和敖德薩是我們的糧倉；加拿大和波羅的海是我們的林場；澳大利亞、西亞有我們的牧羊地；阿根廷和北美的西部草原有我們的牛群；秘魯運來它的白銀；南非和澳大利亞的黃金則流到倫敦；印度人和中國人為我們種植茶葉；而我們的咖啡、甘蔗和香料種植園則遍及印度群島；西班牙和法國是我們的葡萄園；地中海是我們的果園；長期以來早就生長在美國南部、我們的棉花地，現在正在向地球的所有的溫暖區域擴展。

維多利亞女王
（1819～1901）

維多利亞（一八三七～一九〇一年在位）時代是大英帝國的鼎盛時期。它以占世界百分之二的人口統治著全球大約四分之一的人類、五分之一的陸地面積，地球上的二十四個時區均有大英帝國的領土。與歷史上龐大輝煌的羅馬帝國相比，英國人的成就遠在其之上，因為前者不過是一個以地中海為中心的區域帝國，而英國人建立的「日不落帝國」卻是一個真正的世界帝國。維多利亞女王也是第一個以「大不列顛與愛爾蘭聯合王國女王和印度女皇」

名號稱呼的英國君主。

一八八七年是維多利亞女王登基五十週年，處在國力巔峰狀態的大英帝國以前所未有的排場來進行這次的金禧慶典。慶典當天的晚宴就邀請了五十個國家的君主和各殖民地自治領地的總督，帝國統治下的殖民地更是派出大批當地菁英「朝貢」英國。英國本地的普通百姓也紛紛張燈結綵喜迎慶典。詩人丁尼生在為金禧慶典所做的詩中這樣寫道：

> 商業拓展的五十年！
> 科學昌明的五十年！
> 帝國擴張的五十年！

就連對自己慶典不太感興趣的女王，在看過遊行場面的時候也承認：

> 難以形容群眾的熱情，令人驚訝，令人動容，歡呼聲震耳欲聾，每一張臉上似乎都洋溢著喜悅。

英國的大國形象與力量，英國人的自信與驕傲，各國對英國的仰慕，無不透過金禧慶典而展現出來。

CHAPTER VIII THE FRANCO-PRUSSIAN WAR AND THE RISE OF GERMANY

第八章　普法戰爭與德國崛起

十九世紀，德意志地區民族主義思潮高漲，統一已是大勢所趨。普魯士宰相俾斯麥抓住機會，通過三次王朝戰爭最終統一德國。普法戰爭之後，德國崛起成為歐洲大陸頭號強國。

在中國，有很多關於「德國製造」的傳奇故事。

帳篷的故事。二〇〇八年中國汶川地震後，災區陸續收到各國援助的帳篷等救災物資。有記者在採訪中瞭解到，災民們相互打聽住的是哪個國家的帳篷，住德國帳篷的災民往往引來周遭羨慕，因為德國帳篷的質量最好。

鐘錶的故事。德國殖民時期在青島江蘇路修建的基督教堂，其鐘錶迄今運轉正常。二〇一〇年，在華投資生產大型齒輪的一名德國商人陪父親在青島遊覽時看見了這座鐘錶，老人頓時認出了鐘錶所用的齒輪便是由他的家族企業所供應。在接受記者採訪時，該德國商人表示：「根據目前的使用情況，這些齒輪沒有任何問題，還能再用上三百年，真要維修時，恐怕要到我的曾孫一代了。」

橋樑的故事。一九〇六年，德國泰來洋行承建甘肅蘭州中山橋，一九〇九年建成。合約規定，該橋自完工之日起保證堅固八十年。在一九四九年的解放蘭州戰役中，橋面木板被燒，縱梁留下彈痕，但橋身安穩如常。一九八九年，距橋樑建成八十年之際，德國專家專程對該橋進行了檢查，並提出加固建議，同時申明合約到期。如今，中山橋仍然照常使用，並被列為市級文物保護單位。

油紙包的故事。青島的城建人員在整修德式下水道時發現有零件損壞，到處找不到合適的，最後求助於德方，結果對方很快回覆説，不用擔心，在那個損壞零件周圍的三公尺範圍內，肯定有個地方藏有備件，工程人員細心查找，果然在附近一個小箱子裡找到了油紙包著的零件，拆開看還鋥光瓦亮呢。

濟南老火車站的故事。濟南老火車站即津浦鐵路濟南站，一九〇四年由德國人修建。一九九二年拆除時，因為修建得非常堅固，也因為距離火車道太近，只能人工拆除，用了一個月左右的時間才拆完。車站的鐘樓內部有很多地方不是用的鋼筋，而是鐵軌，加上石材質量也很好，所以拆起來特別費勁。

這些故事不管是真是假，都指向了德國製造的最核心特徵：耐用、務實、可靠、安全、精密。根據中國環球網和德國駐華使館的調查結果，中國網友（百分之三十七點三）對德國印象最深的是其「實力充足的工業製造業」。越來越多的中國人感嘆於德國的鍋可以用一輩子、德國的刀可以傳世、德國的鐘可以世代走下去。

但很多人可能並不知道，就在一百多年前，「德國製造」還是「價廉質低」的代名詞，被扣上「偷竊、複製、偽造」等帽子，其尷尬處境多少有些類似今天的「中國製造」。

工業革命始於十八世紀七〇年代，英國是其發源地，而傳到歐洲大陸已經是拿破崙戰爭之後的事情了。在歐洲大陸，德國的工業革命又晚於低地國家和法國。當時，德意志還僅僅是一個地理概念，由眾多獨立的邦國組成，邦國之間、邦國內部關卡林立，嚴重妨礙了工業的發展。三〇年代，特別是五〇年代之後，隨著關稅同盟的建立和鐵路的修建，德意志地區經濟開始起飛。

但作為後發的工業國家，德國與英法美等工業強國之間的差距顯而易見。為追趕先進，起初只能以剽竊設計、偽造商標等「卑劣」手法仿造先進國家的產品，靠低廉的價格占領市場。在一八七六年的費城世博會上，「德國製造」被評為「價廉質低」的代表，遭到了工業強國的唾棄。一八八七年八月二十三日，英國議會通過了侮辱性的《商標法》條款，規定所有從德國進口的產品都須註明「Made in Germany」，以此將劣質的德國貨與優質的英國產品區分開來。

然而，不到二十年，德國製造就發生了翻天覆地的蛻變。英國的羅斯伯里伯爵（Earl of Rosebery）在一八九六年表示：「德國讓我感到恐懼，德國人把所有的一切……做成絕對的完美。我們超過德國了嗎？剛好相反，我們落後了。」

其實，從德國製造恥辱地誕生那一時刻起，德國人就開始奮起直追。他們緊緊抓住國家統一和第二次工業革命的戰略機會，大力發展鋼鐵、化工、機械、電氣等製造業和實體經濟，催生了西門子（Siemens）、克魯普（Krupp）、福斯（Volkswagen）等一批全球知名企業。到第一次世界大戰前，德國已成為歐洲第一工業強國。當年英國人故意貶低德國商品而催生的「德國製造」終於被嚴謹勤奮的德國人打造成高質量產品的代名詞。

直到今天，在美英等西方國家紛紛把製造業向發展中國家外包、自己轉向服務業的情況下，德國仍將主要精力放在製造業的產品質量與技術水平的提升上。這種製造業立國的發展戰略不僅讓德國保持了較高的就業率，促進了德國科技創新能力的提高，也使得德國具備了抵禦金融危機衝擊的堅實產業基礎。據說，英國首相布萊爾曾向德國總理梅克爾詢問德國經濟成功的祕訣，梅克爾回答說：

「我們至少還在做東西，布萊爾先生。」

十五至十七世紀是歐洲近代民族國家形成時期，但是神聖羅馬帝國，也就是德國，仍然處在分崩離析的狀態。根據一六四八年的《西伐利亞和約》，大大小小的諸侯都成為主權國家，僅萊茵河左岸二萬多平方公里的土地上就有差不多一百個小國。在德意志諸侯當中，實力最強的是普魯士和奧地利。拿破崙戰爭終結了神聖羅馬帝國，根據《維也納議定書》，新成立的德意志邦聯有三十九個邦和四個自由城市，邦國數量雖然大大減少，但德意志離一個統一的國家仍有不小的距離。可是，就在維也納會議結束之後的半個世紀，一八七〇年，在普魯士的主導下，一盤散沙的德意志居然奇蹟般地統一了，並且隨即成為歐洲大陸的頭號強國。德國崛起改變的不僅是日耳曼民族的命運，對整個歐洲和世界歷史都產生了極其深遠的影響。

一、拿破崙戰爭之後的普魯士

拿破崙戰爭（一七九九～一八一五年）對於德國統一來說至關重要。這場戰爭的結果突出了普魯士在德意志諸邦中的地位。雖然普魯士在戰爭中的表現非常糟糕，但是戰後為了遏制法國、保持均勢，英國極力加強普魯士的力量。根據《維也納議定書》，普魯士放棄瓜分波蘭的大部分土地而在德意志內部得到補償，這使它變成了一個民族成分相對單一的國家，即民族國家。在此後的民族主義時代裡，民族國家身分使普魯士更具凝聚力，也為它在幾十年之後的統一有了堅實的基礎。而且普魯士的運氣也特別好，幾年之後，萊茵河左岸就發現了煤和鐵，這個地方很快由一派田園風光變成軍火製造業和重工業基地，成為歐洲大陸的工業革命中心。

而奧地利雖然在義大利獲得大量土地，表面上看是獲益了，可是在民族主義浪潮高漲的世紀裡，這樣的領土獲得將不是它的力量而是它的弱點。很快，在奧地利的領地上就開始了民族獨立運動，到十九世紀六〇年代，義大利趕走了奧地利人獲得獨立。所以，拿破崙戰爭之後德意志內部的力量對比從長遠角度來看，有利於普魯士而不利於奧地利。

取代神聖羅馬帝國的德意志邦聯，其政治實體大大減少也同樣有利於德國的統一。再加上在拿破崙戰爭當中被激發出的德意志民族主義，所以，不管人們的主觀意志怎樣，拿破崙戰爭與《維也納議定書》讓德國統一變得不再遙遠。

拿破崙戰爭之後，普魯士開始為崛起和統一做準備。其中有三個重要的戰略舉措或者說創新：關稅同盟、鐵路網和軍事改革。

關稅同盟的倡議者是李斯特。當時，德意志內部關卡林立，僅普魯士一國領土內就有六十七種不同的關稅，近三千種商品須繳納關稅；對外，它與二十八個國家接壤。這些關稅一方面嚴重阻礙了內部貿易，另外一方面也阻礙著德國經濟的發展和德國產品在國際上的競爭力。李斯特意識到，除非德意志各邦之間的關稅壁壘能夠被打破，否則英國貨就會繼續在德國境內氾濫，德國也無法實現工業化。李斯特預見到一個嶄新和更大的德國，由內部自由貿易、對外關稅保護以及全國性郵政和鐵路系統統一起來，最終崛起為歐洲大強國。關稅同盟的建立與他的不懈努力有直接關聯。

作為建設關稅同盟的第一步，一八一八年，所有在普魯士境內的關稅都被取消了。普魯士廢除內地關稅對其他邦國有很大影響。在普魯士帶動下，北德六個邦國於一八二六年成立關稅同盟，參加同盟的各邦國之間取消了關稅。一八二七年，南德兩個大邦國巴伐利亞和符騰堡組成南德關稅同盟，後來其他一些南德邦國也參加進來。一八二八年，漢諾威、薩克森、圖林根各邦國和漢薩城市組成了對抗普魯士的中德關稅同盟，但在普魯士的壓力下於一八三一年瓦解。一八三三年，由普魯士領導的德意志關稅同盟組成，參加的各邦國訂立了為期八年的關稅協定，協定自一八三四年一月一日起生效。以後，每逢協定到期即再行延長。

一八三四年一月一日零點，在德意志十八個邦國的邊界上，載滿貨物的四輪馬車等待通過邊境線。幾百年來第一次，它們無須在邊界停下來交納過境稅。德意志關稅同盟建立了，它預示著德國內部市場商業流通擴大的開始。

起初，關稅同盟聯合了北德十八個邦國，之後，巴登公國、拿騷公國和美因河畔的自由城市法蘭克福於一八三五年加入，所覆蓋的領土共計八萬二千平方英里（超過當時德國領土的三分之二），人口二千五百萬人，只有漢諾威等一部分邦國未加入同盟。

建立關稅同盟是資本主義生產力發展的要求，它使商品、資本、勞動力得以自由流通，從而有利於統一的民族市場建成。關稅同盟組成後，德意志地區的工業生產特別是紡織業生產有了迅速發展。一八三四至一八三八年，僅在薩克森就興建了四十五座大型紡織廠，到一八四〇年代，普魯士擁有蒸汽機一千多台，柏林成為重要的工業中心。萊茵河中游的萊茵-西伐利亞省一帶煤鐵儲藏量豐富，資本主義工業在全德最發達。到十九世紀中期，關稅同盟地區工業總產量位居歐洲第三（僅次於英國和法國），德意志經濟統一目標已經實現。

經濟上的統一必將引發政治上的團結，從長遠來看，它為德國統一創造了前提。普魯士接受李斯特的建議，主導了關稅同盟的建立，把握住了歷史發展的大趨勢，實際上也就將自己推到未來德國統一領導者的位置上。

由於擔心貿易轉向以及由此帶來的財政損失，同盟各邦都把改善交通視為克服這一危險的好辦法。鐵路自一八三〇年代開始受到各邦政府的重視，一八五〇至一八八〇年代，鐵路資本占全部投資的比例從百分之二點八增長到百分之七點四。一八五〇年，鐵路長度為五千八百五十六公里，到一八七〇年就達到一萬八千八百七十六公里。鐵路路線的選擇明顯受到關稅同盟的影響，鐵路樞紐往往是扼貿易咽喉的城市，如柏林、萊比錫、科隆等。

鐵路網雖然因經濟需要而形成，但其對德意志的意義並未止步於經濟。李斯特對現代戰略做出的一項重要貢獻，就在於他有系統地研究了鐵路對軍事力量對比的影響。鐵路出現之前，德意志的戰略位置在歐洲是最為不利的，地處歐洲中心的它歷來是歐洲大陸的傳統戰場。而李斯特則敏感地意識到，蒸汽動力運輸的出現對德意志的戰略含義。他第一個預見到，鐵路將使德意志的地理位置成為其力量的一個源泉。他認為，由於全國性鐵路網加強了政治上的統一，德國能夠被塑造成為歐洲心臟地區的一個防禦堡壘；動員的加速，部隊從國土中央被迅速投送到邊緣，再加上鐵路運輸其他明顯的內線之利，對德國將比對任何其他歐洲國家更有好處；完善的鐵路系統將使整個國家領土變成一個龐大堡壘，既容易保衛，付出的代價也最低，對國家經濟生活的破壞也最小。戰爭結束後，部隊能同樣便捷地返回家園。李斯特於一九三三年為德國設想的國家鐵路網大體上就是後來的帝國鐵路。從普法戰爭的情況來看，普魯士的確從鐵路當中獲益良多，當時普魯士的部隊能以六倍於法軍的速度得到運送。

受益於關稅同盟和鐵路的修建，十九世紀五、六〇年代成為德意志資本主義經濟迅速發展的時期。德意志重工業部門的產量平均每十年增長一倍多。一八五〇年煤的產量為七百萬噸，一八六〇年為一千七百萬噸，一八七〇年為三千四百萬噸。鐵的產量在一八五〇年是二十萬噸，一八六〇年為五十萬噸，一八七〇年為一百四十萬噸。機器製造業也發展起來。一八四六年有機器製造工廠一百三十一家，一八六一年增至三百多家。大工廠出現了，黑森的克魯普工廠在一八六〇年已有工人和職員二千人，一八七〇年增至一萬六千人。紡織機一八四九年有五千零一十八架，一八六一年一萬五千二百五十八架。僅普魯士鐵路的長度在一八五〇年到一八七〇年間就由三千八百多公里增至一萬一千多公里。到十九世紀六〇年代，德意志工業已經趕上法國。

關稅同盟與鐵路網在促進經濟發展的同時也為德意志國家統一創造了必要的前提條件，但真的要將分裂了幾百年的德意志統一成一個國家，沒有強大的武力是絕對辦不到的。在某種程度上，這也是實現統一最為關鍵的一步。

而普魯士在十九世紀所進行的軍事改革恰好使其具備了統一國家所必備的軍事實力。在腓特烈大帝時代，軍隊是一支與普通民眾毫無關聯的僱傭軍，只有貴族軍官的榮譽感和忠心才受到讚揚，普通士兵則靠殘酷的軍紀維持在一起。普魯士的軍事改革者們正確意識到，在拿破崙戰爭中產生的新戰爭方法反映了法

老毛奇
（1800～1891）

國大革命所造成的社會與政治變更，普魯士需要將專制主義時代的軍隊改造成一支類似法國那樣的國民軍。為實現這一目的，他們採用了一種比較激進的普遍徵兵制。當時，所有歐洲大陸國家都已經採取了徵兵制，但是在普魯士以外，徵召的都是窮人，因為富人被允許為服役支付贖金，或者僱人代役。而在普魯士，所有各階層的人都必須服役。因此，普軍比任何其他軍隊更能稱得上是一支公民軍隊。

在普魯士的軍事改革當中，最為重要的一個方面是建立了成為軍隊大腦和神經中樞的參謀本部，這可謂是普魯士人在十九世紀最傑出的軍事創新，至二十世紀已成為各國軍隊的「標準配置」。

在十八世紀王朝戰爭時代，軍隊的數量和會戰的規模都相當有限，作戰指揮往往由軍事統帥帶領少量的隨從人員就可以完成了。到拿破崙時期，他仍然堅持對軍隊的一人統治和一人指揮，他的參謀班子僅僅是個彙集他所要求的情報、傳遞報告和指令的組織，參謀人員既不制訂戰略計畫，也沒有形成一種在他的戰略和作戰意圖框架內獨立決策的體制化能力。如果拿破崙的軍隊在同一個大戰區打仗，那麼還不致造成什麼惡果。但是，隨著各路軍隊人數增多，並且在分布在廣泛的幾個戰區作戰時，拿破崙的戰略控制就不復存在了。所以，越到戰爭後期，缺少專業化參謀本部的弊端就越明顯。這說明，隨著軍隊規模越來越大，隨著戰場空間越來越廣闊，隨著部隊的動員、部署工作越來越複雜，單一個人已經無法掌控戰爭這個龐大的機器了，需要有專業化的軍官隊伍對其進行操控。

普魯士人首先對戰爭的這一新需求做出了反應，一八〇九年，他們改組陸軍部時創立了一個特別的分支機構，其職責包括擬定組織和動員計畫，軍隊在和平時期的訓練和教育，通過情報和地形研究為作戰做好準備，戰術和戰略的準備與指導。這一機構即為參謀本部。一八二一年，參謀總長被指定為國王在作戰事務方面的最高幕僚，陸軍部則限於負責對軍隊的政治和行政控制，軍政與軍令之間開始有了較為明確的區分。到一八六六年，參謀本部在軍令方面的權威已經變得至高無上了。

因為有了一個傑出的參謀本部，普魯士軍隊比其他國家軍隊更早和更深刻地了解到鐵路與武器技術的變化在未來戰爭中能夠提供的優勢。一八五八年擔任參謀總長的老毛奇尤其熱衷於鐵路建設，他本人也在投資鐵路債券中發了財。普魯士參謀部有系統地構想了如何最佳地利用不斷發展的鐵路潛力，為調動和部署部隊服務。普魯士軍隊還第一個在歐洲使用了後膛裝彈的步槍，即撞針槍，這使它士兵的裝彈時間比對手快了三至四倍。

到十九世紀六〇年代初，普魯士統一德國的種種客觀條件已經具備：由關稅同盟而實現融合的經濟、四通八達的鐵路網、一支高效的軍隊。現在，需要的是正確的戰略和精明的政治行為，將上述潛力轉變為現實。十九世紀六〇年代初，普魯士國王要求國會支持一個為期三年的軍隊服役期，國會拒絕提供經費。絕望中，威廉一世求助俾斯麥來打破僵局，後者最終成為德國統一的總設計師和實施者。

二、鐵血宰相俾斯麥與走向統一的德國

在德國統一和崛起的過程中，有一個極其關鍵的人物——俾斯麥。在某種程度上，他就是為德國統一

俾斯麥
（1815～1898）

而生的。

一八四八年，德意志的多個邦國爆發了推翻君主專制、建立君主立憲制的革命，革命在短時間內幾乎全部取得成功。這場以資產階級為主體的革命運動，其首要任務就是解決德意志的統一。各邦國代表在法蘭克福組成了全德意志議會，試圖通過協商的方式，建立一個像美利堅合眾國一樣統一而自由的聯邦國家。

但是，當議會還在無休止地辯論和爭吵時，舊政權迅速集結反擊，德意志各邦很快恢復了各自的君主專制，全德意志議會的議員們紛紛被各邦國召回。

一八四八年資產階級民主革命的失敗使德國失去了通過和平、民主的方式來實現統一的機會。那麼，接下來德意志統一的道路該如何繼續呢？既然資產階級無法承擔起這一任務，那麼這個重任又將落在誰的身上？

這個人就是有「鐵血宰相」之稱的俾斯麥。

俾斯麥於一八一五年四月一日出生於普魯士布蘭登堡的一個大容克（Junker）貴族家庭。他具有強烈的功名心和權力慾，重於行動，富於情感，性格暴烈，意志堅強，精通權術和弄虛作假，善於捕捉時機但又懂得節制；他具有估量對手的非凡能力，是一位一流的政治家；他還有一個賭徒的直覺，知道何時下注、何時離桌，決不戀戰。當時，克勞塞維茨的《戰爭論》雖然已經問世，但真正理解「戰爭是政治的繼續」這句話的人沒有幾個，俾斯麥就是其中之一。他對於自己沒有趕上拿破崙戰爭總是耿耿於懷，經常說：「要是我生在一七九五年就好了，這樣一八一三年也就有我的份了。」甚至後來在議會演講時他也公開表示：

解放之戰時，我尚未出世，對此我很是遺憾。

其實，俾斯麥不必遺憾，因為他後來親身經歷和創造了更偉大的歷史時刻——德國統一。

一八五一至一八五八年，俾斯麥被任命為普魯士邦駐德意志聯邦代表，一八五九年任駐俄公使，一八六二年改任駐法公使。十年的外交生涯讓他開闊了視野，累積了豐富的外交經驗。

一八六〇年，普魯士政府銳意推行軍事改革，以便為用武力統一德國做準備。但是這個軍事改革卻引起了一場所謂的「憲法糾紛」。議會拒絕批准政府提出的軍事撥款，否決了軍事改革法案。國王威廉一世為此甚至想過退位。一八六二年，威廉一世請俾斯麥出來組閣。俾斯麥態度極其強硬，他對議會說：

德意志所矚望的不是普魯士的自由主義，而是普魯士的武力……當代重大問題不是說空話和多數派決議所能解決的，而必須用鐵和血來解決。

這就是「鐵血宰相」稱呼的由來。這篇演說也表達了俾斯麥對如何實現德國統一的態度。面對議會的反對，俾斯麥不經議會同意而擅自動用國家大量款額去推行軍事改革計畫。為了壓制輿論，政府還下令嚴格取締新聞自由。

此時，整個歐洲的大環境也有利於德國統一。那個時代，歐洲人普遍低估了普魯士經過工業和軍事革命後的國家潛力，等到它們清醒之後已經面臨了無可更改的既成事實。從大國關係方面看，一八五三至

克里米亞戰爭
（1853 ～ 1856）

英、法、奧斯曼帝國和撒丁王國結成同盟同沙皇俄國進行的戰爭，起因是沙皇提出將奧斯曼帝國境內所有東正教臣民（居住於巴爾幹半島）由沙皇俄國來「保護」，實則是要控制巴爾幹半島。俄國這一企圖自然為英法所不能容忍。在英法的支持下，奧斯曼帝國蘇丹拒絕了俄國的最後通牒，雙方爆發戰爭。起初俄國獲得勝利。後來英、法等國介入，俄軍戰敗。根據 1856 年 3 月 30 日簽署的《巴黎條約》，俄國放棄所有占領地區，列強共同保證土耳其的「獨立與完整」，黑海中立化，禁止各國軍艦通過兩海峽，禁止俄國在黑海沿岸建立或保有兵工廠。

一八五六年，俄國與英國、法國、奧地利之間發生了克里米亞戰爭，在這之後，維也納會議所建立起的大國協調徹底破裂，各國之間很難再像過去一樣通過協商採取一致行動。英國逐步從大陸事務中抽身，更為關注帝國和國內問題；俄國需要時間從失敗的恥辱中恢復；奧地利因為在戰爭中站在英法這邊而與俄國交惡；法國皇帝好大喜功，在戰略上沒有有效的聚焦點。

俾斯麥就是在這樣的權力真空中利用大國之間的鉤心鬥角和錯綜複雜的矛盾以及各自的弱點，採用一套靈活多變、不擇手段的外交權術，使它們不能聯合起來反對普魯士。他的基本手腕和策略可以概括如下：對俄國，通過支持鎮壓波蘭起義和強調兩國宮廷的親戚關係而表示友好；對法國，通過含糊地承認它的擴張要求而進行誘惑；對英國，通過保證不破壞大陸均勢而施以安撫。就這樣，俾斯麥順利地擺平了歐洲三個大國，使它們置身於德國統一戰爭之外。之後，俾斯麥在短短的八年裡，通過三次王朝戰爭，最終使統一成為現實。

俾斯麥發動的第一場戰爭是對丹麥戰爭。德意志北部的兩個公國什列斯威和好斯敦是德意志邦聯的成員，但同時也是丹麥國王的個人領地，只是沒有與丹麥合併，兩公國的居民大多是德意志人。一八六三年，丹麥宣布合併兩公國，在德意志引起許多人反對。一八六四年，俾斯麥利用德意志的民族情緒，拉上奧地利發動了對丹麥的戰爭。這場戰爭的結果是丹麥慘敗，被迫將好斯敦割給奧地利，什列斯威則割給普魯士。

接下來，俾斯麥要解決的就是奧地利了。一直以來，在德國統一問題上始終存在大德意志道路與小德意志道路的爭論。大德意志道路就是由奧地利來領導統一，小德意志道路就是以普魯士為核心，排斥奧地利。事實上，奧地利對統一德國並不感興趣。一個是它的經濟不發達，缺少統一的經濟動力；二是奧地利在德意志之外有眾多領地，它既無法解決這些領地與統一後的德國關係，也最擔心德國統一所引發的示範效應和連鎖反應。很多德意志邦國因為擔心失去獨立地位也站在奧地利那邊反對統一。所以，對普魯士統一德國而言，奧地利是一個必須盡早踢開的絆腳石。

一八六六年六月，普奧戰爭爆發。這場戰爭是對普魯士參謀本部工作能力和成效的第一次檢驗。在戰爭中，老毛奇利用北德的鐵路系統，將三支軍隊快速部署在奧地利邊境，讓他們在波希米亞會和。而奧地利的參謀工作卻很糟糕，反映出奧地利人在過去幾十年裡對軍隊職業化表現出的漫不經心態度。七月三日，雙方在薩多瓦進行決戰，二十三萬八千奧軍與二十九萬一千普軍對抗。普軍不僅在人數上勝過奧軍，而且其裝備和武器也都比奧軍好。當時普軍已經使用後膛的撞針發射槍，奧軍卻仍在使用老式槍，因而普軍的火力要高出奧軍好幾倍。最終普軍大勝，並於七月十四日逼近維也納。七月二十日，普奧達成停戰協定，八月二十三日簽訂和約，奧地利同意解散德意志邦聯，組建沒有它參加的聯邦。在這次戰爭中，普魯士完全有能力進軍維也納，讓奧地利割地賠款，但是俾斯麥極力勸說國王和總參謀長老毛奇不要這樣做，甚至以辭職相要挾。他的理由是：

> 我們應當避免使奧地利遭受嚴重創傷，避免不必要給它留下長期的痛苦，致使其切望復仇。

拿破崙三世
（1808～1873）

這正是俾斯麥的高明之處——有戰略眼光，懂得分寸，進退有據。一八六七年七月一日，北德意志聯邦正式成立，由二十一個邦和三個自由市參加，德國統一最重要的一步完成了。奧地利被俾斯麥從德意志趕出之後，於一八六七年二月和匈牙利組成了二元帝國，奧匈帝國由此而來。奧地利的皇帝兼任匈牙利的國王，但雙方各有自己的立法系統和行政機構。

俾斯麥因其為統一做出巨大貢獻而威望大大提高。普魯士議會以壓倒多數追認了自「憲法糾紛」以來俾斯麥政府的一切財政支出，俾斯麥也表示了和解態度，他公開宣稱過去內閣沒有議會同意而徵稅是非法的。議會歡迎俾斯麥的轉變。

為了表彰俾斯麥所立下的汗馬功勞，普魯士議會向國王建議，獎勵俾斯麥四十萬塔勒。四十萬塔勒不是一個小數字。在一八六〇至一八六二年的憲法糾紛過程中，議會否決了一仟萬塔勒爾的軍費，給俾斯麥的獎勵相當於幾年前國家軍費開支的百分之四！

三、普法戰爭與德意志第二帝國的建立

一八六七年之後，奧地利之外的德意志地區就剩下南部的四個邦國還游離在聯邦之外，這四邦是巴伐

利亞、符騰堡、巴登、黑森–丹斯泰。統一南德的阻力在於拿破崙三世治下的法國。

拿破崙三世原名是路易・波拿巴，是拿破崙弟弟路易的兒子，其母是拿破崙的繼女（即約瑟芬之女）。在拿破崙帝國崩潰之後，路易・波拿巴長期在外流亡。此人雖然才能與伯父相去甚遠，但是極有野心，企圖繼承拿破崙的事業，建立一個新帝國。一八四八年法國發生了革命，七月王朝被推翻，路易・波拿巴回國參加選舉。他自封是拿破崙的繼承人，又做了很多充滿誘惑力的許諾，最後以絕對優勢當選為總統。一八五二年十二月，路易・波拿巴政變成功，加冕為皇帝拿破崙三世（二世的稱號留給了拿破崙早夭的兒子羅馬王），法蘭西共和國也就搖身一變成為法蘭西第二帝國。

拿破崙三世是一個典型的投機分子，好大喜功，愛慕虛榮，到處伸手，總想在國際上擴大法國的威望和權勢，特別是他這個皇帝當得有些名不正言不順，自己也頗為心虛，所以非常在意公眾輿論，總想做出驚天動地的大成就以博得民眾崇拜，為自己的皇位增加合法性。下面的這則小故事說明了那個時代出身的重要性：

拿破崙三世稱帝之後，照例各國都要發賀電。按照歐洲王室文書來往的習慣，君主之間互稱「君主和親愛的兄弟」，畢竟，歐洲的王室之間都有著千絲萬縷的聯繫，它們是一個有著共同利益、共同理念，甚至共同血統的封閉小團體。但是，沙皇尼古拉一世決定要羞辱一下拿破崙三世，因為他認為，拿破崙家族永遠無權充當「君權神授」的君主，他們是「篡位者」。所以，尼古拉就打破慣例，故意稱拿破崙三世為「君主和親愛的朋友」，用「皇帝路易・拿破崙」的稱號代替「皇帝拿破崙三世」，以此來表達對這個平民而非正統出身皇帝的蔑視。

正因為沒有那些正統出身君主的天然合法性和基礎，拿破崙三世就更要追求功名，追求榮譽。十九世紀六〇年代，視威望為生命的拿破崙三世遭遇了兩個重大挫折：一個是眼睜睜地看著普魯士飛速地強大起來卻沒有得到任何補償，第二是侵略墨西哥失敗。所以，此時的拿破崙三世比任何時候都更需要提升自己的威望。他不能允許德國統一，因為這會削弱法國的力量，妨礙法國在歐洲稱霸。在他的阻撓之下，南德四邦留在了聯邦之外。他主張南德另外成立聯邦，實際上就是要在法國的控制之下。當時法國掌握著史特拉斯堡這個要塞，法國軍隊隨時可以長驅直入南德諸邦，所以它們不敢和拿破崙三世翻臉。一八六八年，拿破崙三世狂妄地宣稱：

只有俾斯麥尊重現狀，我才能保證和平；如果他把南德意志邦拉進北德意志聯邦，我們的大砲就會自動發射。

所以，德國要想最後統一，就必須要和法國打一仗。

當時的總體形勢對普魯士有利，英、法在海外的爭奪非常激烈，英國不願意法國在歐洲進一步擴張，所以希望普魯士的實力得到加強以牽製法國。對俄國，俾斯麥開出的價碼是支持俄國廢除一八五六年《巴黎條約》有關黑海中立化的條款，這對俄國非常有吸引力，因為黑海中立化使俄國不能在黑海擁有艦隊；

而法國支持波蘭起義、反對修改黑海中立化條款則讓俄國耿耿於懷；法國和奧匈帝國接近、奧匈帝國在巴爾幹半島的推進又引起俄國的不安。這一切，使俄國站在了普魯士那邊。義大利因為教皇國被法國占領，不僅國家統一尚未最後完成，首都也不能遷到更具號召力的羅馬，所以決不會幫助法國。奧匈帝國雖然最有可能站在法國那邊，但是內部矛盾重重，其領土又被普、俄、意三國包圍著，它的皇帝也認為，這場戰爭法國一定會獲勝，等法國打得差不多了奧匈再參戰。如此一來，在未來的戰爭當中，將不會有哪個國家幫助法國對付實力已經今非昔比的普魯士。

現在，萬事俱備，只欠一個開戰的藉口。這個藉口也很快就找到了。一八六八年九月，西班牙發生革命，女王被推翻，逃往法國。西班牙人準備把王位獻給普魯士霍亨索倫家族的雷奧波德，此人是普王威廉一世的遠親。但是，威廉一世反對雷奧波德接受王位，認為西班牙幾十年來一個革命接著一個革命，一個外來的王室很快就會威信掃地，不可能坐穩王位。但是俾斯麥對此很有興趣，所以鼓動西班牙再三提出請求。最後，威廉一世同意了。一八七〇年七月三日，消息傳到法國，引起了爆炸性的反應，法國的報紙和民眾掀起了抗議浪潮，他們要求普魯士撤回候選人，否則就兵戎相見。七月九日，拿破崙三世派駐柏林大使去埃姆斯溫泉，與在此療養的國王進行了四次會晤。在國王的勸說下，七月十二日，雷奧波德宣布放棄西班牙王位。

威廉一世
（1797～1888）

至此，事情已經解決。但是法國國內不依不饒，出現了狂熱的戰爭叫囂。七月十三日早晨，法國駐柏林大使接到本國外交大臣指示，緊急要求普王接見他。威廉一世決定把接見安排到晚上，他想和俾斯麥派來的使者先商量一下。可是法國大使特別任性，把國王堵在了公園裡，非讓他保證在將來永遠不讚成霍亨索倫家族的成員登上西班牙的王位。這個要求實在是太過分了，完全想挑起戰爭，或者讓普魯士蒙受巨大恥辱。威廉一世當然拒絕了法國大使的無禮要求。可是大使糾纏不休，當天晚上還想再見國王提出這個問題。一位侍從副官告訴大使，國王認為這件事已經結束，已沒有什麼可對他說的了。國王讓外交部的官員把這件事電告俾斯麥，允許他把此事轉告新聞界和駐外使節。

事情發展到這一步，按理戰爭的危險已經過去。可是，俾斯麥要的不是和平，他希望法國人幹蠢事侮辱普魯士人，激起他們的民族感情，讓他以普魯士拯救者的身分對法國進行一場民族戰爭。在埃姆斯的談判讓俾斯麥心情非常鬱悶。十三日晚上，他與總參謀長老毛奇、陸軍部長羅恩在一起喝悶酒，突然接到從埃姆斯發來的急電。他發現這個電報可以派上用場，就把電報做了巧妙的修改，使它具有了侮辱法國和最後聲明的性質。電文本來是這樣的：

……他（國王）決定不再接見貝內德蒂伯爵（法國大使），並通過副官轉達現在無法告訴他更多消息。

俾斯麥把它改成：

……國王不願再次接見大使，令值日副官轉達無可奉告更多消息。

他把改過的電文給老毛奇和羅恩唸了一遍，老毛奇說，「語調變了，原來聽起來像是退兵號，現在就像是迎戰的號角。」俾斯麥估計，電文一發表，午夜就會傳遍巴黎，將發揮「紅布對高盧牛的作用」。果不其然，加工過的電文在法國引起了狂怒，巴黎的群眾開始鼓噪，原來被禁止的《馬賽曲》又高唱了起來，並且高喊著「戰爭萬歲，打到柏林」的口號。而普魯士人則歡呼俾斯麥對法國人挑釁所做出的回答。兩邊的民族主義情緒都陷入了一種歇斯底里的狀態。拿破崙三世被澈底激怒，七月十五日，法國議會通過戰爭撥款。法國軍人揚言，八月十五日到柏林給拿破崙三世過生日。七月十九日，法國正式對普魯士宣戰。

從當時普法兩國的力量對比看，普魯士在武器方面並不占優勢。普魯士步兵裝備的是從一八四一年開始使用的撞針槍，而法國步兵所用的是後膛槍，可以瞄準到一千二百公尺，為針發槍的二倍。但是，法國卻缺乏一個有效的參謀本部，這是雙方最致命的差距。當戰爭爆發時，法國參謀本部的軍官們都是一些只會耍筆桿子的人，年輕的與軍隊完全沒有接觸，年長的都忙於例行公事。對此，法國駐柏林的武官斯多夫中校在一八六八年二月二十五日的報告中大膽預言：

> 一旦戰爭爆發，在普魯士的各種優勢中，最重要的卻莫過他們參謀本部的軍官團。我們根本無法與之比較。在下一次戰爭中普魯士的參謀組織將成為其制勝的最重要因素。

果然，以老毛奇為首的普魯士參謀本部對戰爭做了精心準備，擬定的作戰計畫非常周密，對一切可能預見到的困難都制定了克服的辦法。他們對法國鐵路的運輸能力調查得一清二楚，發給普軍的萊茵河與巴黎之間的地圖，比法國人的還準確。普魯士為了把軍隊迅速運到前線還修了戰略鐵路。後勤工作安排得井井有條，從肩上扛的來福槍到口袋裡的手帕都準備好了。普魯士人甚至連法國可以動員的兵力、軍隊的集中地都做出了非常精確的估計。雖然法國的後膛槍要優於普魯士的撞針槍，但普魯士修正了自己在大砲上的弱點，後膛裝彈的鐵炮在速度和炮火的準確性上都要優於法軍。

反觀法國，雖然首先宣戰，但戰爭準備一團混亂。戰鬥打響之後，普魯士人在邊境地區集中了三十八萬人，而法國只有二十二萬四千人，法國的士兵找不到軍官，大砲沒有砲彈，馬匹沒有馬具，軍糧供應不足，軍官甚至沒有必要的地圖。所以，這完全是一場一面倒的戰爭。

九月二日，法軍在色當慘敗，皇帝成為俘虜。九月四日，巴黎發生革命，法蘭西第二帝國被推翻。之後，普軍長驅直入，九月十九日包圍巴黎。一八七一年的一月二十八日，法國政府向德國投降，簽訂停戰協定。後來巴黎工人在三月十八日起義，在二十八日成立了人類第一個無產階級專政的政權——巴黎公社。

正當普魯士大軍在戰場獲得節節勝利的時候，德國的統一也最終完成了。一八七〇年十一月二十五日，俾斯麥與南德四邦締結了聯合條約，實現了德國統一。一八七一年一月十八日，普王威廉一世在凡爾賽宮鏡廳舉行了加冕稱帝儀式，德意志第二帝國誕生。一七〇一年的這一天，是布蘭登堡-普魯士由選帝侯變成王國的日子，一七〇年之後，王國又變成了帝國。而當年修建了凡爾賽宮的路易十四絕對不曾想到，他所鍾愛的鏡廳居然被另一個國家的皇帝作為加冕的地方，而那個國家在路易十四時代還完全是一盤散沙，是他的馬蹄可以隨意踐踏的地方。

為了表彰俾斯麥對德國統一所做出的巨大貢獻，德皇威廉一世送給了俾斯麥一份特殊的生日禮物——一幅油畫。油畫所展現的場景就是一八七一年一月十八日在巴黎凡爾賽宮鏡廳所舉行的德國皇帝登基儀式。皇帝希望能夠在這幅畫中突出俾斯麥的個人形象，所以畫師就給俾斯麥畫上了白色的制服。

結束普法戰爭的《法蘭克福條約》於一八七一年五月十日簽訂。這是一個非常苛刻的條約，內容如下：

（一）法國把亞爾薩斯和洛林的大部分割讓給德國。這兩個省在歷史上屬於神聖羅馬帝國，但在十七、十八世紀相繼劃歸法國，已經成為法國重要的工業區。

（二）法國向德國賠償伍十億法郎，年內交付十億法郎，其餘在三年內交清。

（三）在賠款付清之前，德軍對法國三分之一的領土實行占領，法國負責供應占領軍的給養。

普法戰爭和《法蘭克福條約》的影響極其深遠。如此難看的失敗、如此屈辱的條約嚴重挫傷了法國人的民族自尊心，讓法國人對德國產生了無法調和的仇恨，從此法德成為宿敵，陷入了冤冤相報的惡性循環。法國一心要復仇，而德國則千方百計要孤立、削弱法國，雙方都要尋找盟友。在此後的三〇年當中，以德、法為核心，歐洲逐漸形成了兩大對立的軍事集團，並最終導致一戰爆發。

普法戰爭以及此前普奧戰爭的速戰速決，還導致了當時歐洲人的一種錯誤認識：工業化時代的戰爭將是短促、相對不那麼痛苦的。若干年之後，歐洲國家帶著這一樂觀心態走進了第一次世界大戰。而事實完全相反。武器的進步提高了戰場的殺傷力，鐵路的使用可以集中更多的部隊、在更大的範圍內供應軍隊，大眾政治的興起則使戰爭成為全民族的戰爭。最終，工業化時代的戰爭變成漫長、殘酷的總體戰。只是由於俾斯麥出色的領導才能、普魯士傑出的參謀本部、它軍隊的作戰技巧以及對手的無能，才使普法戰爭和普奧戰爭成為速決戰。

四、一個全新的德意志

與英、法相比，德國是一個後發國家。當英國開始了第一次工業革命的時候，德意志還是一盤散沙。但是，在統一之後，德國以自己獨特的方式走上了現代化道路，實現了經濟的跨越式發展。

一八七三至一八七五年，德國頒布了貨幣法及銀行法，限制濫發紙幣，實行以金馬克為單位的統一幣制；統一了民法、刑法、商法、破產法以及裁判所組織法，這些都大大便利了工商業活動，有利於經濟的發展。

一八七九年，德國頒布保護關稅法，大大提高了進口稅率，結果使政府的關稅收入幾乎增加了二倍。稅率的提高發揮了對民族工業的保護作用。

在政府的強力保護和支持下，從十九世紀七〇年代開始，德國的工業生產步入了一個驚人的增長期。一八七一年生鐵產量為一百五十六萬四千噸，一八九一年增至四百六十四萬一千噸；鋼產量在一八七一年為二十五萬一千噸，一八九一年達到二百三十五萬二千噸；煤產量在一八七一年為三百七十九萬噸，一八九一年為九百四十二萬噸；從一八七一年到一九〇〇年，鐵路長度增加了一倍多。以德國生鐵產量在世界生鐵生產中的地位來說，一八七〇年德國占第四位，而到九〇年代初已躍居世界第二位，僅次於美國。

在德國的工業中，重工業在軍事工業上占有支配地位。新興的電氣工業、化學工業和光學工業也是德國工業的特色，德國成為歐洲大陸十九世紀六〇年代開始的第二次工業革命的中心。

工業的擴張必然帶來對外貿易的增長。一八七〇年，德國的對外貿易占世界第三位，到一九〇〇年已躍居世界第二。到一九一〇年，德國的工業總量超越了所有歐洲國家。

德國工業的成就在其產品的質量上得到了充分的體現。一八七六年，在美國費城舉行的世界商品博覽會上，價格督查、機器建造技術專家佛朗茲・勒洛（Franz Reuleaux）評價參加展出的德國商品為「便宜而拙劣」。一八八七年八月二十三日，英國議會通過了侮辱性的《商標法》條款，規定所有從德國進口的產品都須註明「Made in Germany」（德國製造）。「德國製造」由此成為一個法律新詞，用來區分優質的「英國製造」。

而到了十九世紀末，英國人開始意識到，許多德國商品是他們日常生活中必不可少的，比如鉛筆、玩具、藥物、鐘錶、啤酒、棉布、鐵器切削工具、鋼琴、家具等，而且，這些德國產品質量也不再存在問題。

一八九七年，就在「德國製造」這個恥辱印記被英國人強行打在德國商品上的十年之後，英國的殖民地事務部大臣約瑟夫・張伯倫（Joseph Chamberlain）在他的考察報告中將德國產品一一列出並加以評價：

> 服裝，價格更便宜而實用；武器和子彈，價格便宜而美觀；啤酒，明亮而好喝；水泥，價格更便宜，質量上乘；化學產品，科研出色，質量上乘；鐘錶，價格更便宜，且充滿藝術品位而引人注目；棉布，價格更便宜，外觀好看；家具，價格更便宜，輕巧，供貨及時；玻璃製品，價格更便宜，質量更好；鋼鐵製品，價格更便宜，更實用；切削刀具，價格更便宜；工具，價格更便宜，更實用，款式新穎；鐵器產品（包括鐵釘、鐵線和鋼材），價格更便宜，質量與英國貨不相上下或者更優良；羊毛產品，款式更時尚。

威廉二世
（1859～1941）

至此，在短短的十年裡，「德國製造」就由質量低劣的代名詞變成了物美價廉的好東西。

由於德國製造的產品質量不斷提高，在一八八三年至一八九三年間，德國銷往英國的貨物增加了百分之三十，德國的一些企業也紛紛在倫敦開設了自己的分公司，比如鋼琴製造商貝希斯坦（Bechstein）和縫紉機製造商百福（Pfaff）等。

幾個世紀以來，歐洲幾個大國之間始終維持著權勢大致均等的局面，拿破崙帝國是一個短暫的例外。但是，德國在一八七〇年的統一和隨後的快速發展徹底打破了維也納會議在歐洲大陸所建立的均勢。這個全新的德國有著俄國之外歐洲最多的人口、最大的版圖，經濟總量已超越英國成為歐洲第一。在素有均勢傳統的歐洲，其他國家對於中歐突然崛起一個如此強大的德國非常不安。

好在德國有精明的俾斯麥。他對德國統一後所面臨的危險形勢極具洞察力，深知德國必須低調謹慎、節制慾望，才不致引起他國的關注和嫉妒。所以，俾斯麥一再表示，德國是一個滿足了的國家。在行動上，俾斯麥韜光養晦，一心撲在歐洲大陸，拒絕走對外擴張的道路。

而這一切在一八八八年六月，威廉二世即位之後迅速發生了變化。威廉二世是威廉一世的孫子，這個年輕人不像他爺爺那樣對俾斯麥言聽計從，更不像他爺爺那樣，認為德國需要俾斯麥更甚於他。威廉二世有自己的想法，他要超越歐洲，推行世界政策，要為國力蒸蒸日上的德國爭取「陽光下的地盤」。

威廉二世很快就與宰相俾斯麥在政見上發生分歧。威廉二世對俾斯麥的良苦用心不理解，對歐洲中心主義不感興趣。君臣二人的分歧最終導致俾斯麥於一八九〇年辭職。擺脫俾斯麥束縛的德國從此走上了奪取殖民和勢力範圍、發展海軍的道路。

德皇威廉二世所煽動的德意志民族沙文主義浪潮和改採取的擴張攻勢，成為這個初露頭角國家全部活動的主旋律。威廉時代，整個德國的特點是燦爛輝煌的物質繁榮伴隨著軍國主義、民族主義的大發展，對於政治和工業成就的民族自豪感，以及對未來前景的樂觀展望，成為當時德國社會的普遍心態。一九一三年，威廉二世即位二十五週年的慶典聲勢浩大，社會各界一齊高唱讚歌，其盛況超過對以往所有的德國帝王。對此，只有少數人發出了不和諧之音。左翼《新觀察》雜誌就曾悲嘆：

> 現今的德國人變得非常耽於聲色，實利主義，而且幾乎完全成了頭腦空空的專業人員。他們已逐漸變得冷酷而實際，對一切不能立即增強經濟力量的活動都抱懷疑態度。

對於這些批評者，德皇不屑一顧，稱他們是「綿羊腦袋」、「陰鬱的悲觀者」。在他心中，統治世界的夢想早已使擴張的慾望不可抑制地膨脹起來。

但威廉二世走的是一條注定要和現有世界霸權——英國——發生衝突的道路。而這場衝突的結果不僅斷送了威廉自己的皇位，還給歐洲幾百年在世界政治、經濟、軍事中的主導地位畫上了句號。最終，一個非歐強國——美國——在歐洲的廢墟之上崛起了。

CHAPTER IX THE RUSSO-JAPANESE WAR AND THE RISE OF JAPAN

第九章 日俄戰爭與日本崛起

直到十九世紀中葉，日本仍然是一個閉關鎖國的落後國家。但半個世紀之後，經過明治維新的日本就打敗了公認的西方強國——沙皇俄國。日俄戰爭是非西方人對西方人的首次勝利，日本從此告別亞洲國家的身分，成為歐洲列強的一員。

一八五三年，美國東印度艦隊司令佩里率軍艦四艘由上海駛入東京灣，由於這些蒸汽動力戰艦漆成黑色，因此，被稱之為「黑船事件」。第二年，佩里又來了。這次帶來七艘軍艦，裝備更為精良。德川幕府在武力逼迫下，接受了美方的條件，簽訂條約，被迫開國。

佩里叩關之後，隨著外國人的到來，日本國內出現攘夷浪潮，外國人相繼被殺。其中最嚴重的一起事件就是「生麥事件」，也稱「理查森事件」。

一八六二年九月十四日，薩摩藩主監護人島津久光在七百藩兵組成的儀仗隊護衛下前往京都，在途經武州生麥村（今橫濱鶴見區）碰到了四名騎馬的英國人。按照慣例，平民如遇到大名的儀仗隊須下跪及退讓。可是四名英國人沒有下跪，武士們於是認為洋人不懂禮節。恰好此時一匹馬受驚衝入儀仗隊，最終導致一名外國人被武士砍死，即理查森，另外兩人受傷。由於幕府沒有接受英國要求賠償和懲罰兇手、保護英國僑民的最後通牒，英國決定對攘夷大本營薩摩藩進行炮擊。

一八六三年八月十一日，七艘英國軍艦駛入鹿兒島灣，雙方展開一場激戰，停泊在灣內的薩摩藩船三艘被擊沉，大量砲臺和鹿兒島約十分之一市區被毀。之後，雙方達成協議：（一）薩摩藩如抓獲生麥事件的犯人，立即在英國士官的面前處罰；（二）英國為薩摩藩購買軍艦進行斡旋。以上述兩個條件為基礎，薩摩藩承諾支付賠償金伍仟英鎊。這次炮擊鹿兒島事件使薩摩藩見識了英國的實力，從而意識到攘夷並非明智之舉。之後，薩摩藩的立場戲劇性地從攘夷轉變為採取和英國接近的方針。

同樣的情況也發生在另一個攘夷中心長州藩。一八六三年五月十日，長州藩炮擊停泊在下關的美國商船，而後又向法國和荷蘭的軍艦發炮轟擊。美國和法國決定報復。七月十六日，美國軍艦奉命進入下關海峽，與長州藩海軍交戰，戰鬥進行了一小時十分，結果長州藩視做寶物的壬午丸、庚申丸被擊沉，另一艘軍艦遭受重創。幾天後，二艘法國軍艦抵達下關，於七月二十日向長州藩發起攻擊。法軍毀壞砲臺，打開彈藥庫，將砲彈投入大海。一八六四年八月二十八日、二十九日兩天，英美法荷的四國聯合艦隊共十七艘軍艦、二百八十八門大砲、五千零一十四名官兵抵達下關。九月五日，聯合艦隊炮轟下關砲臺，雙方展開激戰。僅三天，砲臺即被聯合艦隊占領。根據最後的媾和協議，日本向各國賠償三佰萬日圓作為艦船損傷和遠征費用。憑藉此次炮擊，長州藩不但沒有與西方各國結下仇恨，反而建立了親密關係。

作為攘夷中堅的薩摩藩和長州藩，在接受了西洋近代化軍事力量洗禮後，積極推動國家採取開國方針。一八六五年十一月二十二日，天皇終於對已簽署八年「安政五國條約」給予敕許。

日本在被迫開國後之所以對外國的態度會發生一百八十度大轉彎，從狂熱排外到和解友好，武士「崇尚武力，願賭服輸」的性格是一個重要原因——因為「親眼看到敵人的強大，於是便向敵人請教。」這種性格令日本人在極其頑固的同時又具有令人瞠目的靈活性，他們可以很從容地從一個極端轉到另一個極端。所以，在中國人看來非常恥辱的事情日本人卻可以坦然接受。當中國人還在糾結於「體」、「用」問題的時候，日本已經欣然「脱亞入歐」了。

這兩種不同的民族心態也許在一定程度上影響了近代中日兩國的命運。

自從十五世紀末地理大發現以來，隨著西方社會向外擴張，它們與非西方社會開始了激烈的碰撞。幾乎沒有什麼例外，等待非西方社會的都是失敗、屈辱和臣服，唯一的區別是速度和程度。哪裡有壓迫哪裡就有反抗，非西方社會從遭遇失敗的那個時刻起，就在尋找擺脫困境的出路。一九〇五年是一個讓非西方社會看到希望的年分，因為這一年，日本贏得了日俄戰爭的勝利。這場戰爭不能簡單地被視為帝國主義重新瓜分世界的戰爭，它還是一場黃種人第一次打敗白種人的戰爭，一場經過改革的非西方國家打敗一個公認西方大國的戰爭，幾百年來非西方社會逢西方必敗的歷史因此而改寫。在結束日俄戰爭的《樸茨茅斯和約》當中，割地的變成了西方國家。

一、被迫開國與變法圖新

差不多與中國同一時間，日本也被迫向西方「開國」，並簽訂了一系列不平等條約。但是，中日兩國命運迥異，一個淪為西方的半殖民地，一個卻躋身列強行列。日本之所以能夠創造奇蹟且成功逆襲，關鍵就在於進行了一場全方位的變革——明治維新。

從十七世紀開始，日本的最高權力就已經由天皇手中移到了幕府大將軍的手中。封建諸侯被稱為「大名」，每個大名都有自己的武士，他們生活在古老的傳統之中，反對一切與歐洲人的接觸。一六三八年之後，除了在對馬小島上荷蘭人還保有一個小型的貿易據點以外，所有在日本的基督教和對外貿易均為幕府所禁止，一切與西方的接觸都被切斷。

但樹欲靜而風不止，至十九世紀中葉，閉關鎖國的日本繼中國之後也被迫與西方勢力遭遇了。一八五三年七月間，美國准將佩里率四艘軍艦到達日本，以美國政府的名義要求與日本天皇簽訂一個友好條約，但這個要求被拒絕。第二年三月，佩里又帶了七艘軍艦來到日本，幕府在他的大砲威脅下籤訂《日美條約》，日本開放下田、函館等港口以供美國商人進行貿易，並同意在下田設立美國領事館。至此，日本兩個世紀閉關自守的狀況終於被打

幕府

幕府本指將領的軍帳，但在日本演變成一種特殊的政治體制。日本古代就有軍人干政的習俗，幕府政治即為日本封建武士通過幕府實行的政治統治，又名「武家政治」，其最高權力者為征夷大將軍，亦稱幕府將軍。大部分幕府將軍形式上取得天皇授權，實為以軍事統治凌駕於正規的文人中央集權政府機構。日本幕府政治始於 1185 年，終於 1867 年，共經歷了鎌倉幕府、室町幕府、德川幕府三個歷史時期。

破。不久，英國、俄國、荷蘭、法國等國紛紛向日本援例要求，也都獲得了同樣特權。一八五八年，美國又強迫日本簽訂了新的條約，開放更多港口給美國商人，確認美國在日本享受治外法權，降低日本對於從美國進口商品的進口稅。接著，其他列強也強迫日本訂立了同樣的條約。

外國勢力的突然入侵加劇了日本的國內危機，並且導致了德川幕府統治的崩潰和皇權的恢復。幕府將軍對美國和歐洲代表的順從激起了保守的大名和天皇的反對，天皇對不平等條約中的屈辱條款更是感到憤怒，並因其向蠻族屈服而質疑幕府將軍統治日本的權力。反對德川幕府統治的情緒迅速擴展，南方的長州和薩摩兩藩成為不滿武士聚集的中心。到一八五八年，長期被排斥在外，無法插手政治事務的京都朝廷成為反對的中心。不同政見者在「尊王攘夷」的口號下集合在一起。

但不久之後發生的一件事使西南藩武士改變了盲目排外的立場。事件緣起一八六三年長州藩炮轟美、法、荷蘭等國軍艦，結果招致列強報復，於一八六四年九月炮轟下關，登陸後肆意燒殺。長州藩無力抵抗，最後以三佰萬日圓賠款才得以了結。薩摩藩武士製造的「生麥事件」也導致英國軍艦炮轟鹿兒島。民族危機使日本有識之士開始思考國家前途，他們感到，盲目排外不但於事無補，而且只能帶來損失和惡果。因此，尊王攘夷派轉而採取了倒幕開國的決策，尊王攘夷運動發展為倒幕運動。倒幕派的主要代表人物有高杉晉作、木戶孝允、西鄉隆盛、大久保利通等。

一八六七年十月十四日，西鄉隆盛、大久保利通、木戶孝允等倒幕首領從新即位的天皇睦仁手中得到一份給薩摩、長州二藩的「討幕密敕」，命令二藩舉兵征討幕府。一八六八年一月三日，兩藩倒幕派在軍隊的幫助下發動政變，用天皇的名義發布「王政復古」詔書，宣布廢除幕府將軍制，將政權還給天皇。王政復古後，朝廷同德川慶喜就辭官納地進行了交涉，但以破裂告終，雙方還發生了武裝衝突。朝廷決定對德川慶喜進行征討。一八六八年一月三十一日，明治天皇發出了討伐德川慶喜的敕令，一八六八年六月二十七日，新政府軍攻克幕府殘餘勢力的最後據點北海道，統治日本二百六十五年的德川幕府終於結束。此次戰爭被稱作「戊辰戰爭」。一八六八年九月八日，新政府定年號為明治。

「戊辰戰爭」在日本歷史上具有重大意義，一方面，不僅薩摩和長州藩出身的藩士開始掌握政治權力，而且以後長州藩成為陸軍的重要勢力，薩摩藩則成為海軍中的主要勢力，這兩者都是二十世紀上半葉日本對外侵略的推動者。另一方面，明治天皇為祭祀戊辰戰爭中陣亡的三千五百多名官兵，在江戶修建了東京招魂社。之後，在日本內戰中為明治政府奉獻生命的戰士，均作為護國的英靈被合祀在東京招魂社。一八七九年，日本政府取義中國古籍《左氏春秋》中「吾以靖國也」（鎮護國家，使國家永保安定之意）一句，將東京招魂社更名為「靖國神社」。以後，日本歷次對外戰爭的戰歿者均被合祀于靖國神社。

一八六八年四月十五日，明治天皇頒布了《五條誓文》，這是一個推動國家變革、開啟變法圖強的總綱領。從此，日本進入了一個被稱為「明治維新」的時代。

明治政府成立後面臨兩大任務：一是要把封建的國家改造成資產階級國家，二是要進行新國家的建設工作。維新元老們意識到，要想把日本建設成一個資本主義強國，必須要向西方學習。因此，明治維新從一開始就採取了向西方全盤學習的態度，而不是像其他落後國家那樣僅僅侷限在軍事技術領域。一八七一年十一月，日本派出了一個包括四十人的大型使節團前往歐美國家進行考察。使節團到一八七三年九月陸續回國，前後將近二年。他們一共去了美國、英國、法國、荷蘭、德國、俄國等十二個國家。在國外期間，他們認真、細緻地考察了西方國家各個方面的情況以及經驗，途中就不斷給國內寫信，隨時介紹情況，讓國內第一時間學到西方先進的經驗。

根據考察的經驗並結合日本的國情，維新元老們提出了三大政策：殖產興業、文明開化、富國強兵，涉及經濟、教育、思想、科學技術、生活方式、國防建設等多個領域，其改革範圍之廣、程度之深，在世界歷史上也是極為罕見的。

（一）殖產興業。明治政府為促進日本資本主義經濟的發展採取了三個措施：

第一，用國家的力量扶持資本主義。以一八八〇年為分水嶺，之前主要採取了「官營示範主義」和「技術移植主義」的方針，大辦官營企業，由國家投資，引用西方先進技術設備，聘請外國技師，作為示範供私人資本主義企業效仿。政府在大辦官營企業的同時，也以公司補助金的名義給予大資本家以巨額補助金，大力扶持和保護私人資本。一八八〇年十一月以後，明治政府開始把官營企業劃歸私人經營，進入了全面扶植和保護私人資本主義的階段。所有官營企業均按低價、無息、長期分期付款的辦法出售。三井家購買了三池煤礦、新町紡織所、富岡製絲所。三菱公司購買了長崎造船所、佐渡金礦、生野銀礦。這樣一來，原來主要從事商業和金融活動的大資本家變成了大工礦企業主，從而奠定了他們後來發展成為財閥的基礎。

第二，用國家力量促進資本的原始累積。到一八八五年，明治政府為了興辦官營企業共拿出二億一仟萬日圓。此外，由於在改革華族、士族俸祿時發給他們大批公債，政府也因此付出巨額資金。

第三，用國家力量引進西方先進技術及設備，聘請外國專家和派遣留學生。以內務省為例，它所辦的輕紡工業企業大部分是用從西方引進成套設備的辦法建立起來的。當時，一個外籍專家的月薪最高可以達到兩仟日圓，是明治政府高官的三倍多。

殖產興業的成功在很大程度上歸因於日本政府的一個基本認識，即在興辦產業方面，政府不能與民爭利，官營企業出售就是這種認識付諸實施的集中體現。相比之下，採取官辦、官督商辦等形式開展洋務運動的清政府卻沒有這種意識，中國民族資本主義特別是民間企業在官商和洋商的夾縫中求生存、圖發展，舉步維艱。日本在殖產興業方針的引導下，資本主義得到了迅速發展。

（二）文明開化。文明開化意味著學習西方資產階級的科學技術、文化教育乃至思想風尚和生活方式，把日本從封建社會迅速改造成近代化社會。當時，政府儘管在財政上十分困窘，但仍將最多的資金用在了學校建設上。一八七二年，文部省仿照歐美實行資產階級教育制度，建立了小學、中學、大學的完整近代教育體制，並且確立了普及小學教育原則；同一年，宣布成立師範教育；一八七三年，決定振興實業教育，以造就科學技術骨幹力量。這樣，維新後的日本建立了普通學校、師範學校、實業學校三個教育體系，這是明治政府一項具有重大戰略意義的國策之一。

（三）富國強兵。富國強兵是維新的終極目標。為了富國強兵，就必須效仿西方資產階級的軍事制度。一八七二年十一月，明治政府頒發徵兵詔書；一八七三年又頒發徵兵令，正式著手建立新式常備軍。到一八九〇年左右，新式軍隊中的陸軍已經擁有七個師團現役五萬三千人，預備役二十五萬六千人，海軍擁有二十五艘軍艦和十艘魚雷艇，總計五萬餘噸。

啟動變法維新時的日本其社會發展程度大致相當於十四世紀的歐洲，可是當它踏入二十世紀的門檻時，就已經變成了一個工業、陸軍和海軍強國。從一八六八年到一九〇〇年，不過一代人的時間，日本所達到的成就相當於歐洲人在二十代人中完成的累積。這是日本上下一心、銳意圖強的結果。一八九九年，西方國家取消了在日本的治外法權（即西方人在日本犯罪，可以由日本的司法機構審判了）。這是日本進入所謂文明世界的標誌。

日本人將自己國家的巨大轉變歸功於「黑船事件」的刺激和激勵，佩里因此被視為「文明的傳播者」而非入侵者。有人以蒸汽機的日文諧音「上喜選」作歌，對此做了形象的概括：

名茶上喜選，
只消喝四碗，
驚破太平夢，
徹夜不能眠。

為紀念「黑船事件」，在橫須賀當年美軍登陸之處，矗立著一塊紀念碑，上有伊藤博文的手書「北米合眾國水師提督伯理上陸紀念碑」。直到今天，日本人每年都會在這裡舉行一場相當有特色的祭典——黑船祭。人們裝扮成十九世紀美國海軍的模樣，重新模擬當年的「黑船事件」。對於他們而言，一八五三年的事件不是什麼恥辱，而是打破閉關鎖國、走向現代文明的重要一步。日本啟蒙運動者福澤諭吉曾寫過這樣一句話：

嘉永年間（一八四八～一八五四年），美國人跨海而來，彷彿在我國人民的心頭燃起了一把烈火，這把烈火一經燃燒起來便永不熄滅。

正是這把火，讓日本有了明治維新的成功，因而也有了與中國不同的命運。

二、甲午戰爭——從亞洲脫穎而出

明治維新使日本走上了資本主義道路，但是，它的國內市場狹小，資源匱乏，不對外擴張就無法發展經濟。那麼，哪裡是適合日本擴張的目標呢？到十九世紀晚期，整個地球幾乎被西方列強瓜分殆盡：美洲是美國人的後院，非洲是歐洲國家的殖民地，印度已經被英國獨占，東南亞則屬於法國、英國和荷蘭。只有中國和朝鮮，既是獨立國家，又和日本近在咫尺，並且資源豐富，日本要擴張只能指向這兩個地方。中國對朝鮮享有宗主權，即便首先侵略朝鮮，也繞不開中國這一關。所以說，中日之戰是明治維新的必然邏輯後果。

日本人很早就著手對中日戰爭進行準備。一八八五年六月，日本政府採納了伊藤博文等人的建議，提出了一個以十年為期的擴軍計畫，作為發動對華戰爭的準備。一八八七年，日本一些軍國主義分子制定了《征討清國策》，提出「以五年為期作為準備，抓住時機準備進攻」，對中國進行一場以「國運相賭」的戰爭。一八九〇年之後，日本以國家財政收入的百分之六十來發展海、陸軍。從一八九三年起，明治天皇又決定每年從自己的宮廷經費中撥出三十萬日圓，再從文武百官的薪金中抽出十分之一，補充造船費用。日本舉國上下士氣高昂，把超過中國北洋海軍作為奮鬥目標。一八九〇年時，北洋海軍二千噸以上的戰艦有七艘，共二萬七千餘噸；而日

伊藤博文
（1841～1909）

本海軍二千噸以上的戰艦僅有五艘，共一萬七千餘噸。到了甲午戰爭前夕，日本已經建立了一支擁有六萬三千名常備兵和二十三萬預備兵的陸軍，並擁有排水量七萬二千噸的海軍艦隻，總噸位大大超過北洋海軍。另外，日本參謀本部還不斷派特務間諜潛入中國，竊取各種情報，祕密繪製了東北和渤海灣的詳細地圖，做好了對華發動大規模戰爭的準備。

引發中日戰爭的導火線是朝鮮。一八八四年，日本策劃朝鮮親日派官員發動了「甲申政變」，朝鮮國王在清軍的幫助下鎮壓了政變。但日本政府以此對清政府進行要挾，於一八八五年春派伊藤博文為特派全權大使，到中國談判朝鮮問題。根據中日兩國一八八五年簽訂的《天津條約》，朝鮮今後若發生重大變亂事件，中日兩國或一國需要出兵朝鮮，必須事先相互知照。如此一來，日本就在朝鮮取得了與中國對等的權利，朝鮮被置於中日兩國的共同保護之下，是為甲午戰爭的爆發埋下伏筆。一八九四年五月，朝鮮爆發東學黨起義，六月三日，朝鮮國王請求清政府派兵協助鎮壓。日本政府早就料到朝鮮會向中國求援，它準備乘中國出兵機會進行挑釁，所以極力慫恿清政府出兵，並說日本「必無他意」。李鴻章輕信了日本的保證，決定派兵前往朝鮮。這樣就落入了日本人的圈套。

李鴻章是六月四日才發出派兵指令，而日本早在六月二日的內閣會議上就已決定派兵朝鮮，並於六月五日在參謀本部設置大本營，而中日兩國互相照會出兵是在六月七日。這說明，日本早就有了挑起戰爭的決心。此後在不到一個月的時間裡，日本以各種藉口陸續出兵朝鮮一萬餘人，逐漸包圍了駐守牙山的清軍；同時，在外交上步步進逼，不斷向清政府提出各種無理要求，極盡挑釁之能事，它的戰爭意圖已經非常明顯了。

當時，清廷內部分成主戰派和主和派。主戰派以光緒帝和他的漢文師傅戶部尚書翁同龢為首，包括一些和他們親近的朝臣，如翰林院侍讀學士文廷式、禮部右侍郎志銳等。這些人是所謂「帝黨」。帝黨擁戴光緒暗中和西太后為首的「后黨」相對抗。帝黨的主戰立場不能簡單地解釋成愛國，在一定程度上也反映了帝、后兩派之間的權力鬥爭和私人恩怨，如翁同龢就與李鴻章不和，他因此扣壓給北洋水師的軍費，主戰的動機裡也不排除要看李鴻章笑話的意思。

當然，真正具有決定清政府對外政策權力的還是后黨，其代表人物是直隸總督兼北洋大臣李鴻章，他對和日本打仗持消極態度，是主和派。

李鴻章之所以主和，一是因為他要保存自己的地盤和實力，不願意拿苦心經營多年的北洋海軍冒險，生怕有所閃失而影響自己的地位和前程。況且他也清楚，北洋海軍是盛名之下，其實難符，自一八八八年正式建軍後，就再沒有增添任何艦隻，一八九一年以後，連槍砲彈藥都停止購買了。到甲午戰爭之前，北洋海軍不僅在總噸位上落後日本，而且艦齡老化，行動緩慢，火力也差，缺少快艦和速射炮，在總體實力上與日本聯合艦隊相形見絀。

李鴻章主和的第二個原因是為了迎合西太后的意旨。一八九四年是西太后的六十大壽，為了準備生日慶典，她不願意打仗，希望和解。

李鴻章既然不想和日本打仗，就把迫使日本從朝鮮撤兵的希望寄託在了列強的「調停」上。但列強出於自身利益的考慮，拒絕了他的請求。由於李鴻章一心想依靠外國干涉解決問題，所以不認真備戰，並且嚴令駐朝清軍「靜守勿動」，結果把自己推向被動和危險的境地，最後讓日本在七月二十五日對中國海陸軍發動突然襲擊，不宣而戰。一八九四年是農曆甲午年，所以這場戰爭被稱為「甲午戰爭」。

日本在戰爭中海陸並進。九月，清軍在平壤戰役和黃海海戰當中受挫。十月，日軍分海陸兩個方向進攻中國東北。到一八九五年二月，日軍攻占威海衛，北洋海軍全軍覆沒。三月，山海關外的牛莊、營口、田莊台等軍事要地紛紛落入日軍手中，遼東半島全部被敵人占領，侵略軍已逼近錦州。

事已至此，只有求和一條路了。一八九五年四月十七日，李鴻章代表清政府簽下了屈辱的《馬關條約》，主要內容如下：

（一）確認朝鮮「獨立」。所謂的朝鮮「獨立」只不過是日本併吞朝鮮的一個過渡步驟，在日本控制之下，朝鮮從此成為日本侵略中國的橋頭堡。

（二）割讓遼東半島、台灣和澎湖列島。後來由於俄、法、德三國的干涉，日本被迫吐出了遼東半島，但又勒索了三仟萬兩的「贖遼費」。「三國干涉還遼」成為十九世紀末帝國主義瓜分中國的開端。三國藉口還遼有功向清政府索取租借、勢力範圍和各種利權，其他國家也趁機提出種種補償要求。

（三）賠軍費庫平銀二萬萬兩，分八批於七年內付清。條約還規定，在賠款未付清和通商行船章程未經批准互換之前，日軍不從威海衛撤退；又規定賠款如能在三年之內付清，可免付利息。當時，中國每年財政收入不過八仟餘萬兩，為了使日軍早日從威海衛撤退，並且為了免付利息，只有向外國借債，而借債就必須以各種利權作抵押，這樣的結果，就是清政府進一步受制於人。

值得注意的是，日本在甲午戰爭中從中國得到的實際銀兩並不止二億兩軍費和三千萬兩贖遼費，還包括威海衛駐軍費一佰伍十萬兩，「以庫平實足」勒索一仟三佰二十伍萬兩，從「鎊虧」一項得一仟伍佰萬兩，共計二億伍仟九佰七十萬兩，是日本實際軍費開支的二點六倍，年度財政收入的四點八七倍。這筆巨款大部分用於擴充軍備，但在日本金融、工業和經濟發展上發揮了不可替代的決定性作用，使日本得以打破資金不足的瓶頸，快速實現了第二次工業革命。

（四）擴大了帝國主義在華的通商特權。加開沙市、重慶、蘇州、杭州四處口岸，日船可沿內河駛入以上各口；日本可在中國各通商口岸設廠製造，產品運銷內地只按進口貨納稅。按照最惠國待遇條款，這些擴大的通商特權都為其他國家所享受。從此，列強在中國從事工業投資活動取得了更穩固的保障，嚴重衝擊了中國民族資本的發展。

甲午戰爭和《馬關條約》對日本和中國都產生了深遠的影響。日本因此在亞洲脫穎而出，邁入了帝國主義強國行列，甲午戰爭成為日本國家發展史上的分水嶺、轉折點。伊藤博文在簽下《馬關條約》後曾自豪地說：

經過這場日清戰爭，相信西洋人不會再把日本國旗中央的紅球比喻為一塊封住信封的紅蠟印，以嘲笑日本的鎖國落伍。相反的，日本國旗將回覆原來的意義，紅球將象徵一顆東昇的太陽，與世界各文明國家為伍，不斷地向前和向上移動。

而清政府的腐敗無能在戰爭當中暴露無遺，國際地位一落千丈，很快就招致了列強進一步掠奪和侵略。

三、日俄戰爭——非西方國家對西方的首次勝利

甲午戰爭及「三國干涉還遼」埋下了日俄在十年之後發生戰爭的種子。長期以來，俄國利用地緣優勢向中國擴張，不僅割走了大片土地，而且還在東北獲得了各種特權，同時積極插手朝鮮。其他帝國主義列強因為距離中國遙遠，且主要的利益在東南亞地區，所以默認了俄國在中國東北的優勢地位。

但是日本的崛起改變了遠東力量的對比關係，基於同樣的地緣優勢，日本的擴張也指向了中國東北和朝鮮，日、俄兩個帝國主義國家的衝突在所難免。一八九五年俄國帶頭搞「三國干涉還遼」，既表明俄國不會容忍日本在東北立足，也讓日本開始對俄國懷恨在心。「三國干涉還遼」後，日本統治階層以軍部提出的「堅忍不拔、臥薪嘗膽，圖軍備之充實和國力之培養，以期捲土重來」為方針，利用和煽動受到還遼刺激的國民感情，將以往「維持主權線」的「大陸政策」向「擴大利益線」轉變，從而使日本和俄國圍繞中國東北地區和朝鮮半島的爭奪日趨激烈。在義和團運動期間，沙俄趁機出兵占領中國東北，而且在《辛丑條約》簽字之後拒不撤軍，進一步促進日俄矛盾。

英國對俄國也很不滿。當時，英俄之間在中亞的競爭非常激烈，它想利用日本的力量在中國牽制俄國，加強自己在遠東的地位。日本當然更想結交這個世界頭號強國。一九〇二年一月，《英日同盟條約》締結。條約規定：如果締約一方與第三國發生戰爭，另一方嚴守中立，但是如果有第四國加入到第三國作戰，那麼締約的另一方就要給予支援。當時法、俄之間已經有了同盟關係，所以條約對於日本的意義在於，如果它和俄國發生戰爭，可以把法國的力量排除在外，因為法國一旦參戰，必然面臨與英國為敵的問題。顯然，法國並不願意和英國打仗。

就這樣，一紙《英日同盟條》約造成了遠東新的國際關係格局，俄國被有效地孤立起來，有了條約壯膽的日本氣焰更加囂張。從一九〇三年七月開始，日俄兩國就中國東北和朝鮮問題進行談判。直到一九〇四年二月，談判仍然沒有實質上的進展。日本的立場是，獨占朝鮮，有保留地承認俄國在東北的特殊地位；俄國的立場是，獨占東北，有保留地承認日本在朝鮮的特殊地位。二月六日，日本宣布中止談判，與俄國斷交。二月八日夜，日本聯合艦隊偷襲了停泊在中國旅順港內毫無準備的俄國太平洋艦隊，日本不宣而戰，日俄戰爭爆發。十日，日俄兩國政府相互宣戰，英、美、法、德宣布中立。

戰爭爆發之後，絕大多數歐洲人都認為俄國將輕鬆取得勝利，拋開種族偏見的成分，從整體的軍事和經濟實力上來看，日本的確不占上風。其實，很多日本人都對此次戰爭抱有孤注一擲的賭徒心理。首相伊藤博文表示：

本次戰爭陸海軍均無勝利可能。由於日本是賭一國一戰，因此我眼中沒有勝敗。

參謀本部次長兒玉源太郎則表示：

由於本次戰爭勝利的可能性不大，因此如果俄軍出兵一萬，我軍必須以三萬之眾迎之。總之，一開始就要以三倍之兵力力挫敵士氣，寒其心膽。

海軍大臣本權兵衛在回答對戰爭前景的估計時放言：

我首先有日本軍艦可能沉掉一半的思想準備。即便如此，我軍仍將獲勝。

但是，貌似強大的俄國卻面臨著幾個非常嚴重的問題：

一是距離戰場太遠。從歐洲到遠東，要跨越上萬公里，當時雖然已經有了西伯利亞鐵路，但它是一條單軌鐵路，而且在貝加爾湖被切斷，所有的物資必須在湖的這邊先卸下來，運到湖對岸，再裝到列車上去。所以，俄國在中國東北能夠部署的軍事力量受到很大限制，通常把一個營的兵力從莫斯科運到旅順港要花一個月以上的時間。而日本卻可以非常容易地經朝鮮向東北調兵。戰爭一開始，俄國只有十萬人的兵力，而日本卻迅速投入了二十五萬人。在過去的若干世紀裡，俄國因為對東方享有技術優勢，所以距離的遠近或許無關緊要。但是，現在它所面臨的對手已經擁有了同樣先進的武器和技術，還有它所沒有的高昂士氣和忠君愛國、勇於犧牲的素質。

二是沒有海上優勢。日本海軍擁有各種艦艇一百五十二艘（二十六萬噸），其中聯合艦隊主力由六艘現代化的戰艦及六艘裝甲巡洋艦組成（即「六．六艦隊」）；俄國的太平洋分艦隊轄艦艇六十二艘（十九萬餘噸），主要作戰艦艇的裝甲厚度、航速以及火炮射程均不如日艦。裝備的劣勢再加上戰術錯誤使俄國太平洋艦隊在開戰之初就喪失了海上主動權，阻止日軍登陸的作戰企圖沒有實現。太平洋艦隊打算等波羅的海艦隊援兵到達後再實施海上決戰，可是，等到波羅的海艦隊繞道好望角，經過了七個月、二萬英里的航行（相當於地球圓周的三分之二）到達遠東的時候，俄國敗局已定。波羅的海艦隊在一九〇五年五月二十七日的對馬海戰中被日本海軍殲滅。此役日本聯合艦隊僅損失三艘魚雷艇，俄軍三十八艘戰艦被摧毀或捕獲，成為世界戰史上損失最為懸殊的一場海戰。

三是俄國政府和軍隊管理混亂、效率低下、任人唯親。比如在旅順港，俄國自己的軍官被禁止查看要塞附近的地形，而日本參謀本部的人員化裝成洗衣工和苦力卻可以在砲臺附近到處亂轉而不受阻止。私用和軍用的電話線沒有分別，所以一切重要的軍事通信都可以被竊聽。宣戰之後，沙皇的寵臣、遠東大總督阿列克謝耶夫海軍上將儘管毫無軍事經驗，卻被指派為遠東海陸軍總司令。這一切和剛剛經過維新、正處在上升階段的日本形成了鮮明對比。俄國失敗之後國內馬上就發生了革命，說明矛盾已經累積到了非常嚴重的程度。

四是俄國處於孤立狀態。而日本卻得到了英國和美國的大力支持，它們給了日本大量的軍事貸款和戰略物資，日本戰費的將近一半是靠英、美提供的。另外，英國還表示嚴守同盟義務，有效地阻止了法國介入。英國還不允許俄國的黑海艦隊通過黑海海峽去支援遠東作戰，也不讓波羅的海艦隊過蘇伊士運河。實際上就是堵死了歐洲的俄國軍事力量通過海上支援遠東作戰的路徑。

當然，說俄國有多少問題並不意味著日本的這一場仗打得很輕鬆。到一九〇五年春天，雖然日本在戰場獲得了重大勝利，但也付出了昂貴的代價：所耗戰費十伍億日圓，國內金融已經接近崩潰邊緣；動員兵力近一百一十萬，日本陸軍的十三個師團全部投入戰場，服役年齡從三十二歲延長至三十七歲，後備力量幾近枯竭。在很多戰鬥中，日軍的傷亡都超過了俄軍，僅旅順戰役，日本第三軍就傷亡五萬九千四百人，其中死亡約一萬五千四百人（包括司令官乃木的兩個兒子），以致回國後在天皇為忠勇將士舉行的隆重凱旋儀式上，司令官乃木希典發言的第一句話就是：「吾乃殺乃兄乃父之乃木希典。」所以，在戰爭後期就出現了一種非常罕見的現象：戰勝國比戰敗國更急於求和。在美國的調停下，一九〇五年九月五日日俄兩國在美國新罕布夏州的樸茨茅斯簽訂了和約。《樸茨茅斯和約》的主要內容如下：

（一）俄國承認日本在朝鮮的政治、經濟和軍事上均享有「卓越之利益」。

（二）東三省的行政權應全部歸還中國，日俄軍隊應在十八個月之內撤走，但旅大租借地內的行政權及駐軍皆不在此限。

（三）經中國認可，俄國將旅大租借地及其一切權益、公產等轉讓給日本，將長春至旅順的「南滿鐵路」連同支路利權、煤礦等無償轉讓給日本。

（四）俄國將薩哈林島，也就是庫頁島的南半部及附近的一切島嶼讓與日本，這些地方在第二次世界大戰之後才被蘇聯收回，而且蘇聯還順手占領了原本就屬於日本的北方四島。

（五）雙方均可在各自鐵路線上駐紮護路兵，但每公里不得超過十五名。

四、日俄戰爭的影響

中國與朝鮮是日俄戰爭和《樸茨茅斯和約》的最大輸家。特別是中國，日俄兩國在中國的國土上廝殺了一年多，清政府把遼河以東劃為交戰區，中國的土地和人民遭到日俄兩國的蹂躪；戰爭結束之後，中國的處境是前門拒狼，後門進虎，俄國走了，但取而代之的日本野心更大、也更兇殘。從此之後，就開始了日本對中國逐步蠶食的過程，日本成為二十世紀對中國危害最大、作惡最多的國家。和約承認日本在朝鮮的獨占實際上開啟了日本吞併朝鮮的大門，一九一〇年，日本宣布日韓合併。

和約的大贏家是日本。它確立了日本的強國地位。通過日俄戰爭和之前的中日戰爭，日本奪取了相當於本土面積百分之七十六的殖民地，初步建成了一個殖民帝國。在遠東的國際關係格局中，日本的地位越來越重要。隨著此後歐洲局勢的不斷緊張，列強的注意力越來越集中於歐洲，日本則趁機不斷擴大自己的權勢。一戰爆發後，日本於一九一五年八月二十三日對德國宣戰，但它不派一兵一卒去歐洲，卻在遠東趁火打劫。當年九月，日本奪取了德國在太平洋上的殖民地，同時出兵中國山東半島，占領了德國的租借地青島。

一戰結束後，根據一九二二年二月六日簽署的華盛頓《五國海軍條約》，五國海軍主力艦的噸位比例是五（美）：五（英）：三（日）：一點七五（法）：一點七五（義），日本的海軍規模僅次於美英。條約還規定，美國不得在阿留申群島、薩摩亞、關島及菲律賓建立新的海軍基地和要塞；英國保證不在香港以及東經一百一十度以東的島嶼屬地設防，但加拿大海岸附近、澳大利亞和紐西蘭除外；日本則承諾不在台灣、澎湖列島、琉球群島、千島群島、小笠原群島、奄美大島以及日本在太平洋中現有和將來取得的一切島嶼或屬地上新建軍事基地。根據條約，英美在遠東的海軍基地僅剩下新加坡。這樣一來，除新加坡，英美所有的海軍基地都在遠離日本本土五千公里至六千公里以外，而日本在海軍基地建設方面大體沒有受到束縛，這使它在新加坡以北的太平洋水域占有優勢，也是日本在太平洋戰爭初期大獲全勝的重要原因。

日俄戰爭開啟了沙皇俄國滅亡的進程，俄國在戰爭中的失敗引發了國內革命。雖然革命未能成功，但是沙皇專制制度已不可能再按照舊的方式繼續下去了。之後，沙皇政府召開了國家杜馬（議會），允許人民有言論、出版、集會、結社等自由，擴大了選舉權。當一九一七年失敗再一次來臨的時候，俄國沒有挺過去。

日本在日俄戰爭中的勝利還產生了另外一個深遠的影響——鼓舞了亞洲人。亞洲人都在歡呼日本的勝利，在他們看來，這是亞洲人第一次戰勝歐洲人，增強了對歐洲列強爭取民族獨立的信心。日俄戰爭之後亞洲發生的一連串民族主義運動與日本人勝利所帶來的鼓舞、信心是分不開的。狄賽（Dicey）是一位曾在非洲住過四十年的英國人，他在《埃及的前途》一書中曾經有過下述的評論：

> 在過去，土人們都深信即使他們再勇敢，也還是注定了必然會被歐洲人所擊敗，

可是現在卻突然覺醒了。因為俄國一向被人認為在歐洲具有最強大的軍事力量，現在居然被日本擊敗了。它的陸軍敗逃，海軍毀滅，要塞被攻占。日本是一個比較弱小的國家，不管其他的情形怎樣，日本人卻既不是高加索人又不是基督徒。誠然，這些非洲土人對於日本的情形一無所知，可是所有的非洲人，卻都直接或間接地知道了，在遠東的俄羅斯侵入軍，已經為一個素不知名的非歐洲民族所擊敗了。

普拉德漢（R・G・Pradhan）在《印度的獨立奮鬥》一書中寫道：

日本的勝利對於印度人心的影響，是不可能再加以誇大的了。印度學生開始研究日本歷史，想要發現其戰勝歐洲最大強國的原因。他們所發現的答案為日本的愛國心、自我犧牲和民族團結。這才是軍事能力以外的奇蹟力量。一九〇七年、一九〇八年和一九〇九年，印度學生紛紛到日本去留學，他們回國之後，遂成為印度獨立運動的中堅分子。

孫中山先生也寫道：

我們認為，日本對俄國的勝利是東方對西方的勝利。自日本戰勝俄國那天起，亞洲各國人民就抱有擺脫歐洲壓迫的希望；這一希望在埃及、波斯、土耳其、阿富汗，最終在印度引起了一系列獨立運動。……如果我們要恢復自己的權利，就必須訴諸武力。

事實上，日本維新的成功、日本在日俄戰爭當中的勝利對當時中國產生了非常大的震動。在二十世紀初，很多先進人士紛紛東渡日本取經，他們認為，中日國情相近，日本已經成功，中國向日本學習比向西方學習更便捷、更有效。中國近現代史上的很多知名人物都曾經在日本留學或生活過，比如秋瑾、梁啟超、孫中山（中國同盟會就是一九〇五年在日本成立的）、章炳麟、陳天華、黃興、楊度、沈鈞儒、廖仲愷、何香凝、王國維、曹汝林、胡漢民、宋教仁、蔣介石、魯迅、閻錫山、陳獨秀、汪精衛等等，日本也是中國維新派、革命家的流亡之地。一九〇五年，中國在日本有留學生八千人，到一九〇七年達到一萬七千八百六十人。作家周作人後來寫道：

現在中國青年大抵都已不知道了，就是日本人恐怕也未嘗切實知道，那時日本曾給予我們多大的影響，這共有兩件事，一是明治維新，一是日俄戰爭。當時中國知識階級最深切地感到本國的危機，第一憂患的是如何救國，可以免於西洋各國的侵略，所以見了日本維新的成功，發現了變法自強的道路，非常興奮，見了對俄的勝利，又增加了不少勇氣，覺得抵禦西洋，保全東亞，不是不可能的事。

第十章　第一次世界大戰與美國崛起

CHAPTER X　WORLD WAR I AND THE RISE OF USA

美國是一個年輕的國家，但是卻在短短兩百多年的時間裡演繹了大國崛起的罕見奇蹟，創造性地走出了一條屬於自己的強國之路。自十九世紀末成為世界第一經濟強國以來，美國的權勢逐漸擴張至政治、軍事、金融等領域，並在科學、文化、娛樂等諸多方面擁有龐大的影響力。時至今日，美國仍然是世界第一強國。

一六二〇年九月六日，一艘名為「五月花號」（Mayflower）的帆船在牧師威廉・布魯斯特（William Brewster）率領下由英國普利茅斯出發橫渡大西洋，船上載有包括兒童在內的一百零二名男女清教徒。這群新教的少數派在英國為國教所不容，於是攜家帶眷移民至北美新大陸，去建設自己理想中的「美麗新世界」。

經過二個多月的艱苦航行，十一月二十一日，「五月花號」到達鱈魚角，即今天麻薩諸塞州的普羅文斯敦。在登陸前，為解決日後殖民地的管理問題，這些清教徒們制定了一個共同遵守的《五月花號公約》，由船上四十一名自由成年男性簽署，內容如下：

「為了上帝的榮耀，為了增加基督教的信仰，為了提高我們國王和國家的榮耀，我們飄洋過海，在維吉尼亞北部開發第一個殖民地。我們這些簽署人在上帝面前共同莊嚴立誓簽約，自願結為民眾自治團體。為了使上述目的能得到更好的實施、維護和發展，將來不時依此而制定頒布被認為是對這殖民地全體人民都最合適、最方便的法律、法規、條令、憲章，我們都保證遵守和服從。」

《五月花號公約》是美國歷史上第一份重要的政治文獻，它的簽約方式及內容代表著「人民可以由自己的意思來決定自治管理的方式，不再由人民以上的強權來決定管理」。這個團體基於被管理者的同意而成立，而且將依法而治，蘊含了日後美國立國的基本政治理念。

清教徒在普利茅斯離岸後正值冬天，寒冷的天氣加上食物不足、傳染病肆虐和過度勞累等原因，這批移民一下子死去了一半以上。第二年春天，當地印第安部落給了清教徒穀物種子，並教他們打獵、種植莊稼、捕魚等新大陸的生活技能。在印第安人的幫助下，清教徒們當年獲得了大豐收。首任總督威廉·布拉德福德（William Bradford）為此建議設立一個節日，慶祝豐收，感謝上帝的恩賜。一六二一年十一月下旬的星期四，清教徒們和印第安人歡聚一堂，慶祝美國歷史上第一個感恩節。

一直以來，「五月花號」移民都被看成是美國精神的體現：他們是堅守信仰的理想主義者，為捍衛宗教自由不惜遠涉重洋；他們舉家前來是要在新大陸生根發芽，用勤勞的雙手創造出一個「新世界」；他們制定了自我管理的《五月花號公約》，體現了寶貴的法治與民主思想；他們感恩上帝和幫助過自己的印第安人，與土著共進晚宴，慶祝第一個感恩節。毫無疑問，在美國人看來，這些人才是他們民族的典範和榜樣。

但真實的歷史並沒如此簡單和理想化。其實，「五月花號」不是從英國移民駛往北美的第一艘船隻，早在一六〇六年十二月，就有三艘帆船從倫敦港啟航駛往新大陸。船上共載有大約一百五十個成年和少年英國男子，沒有女性，為首的是克里斯多福．紐波特（Christopher Newport）船長。他們受倫敦維吉尼亞公司的派遣，揣有英王詹姆士一世的特許狀，有三個主要目的：尋找黃金（像西班牙人在南美洲那樣）；將西班牙人拒於北美大陸之外；探尋通往富裕東方的新路線。顯然，居家過日子不是他們的打算，他們的使命用探險來形容更合適，而支撐探險的則是對財富的追逐。

經過一百四十四天的艱難航行，在付出將近四十人葬身海上的代價之後，一六〇七年五月十四日船隊駛進北美洲中部東岸的切薩皮克灣，在位於目前維吉尼亞州東南部的一個沼澤地半島登陸落腳。這是英國人在北美第一個成功的據點。根據英王的名字，這些殖民者將當地注入大西洋的河流命名為詹姆士河，定居點就叫「詹姆斯鎮」。整個新殖民地被稱為「維吉尼亞」，意即「處女之地」，以紀念一六〇三年去世的「童貞國王」伊莉莎白一世。正是從這裡，現代美國的歷史開始了。

不過，殖民者最初的日子並不順利。他們一抵達北美，就趕上了一場大旱，酷熱和勞累很快就奪去半數人的生命。一六〇九年，他們又遭遇寒冬，由於得罪了向他們提供糧食的印第安原住民，饑饉使很多人「像蒼蠅般死去」，據記載還發生了人吃人的慘狀，五百個定居者一度銳減到僅剩六十人。他們也沒有處理好與土著的關係，一六二二年和一六四四年印第安人的兩次大規模襲擊分別導致三百五十個和五百個定居者喪生。

一六一二年之後，菸草種植業的引進使詹姆斯鎮繁榮起來，並成為維吉尼亞殖民地的首府，北美殖民地第一次立法代表會議就在詹姆斯鎮召開。為瞭解決勞動力不足的問題，一六一九年，詹姆斯鎮購進了第一批非洲黑奴，開始了美國的奴隸制。但好景不長，一六七六年，反抗州長的維吉尼亞人一把火將該市夷為平地，一六九九年州府遷往威廉斯堡使詹姆斯鎮進一步走向沒落。再後來，連當年定居點的最初遺址也被河水淹沒。

不同於「五月花號」的自由、民主、法治以及感恩，詹姆斯鎮的歷史充斥了貪婪、殘酷、暴力與壓迫，也正因為如此，數百年來美國人一直羞於談到它。然而，事實上，「五月花號」與詹姆斯鎮恰好構成了一個完整的美國，它們都是現代美國的淵源，呈現了它矛盾而複雜的特徵。

亞歷西斯・德・托克維爾
（1805 ～ 1859）

美利堅合眾國由五十個州和一個聯邦直轄特區組成，東瀕大西洋，西臨太平洋，北靠加拿大，南接墨西哥，國土面積超過九百六十二萬平方公里，位居全球第三，人口總量超過三億。這是一個地理位置優越、自然資源豐富的國家，早在十九世紀三〇年代，法國人托克維爾在造訪美國後就這樣寫道：「美國和俄國似乎由天意挑選將支配地球一半的命運。」（《民主在美國》）這一預言在第二次世界大戰之後得到證實，在長達四十多年的時間裡，美蘇兩極的格局主宰著世界，而美國的超強地位卻在第一次世界大戰之後就開始了，並延續至今。

一、得天獨厚的強國之路

五百年前，美洲這片廣袤遼闊的陸地是印第安人世代生活的家園。十五世紀末歐洲人發現了新大陸後，移民蜂擁而至，一個個殖民地相繼出現。到十八世紀，英國在北美大西洋沿岸陸續建立起十三個殖民地，美利堅合眾國正起源於這十三個英屬殖民地。一七七五年，北美殖民地爆發了反對英國殖民者的獨立戰爭，一七七六年七月四日在費城召開第二次大陸會議，組成「大陸軍」，由喬治．華盛頓任總司令，通過了《獨立宣言》，正式宣布建立美利堅合眾國。一七八三年獨立戰爭結束，一七八七年制定聯邦憲法，一七八八年喬治．華盛頓當選為美國第一任總統。

美國問鼎強國的歷程可分為三個階段。從一七八三年至一八一五年是第一階段。其間美國的主要任務是維持自己的獨立。一方面，它要克服獨立之初中央政權虛弱不堪的狀態，並建立一支足夠的軍事力量，如此才能在一個敵對的世界中生存下來；另一方面，它還不得不在「准戰爭」中同法國交手，在一八一二年戰爭中同英國打仗；第二階段從一八一五年後到內戰前。這一階段美國經歷了驚人的經濟和人口增長，馬不停蹄地完成了大陸擴張，將其商業擴展到世界各地；第三階段從內戰結束到十九世紀末。內戰使美國得以保持為一個單一實體，鞏固了聯邦政府對於各州的最高權力，這些確保美國在不久的將來成為一個真正的強國。到十九世紀末，美國的工業生產已躍居世界第一位。

獨立之初，美國的未來並不樂觀，不要說實現偉大輝煌，就連維持獨立都存在問題。根據《邦聯條例》成立的邦聯，雖然擁有按照歐洲標準來看非常龐大的領土，但缺乏強大的中央權威，而且在軍事上是個侏儒，原因顯而易見：各州拒絕向中央政府交出任何一點主權，尤其是拒絕賦予它徵稅權。因為缺乏必要的經費，一七八五年，邦聯賣掉了大陸海軍的最後一艘戰船，僅維持美國第一團作為其「陸軍」，兵員為當初授權的七百人。

沒有海軍，陸軍又極其弱小，在這種情況下，邦聯解決不了自身的諸多內外安全問題。當時，新生的邦聯幾乎面臨來自四面八方的威脅。在西北地區，英國人拒絕撤出要塞，他們借助於這些要塞進行獲利豐厚的毛皮貿易，插手印第安人事務，阻擋美國向西部擴張；在佛羅里達和路易斯安那，西班牙行使著與英國類似的影響力，並且保持對密西西比河的遏制；強大的印第安人部落也同白人殖民者爭奪通向西部的道路；在地中海，北非海盜劫掠美國商船，迫使美國政府用貢金買保護。一七八六年秋天，一場國內危機進一步暴露了邦聯的虛弱。一位名叫丹尼爾·謝伊斯（Daniel Shays）的革命戰爭老兵領導馬薩諸塞西部的農民叛亂，反抗債務和稅收，而邦聯既無法徵召人員，也無力籌集資金平息這場危機。

值得慶幸的是，美國開國元勛們不願看到這場爭取自由的偉大實驗以失敗告終。一七八七年，來自獨立後十三個小邦國的五十五位頭面人物聚會費城，他們制定了對美國歷史影響深遠的《一七八七年憲法》，並據此建立了一套新的政府框架。

喬治·華盛頓
（1732 ~ 1799）

喬治·華盛頓是美國首任總統（1789 ~ 1797 年在任），獨立戰爭時期大陸軍總司令。在兩屆任期結束後，隱退於維農山莊園，因此建立了美國歷史上總統不超過兩任的傳統，維護了共和國的發展。由於他扮演了美國獨立戰爭和建國中最重要的角色，通常被稱為美國國父。學者們則將他和亞伯拉罕·林肯並列為美國歷史上最偉大的總統。

首先，憲法明確了地方（州）和中央（聯邦）的權力分配。憲法將外交權、宣戰權、管理州際貿易和對外貿易權、貨幣發行權等權力授予聯邦政府，其餘權力歸各州。如此，既滿足了建立統一的中央政權的需要，同時又最大程度保護了各州的獨立性。

其次，建立了由立法（國會）、執法（總統）和司法（聯邦法院）三個部門組成的聯邦政府，這三者之間既相互獨立，又相互制衡。只有國會才能制定和通過法律，但這些法律需要總統簽署才有效；總統可以否決國會立法，國會則能夠以三分之二多數推翻總統否決。而且，國會還可以對民選的總統和終身任職的聯邦法官提出彈劾。作為軍隊總司令，總統可以動用軍隊，但無權對外宣戰，宣戰權在國會。聯邦法院的法官由總統任命，但終身任職，不再受制於任何個人和黨派。聯邦法院擁有解釋憲法的權力，任何法律一旦被判違憲即失去效力。

再次，在立法機構和選舉制度上平衡大州與小州的利益。國會分成眾、參兩院，眾議院議席按人口的多寡成比例分配，由此來滿足大州的要求，而參議院則不論大州小州，一律只有兩個議席，這樣小州的利益也得到照顧。任何法律都必須由兩院同時通過。與此相關的問題是，代表全國的總統該如何產生？如果總統的選舉完全由選民直接選舉的話，那麼，來自人口大州的候選人就會占便宜，其當選的可能性遠大於小州的候選人。於是，憲法的制定者們又設計出獨特的總統選舉人院，由各州選出與其國會議員數目相等的總統選舉人組成，由他們來選舉總統。

一七八七年憲法體現了開國元勛們對以洛克（Locke）為代表之英國政治哲學的信奉：權力產生腐敗，絕對的權力產生絕對的腐敗。因此，他們要限制一切權力，不論是君主（聯邦）的主權，還是民眾的主權，都必須受到約束。而且，他們還特別防止出現所謂的「多數的暴政」，對作為社會少數的富人和小邦的權力也予以保護。美國著名法學家伯納德．施瓦茨（Bernard Schwartz）為此認為：

美國對人類進步所作的真正貢獻，不在於它在技術、經濟或文化方面的成就，而在於發展了這樣的思想：法律是制約權力的手段。

他甚至不無偏見地聲稱：

在其他國家，權力之爭由武裝部隊來解決；在美國，權力之爭由法律家組成的大軍來解決。

《一七八七年憲法》使新生的美國成為一個真正意義上的國家，確保了美國持續至今的政治穩定，是美國能夠登頂世界權力巔峰的制度基礎。

在完成了國家重構之後，特別是在一八一二年戰爭結束後（這場戰爭使美國的獨立不可逆），美國開始了國家全方位的快速發展。美國獨立革命後，英國將阿帕拉契山與密西西比河之間的所有土地割讓給了這個新生國家，使其領土面積翻了一番。一八〇三年，急需資金的拿破崙將路易斯安那（從密西西比河到落磯山的一大片土地）賣給美國，一夜之間，美國的領土又翻了一番。此後，通過一八四六至一八四八年的美墨戰爭和《瓜達盧佩伊達戈條約》，美國用一仟伍佰萬美元強買下了德克薩斯、加利福尼亞和新墨西哥。一七九〇年，美國的領土為八十八萬八仟八百八十一平方英里，到一八五三年就擴展到了三百零二萬二千三百八十七平方英里。

一八〇〇年，美國已經擁有了大量的土地和自然資源，但是缺乏企業投資所需的勞動力和資金，來自歐洲，主要是英國的移民和投資滿足了這一巨大需求。大批移民橫渡大西洋的結果是美國人口出現了爆炸式增長，由一七九〇年的不足四百萬發展到一八八〇年的超過五千萬。資源豐富、政治穩定、主要由英國移民後裔組成的美國也是歐洲銀行家和商人尋找投資機會、建立企業的理想之地。十九世紀二〇年代，美國開始工業化。

但美國廣闊的領土對於工業家而言還有著不利的一面——地區之間的交通和聯繫不夠便利。為了促進交通和運輸，政府著手開鑿運河，私人投資者建立輪船航線和鐵路網絡。到一八六〇年，東北部的工業企業、南部農業區以及中西部城市聖路易斯和芝加哥之間已有鐵路相連。

到一八五〇年代，美國的商業已擴展至全球，一八六〇年，美國已成為世界第二經濟大國。

十九世紀中葉，有一個難題或者說考驗又擺在美國面前，即如何解決南方與北方之間不同的發展道路問題。在建國之後，美國南北方遵循的是不同的制度模式：北方走自由資本主義道路，南方則實行奴隸制的大種植園主經濟。經過半個多世紀的平行發展之後，南、北方之間兩種制度的分歧和鬥爭愈演愈烈，南方的奴隸制已經成為國家經濟發展、社會進步的巨大障礙。參議員亞伯拉罕．林肯在一八五八年預言：

> 分裂的家庭是不能持久的。我相信，政府不能容忍永遠的半奴役半自由……國家要麼完全這樣，要麼完全那樣。

一八六〇年，反對黑奴制度的共和黨人林肯當選總統，南部奴隸主發動叛亂，南北戰爭爆發。這是一場實力完全不對稱的戰爭，工業化的北方遠遠壓倒奴隸制的南方。戰爭爆發時，聯邦有白人二千萬，南方只占六百萬，而且移民和黑人應徵入伍又增加了北方的人力供給；北方有十一萬家製造工廠，南方各州卻只有十一萬名產業工人，留在聯邦的各州生產了全國工業產品總量的十分之九以上；北方有鐵路二萬二千英里，南方只有九千英里。為了贏得戰爭，北方投入了大量資源，大約百分之九十的工業生產都為戰爭服務，全國三分之二的鐵路線都用來運送裝備。大約有一百五十五萬六千名士兵在聯邦軍隊中服役，傷亡總數為六十三萬四千人。大約有八十萬人在邦聯軍隊中服役，約四十八萬三千人傷亡。

所以，儘管南方的總統傑佛遜·戴維斯（Jefferson Davis）受過西點軍校教育，在美墨戰爭中有過英勇的戰績，還當過四年的陸軍部長，但他也無力打贏這場實力懸殊的工業化時代戰爭。有如林肯在一八六四年十二月指出的那樣：「聯邦能夠無限期地打下去，因為比起戰爭開始時它擁有更多的人員和物資，且其資源顯然用之不竭。」一八六五年，戰爭以北方獲勝而結束。

內戰對美國的發展意義重大。首先，它粉碎了聯邦內部的分離勢力，並且大大削弱了各州主權。在聯邦體制內部，力量對比從有利於各州變成有利於聯邦政府，人們不再用複數說美利堅合眾國（are），而是用單數說這個國家（is）。

亞伯拉罕·林肯
（1809～1865）

其次，黑奴的解放、奴隸制的消失使美國的生產力得到了充分的釋放。再加上源源不斷的移民、英國的投資以及連接國內各地的鐵路修建，美國經濟在十九世紀最後三十年開始起飛。一八七〇年，美國生鐵產量為一百九十萬噸，到一八九〇年增至一千零三百萬噸；鋼產量一八八〇年為一百二十萬噸，到一九〇〇年為一千零二十萬噸；煤產量在一八七〇年為三千三百一十萬噸，一九〇〇年為二萬六千九百七十萬噸；棉花消費量在一八八〇年為一百五十七萬包，到一八九八年為三百四十六萬五千包。隨著內燃機的應用，美國對石油的需求量大增，一八七〇年石油開採量為二億加侖，一九〇〇年增至二十七億加侖。從十九世紀晚期到二十世紀初期，美國工業資本主義的發展速度是當時世界少有的。

在運用最新科學技術成就的基礎上，美國又出現許多新的工業部門——機床製造業、食品工業、化學工業、橡膠工業、電氣工業和汽車工業。電燈、電話、打字機、留聲機、照相機、攝影機、電動機等一系列新發明都在這一時期出現。

到一八九〇年，美國工業生產較之一八六〇年增長了六倍。一八六〇年，美國的工業生產占世界第四位，一八九四年躍居世界第一，一九〇〇年，美國的工業產值約占世界工業產值的百分之三十。

內戰還顯示了美國具備產生巨大軍事力量的能力。這一軍事力量立等可取，只要美國領導人願意去「支配世界的命運」，兩次世界大戰充分證明了這一點。

對於美國時至十九世紀所取得的巨大成就，德國重商主義學者李斯特早就預料到了，他在十九世紀三〇年代寫道：

> 使大不列顛上升到現在顯赫地位的一些相同原因，將使得美利堅合眾國（很可能在下一個世紀裡）在工業、財富和權勢方面上升到如此地步，以至遠超過英國目前的地位，就像英國現在遠超過小小的荷蘭一樣。按照自然進程，美國人口在那一時期裡將增至上億，它會將自己的人口、制度、文明和精神散布到整個中美和

南美，正如它現在已經將這些散布到鄰近的墨西哥地區。美利堅聯邦終將囊括這些遼闊地區，幾億人民將開發一個大陸的資源，它在幅員和自然財富方面遠遠超過歐洲大陸。西方世界的海軍力量將超過英國，其程度恰如它的海岸和河流在範圍和規模上超過英國。

美國日後的發展恰如李斯特所描述的那樣。

二、走向戰爭的歐洲

就在美國已經站在崛起的臨界點之際，一場爆發於歐洲國家間的戰爭最終將美國送上了世界首強位置，美國崛起的歷程在匆忙之中完成了。

如前所述，一八一五年的維也納和會及其建立起來的維也納體制保證了歐洲大國在隨後四十年的和平。之後，歐洲列強之間雖然爆發了多次戰爭，如一八五三至一八五六年的克里米亞戰爭，德國統一過程中的三次戰爭，但整體來說，這些戰爭持續的時間都不算長，波及的範圍也相當有限，並未打破歐洲總體上的和平局面。

但是，十九世紀七〇年代之後，一股巨大的破壞力量開始在歐洲內部發育成熟，這就是統一之後的德國。一八八八年即位的德皇威廉二世決意走「世界道路」，爭奪「陽光下的地盤」。這是一條注定要與成大國——英國——產生矛盾的發展路徑。

英德矛盾首先體現在海軍建設上。十九世紀末，德國海軍實力在世界排名第六位，甚至次於義大利。為迅速增強海軍實力、縮小與一流海洋強國的差距，德國國會於一八九八年四月十日通過一項擴建海軍法案，計劃六年內把艦隊擴建為一支擁有十九艘戰艦、八艘裝甲巡洋艦、四十二艘小型巡洋艦的艦隊。兩年之後，國會對海軍法案進行了修改，批准的艦隊規模為戰艦三十八艘、大型巡洋艦二十艘、小型巡洋艦三十八艘，比一八九八年的計畫翻了一倍。到一九〇六年英國「無畏號」戰艦出現之前，德國海軍已經擁有二十四艘戰艦（其中二艘「德意志級」在建），完成了從一支以岸防為主要任務的小型海防艦隊向遠洋海軍轉變的過程。

當擁有大口徑火炮和高航速的「無畏號」出現後，德國加快了對其大型主力艦

英國「無畏號」戰艦

的更新換代。德國國會於一九〇六年通過第三個海軍法案，決定開始建造德國的無畏艦。海軍緊急修改圖紙，將一九〇六年計劃建造的新戰艦由一萬四千噸級、混裝三百零五毫米和二百四十毫米主炮的舊式戰艦改為一萬九千噸級、裝備十二門二百八十毫米主炮（六座雙聯炮塔）的全新設計。一九〇八年，德國通過第四個海軍法案，計劃一九〇八至一九一一年每年建造四艘無畏艦，一九一二至一九一七年每年建造二艘。對於視海軍為國家安全與繁榮支柱的英國來說，德國咄咄逼人的海軍發展勢頭無疑是一個巨大威脅。

殖民地是德國向英國發起挑戰的另一個領域，德國工業的起飛加劇了帝國主義國家間經濟發展的不平衡，這個後起的現代化工業強國不能容忍老牌資本主義國家只留給它一點殘羹剩飯。因此，德國統治集團叫嚷著「缺乏空間」、「領土太小」，迫切地要求重新瓜分世界市場和殖民地。時任德國外交大臣的比洛（Bülow）就公開宣稱：

> 德國占有陸地，讓鄰居擁有海洋的時代已經過去，我們必須要求德國大使、德國商人、德國貨物、德國的旗幟和德國的商船在中國像在其他國家一樣受到尊敬——我們不想讓任何人都相形見絀，但我們也需要陽光下的地盤。

德皇威廉二世則表示：

> 我們不會使自己放棄與其他大國平起平坐的機會——有一段時間德國只是一個地

理名詞，他不被視作一個大國，今天我們已經成為一個大國了，我們希望在上帝的幫助下，使我們永遠是個大國。我們不會取消和限制自己對於建立在理性和思考基礎之上的世界政策要求。

一九〇五年，他在一次酒會的致辭中清楚地表明德國已經做好了戰爭準備：

火藥是乾的，劍是磨過的，目標明確。

德國在海上霸權和殖民地方面對英國越來越明顯的威脅、德國領導人在外交上所表現出的驕橫態度、德國在歐洲大陸越來越明顯的優勢、德國民眾狂熱的民族主義情緒等等，都加深了英國對德國的擔心，改變了英國對威脅的判斷。而德國與法國本來就因普法戰爭而結下仇恨，對德復仇是此後法國國家政治、外交、軍事生活的主旋律；德國對小兄弟奧匈帝國無條件的支持又將沙皇俄國推向法國那邊。這一切，最終促使了英、法、俄三國的接近，因為與德國的威脅相比，它們彼此間的爭奪與矛盾已經不是那麼重要了。

一九〇四年四月，《英法協約》簽署；一九〇七年八月，《英俄協約》簽署。至此，一直困擾英國與法、俄兩國在殖民地和勢力範圍的爭端得到解決。協約雖然不是一個正式的同盟，但解決問題本身就邁出了合作的第一步，為它們在接下來的日子裡共同對付德國奠定了基礎。

至此，歐洲國家經過十多年的明爭暗鬥，終於分化成兩大對立的同盟集團：以英國為首的三國協約

（英、法、俄）VS. 以德國為首的三國同盟（德、奧、意）。這是近代以來歐洲國家首次在和平時期形成軍事同盟，原有的那種彈性結盟方式已一去不復返。此後，每當發生重大爭端時，兩大集團的成員哪怕對爭端抱持懷疑態度，也必須支持自己直接參與爭端的盟國。如果不這樣，它們擔心同盟會瓦解，自己將因孤立而遭受危險。所以，每次爭端往往都會擴大為重大危機，而戰爭的發生不過是遲早的事。一九一四年八月戰爭爆發之後，一位德國官員這樣評論道：

這一切都來自這種該死的聯盟體系，它們是現代的禍根。

大戰的導火線最終在巴爾幹半島點燃。這一地區本是鄂圖曼帝國的領地，後來由於其國力衰落，逐漸受到奧匈帝國和俄國的蠶食。另外，十九世紀巴爾幹半島又出現了很多獨立小國。因此，這一地區的形勢錯綜複雜，國家之間、帝國內部矛盾重重，民族問題十分突出，素有「歐洲的火藥庫」之稱。

到第一次世界大戰爆發前夕，一方面奧匈帝國仍然統治著為數眾多的少數民族，其中包括相當一部分南部斯拉夫民族；另一方面，塞爾維亞王國的實力不斷增強，已經成為南部斯拉夫民族爭取民族統一的核心，特別是奧匈帝國內部波、黑兩省的斯拉夫人強烈要求與塞爾

無畏艦

一般意義上的「無畏艦」有兩種含意，狹義上指的是英國於 1906 年下水的「無畏號」戰艦，廣義上指的，也是大多情況下所指的，是各國以「無畏號」為模板設計建造的「全重型大炮戰艦」，是 20 世紀初開始，個海軍強國競相建造的一類新型主力艦的統稱。它取消了以往戰艦上用於攻擊的第二口徑主炮，保留了用於防禦輕型軍艦的副炮，以及使用高功率蒸氣輪機做動力。該艦成為現代戰艦的始祖，確立了其後答 35 年世界海軍強國戰艦大炮與動力的基本模式。

維亞合併。以塞爾維亞為中心的南斯拉夫民族統一運動對於多民族的奧匈帝國來說是一個極大的威脅，所以，兩國的關係一直非常緊張。塞爾維亞背後站著的是以斯拉夫兄弟天然保護者自居的俄國，在俄國背後又是英國和法國。同樣，在奧匈背後站著的是堅定支持它的盟友德國，在理論上還有義大利。所以，奧、塞矛盾已不再侷限在兩國之間，而是牽扯到了歐洲其他大國，是同盟國與協約國的對立，正所謂牽一髮而動全身。

為了恐嚇塞爾維亞，奧匈帝國決定在鄰近塞爾維亞的波士尼亞舉行軍事演習，演習的日子定在了一九一四年六月二十八日。一三八六年的六月二十八日是塞爾維亞王國在科索沃戰役敗給土耳其人的日子，選擇這一天顯然是為了侮辱、刺激塞爾維亞。而且，奧匈的皇儲、軍國主義分子斐迪南還決定前往波士尼亞首府塞拉耶佛巡視。奧匈的挑釁行為激怒了南斯拉夫的愛國者，塞爾維亞一個叫「黑手黨」的愛國團體和一些波士尼亞青年聯合起來，決定刺殺皇儲。一九一四年六月二十八日，檢閱完演習的斐迪南被十七歲的波士尼亞青年普林西波的子彈射中。這就是眾所周知的「塞拉耶佛事件」。

從六月二十八日行刺事件發生，到七月二十八日奧匈對塞爾維亞宣戰，這段時間被稱作「七月危機」。此前歐洲也發生了多次類似的危機，最後都化險為夷，但這一次顯然不會再有同樣的結果了，因為所有國家都已經迫不及待地要發動戰爭。

奧匈帝國本來就一心要吞併塞爾維亞，塞拉耶佛事件為它提供了一個發動戰爭的藉口，雖然已經有證據表明，塞政府並沒有捲入這場暗殺。當然，奧匈也擔心俄國的干預，所以它的行動取決於德國是否會支持它。

而德國恰恰渴望打仗。因為德國戰備比較早，軍隊的訓練和裝備都要好於協約國，但是它知道，如果戰爭拖幾年爆發，法俄兩國就會完成新的擴軍計畫，俄國的波羅的海艦隊和戰略鐵路也將建成，那時協約國的力量將大大增強，而德國的盟友奧匈帝國的實力正在日趨衰落，義大利又不可靠，兩方的力量對比會大大不利於同盟國。所以，它認為現在進行戰爭最有利。正如總參謀長小毛奇說的那樣：「我們已準備就緒，在我們是越快越好。」奧匈皇儲被刺之後，德皇威廉二世很快就表示，全力支持奧匈對塞爾維亞採取軍事行動，這相當於給了奧匈一張可以隨意填寫的空白支票。

俄國和法國也在積極備戰。特別是俄國，在前面幾次危機當中都作了屈辱的讓步，這一次它不會再退縮了。

英國也認為晚打不如早打，拖下去對自己不利。一八七〇年，作為第一個工業化國家，英國幾乎生產了世界工業產品總量的百分之三十二，而德國只有百分之十三的占有率。到一九一四年，英國所占的比例已經下降至百分之十四，基本上與德國相同。照此勢頭發展下去，德國在海軍方面超過英國是遲早的事情。所以，英國希望在自己還有海上優勢的情況下打敗對手。

但即便如此，戰爭也不是非爆發不可，在這兒，英國發揮了一個關鍵作用。英國作為世界頭號強國，它的行為對其他國家的決策有著至關重要的影響。如果它一開始就表明自己想打仗的立場，德國和奧匈帝國很可能知難而退，但是不表明態度的話，法、俄又不敢輕舉妄動。所以，英國就採取了明裡一套、暗裡一套的做法。一方面，英國外交大臣格雷（Edward Grey）告訴德國駐英大使，英國與法俄沒有任何同盟關係，不受任何義務約束，英國的態度是盡一切可能防止在大國之間發生戰爭。就在奧匈對塞爾維亞宣戰前兩天，英國國王喬治五世在與威廉二世的弟弟、也是其表弟海英里希的會談中還說：「我們將竭盡全力保持中立而不捲入戰爭。」英國這麼做是防止德國懸崖勒馬，從而失去戰爭機會。同時，英國暗地裡又極力慫恿法俄兩國對奧作戰，保證給它們支持。

七月二十八日，奧匈對塞爾維亞宣戰，第二天，英國暴露出了它的真實面目。格雷告訴德國大使，如果衝突僅限於俄、奧之間，英國可以保持中立；如果德法兩國捲入，英國就不能袖手旁觀了。威廉二世得知這個消息之後氣得破口大罵。他本想來個急剎車，但是他的將領們不同意，而且奧匈已經宣戰，沒有德國的幫助，它注定會被俄國擊敗。所以，威廉二世已無路可退。八月一日，德國向俄國宣戰，到八月六日，除了義大利，歐洲五大國都捲入了戰爭當中，第一次世界大戰開始了。

在幾乎整個歐洲都在歡欣鼓舞地投入戰爭之際，英國外交大臣格雷卻悲觀地預測：

> 整個歐洲的燈火都在熄滅，在我們的有生之年將不會看到它們被重新點燃。

最終的結果被格雷不幸言中了。

三、一場全新的戰爭

第一次世界大戰開始後，所有民族都滿懷信心地期待著一場像普法戰爭那樣短暫而又勝利的戰爭。很多人對戰爭渴望已久，把它看成是釋放已持續多年的政治、社會和經濟危機的突破口。哲學家羅素（Russell）評論說：「普通英國人肯定渴望戰爭。」法國作家亞蘭・傅尼葉（Alain-Fournier）寫道：「這場戰爭是美好、正義和偉大的。」歐洲各國首都的民眾在街頭跳舞以示對宣戰的慶賀。當第一批士兵開往前線時，歡樂的人群向他們拋撒鮮花，以為他們很快就會凱旋。德國士兵在一九一四年夏天向親人們告別的時候總是說：「當樹木落葉的時候，我們就又回來了。」即便當時最優秀的軍事家也很少關注防禦，他們都幻想著要快速取勝。

誰都不曾想到的是，這場戰爭會持續四年，而且很多人再也沒有回來，回來的人當中很多也是傷殘在身。更重要的是，歐洲各國沒有一個真正的贏家。因為，這是一場全新的戰爭，是人類經歷的第一場真正意義的總體戰。與以往戰爭相比，第一次世界大戰表現了革命性的變化。

首先，從地域上來看，這場戰爭超過了以往所有戰爭，席捲了五大洲的男女老幼，幾乎每個人都在不同程度上、以不同方式參與了戰爭，或受到戰爭的影響。戰爭奪去了一千五百萬士兵的生命，二千萬受傷。

其次，為贏得這場漫長而殘酷的戰爭，所有交戰國都加大對社會的控制，如限制個人自由、重組工業生產、延長工作時間、控制工資和價格、擴大服役範圍等，以動員所有可獲得的人力和物資資源。戰爭不再是兩軍對壘，整個社會以前所未有的深度和廣度捲入戰爭，一切都為打贏戰爭服務。這也使得全面的勝利成為唯一可以接受的結果，只有這樣才能為各方面的巨大犧牲找到一個合理的理由。

再次，戰爭中的宣傳日益增多。交戰雙方都在捏造事實，故意宣傳對方是如何殘酷野蠻。所有國家都帶有一種瘋狂的歇斯底里心理，不惜使用一切卑劣和殘暴的手段來打擊敵人。歐洲戰爭中的道德和禮貌或者說紳士風度的傳統消失了。德國的宣傳將俄國人描畫成半亞洲的野蠻人，法國當局譏諷「德國佬」在比利時的暴行。一九一七年，倫敦《泰晤士報》刊登了一條消息，稱德國人把人的屍體做成肥料和食物。後來一則新聞又含蓄地承認了這條消息來自於草率的翻譯：德國單詞馬被錯誤地翻譯成人。將對手妖魔化的結果是消滅了戰爭雙方達成妥協的空間，使戰爭必須以某一方無條件投降而結束。

最後，這場戰爭的手段也發生了革命性的改變。這是戰爭歷史上的第一次，工廠之間的較量變得與軍

伍德羅·威爾遜
（1856～1924）

隊之間的戰鬥具有同樣的重要性，武器的生產能力要比人員的徵召更具有決定性。在這場巨大的消耗戰中，戰爭結果取決於一個國家如何有效地調動它的經濟以支持戰爭。

戰爭開始之後，德國在西線的閃擊戰很快破產，陣地戰開始形成。由於自動武器（特別是機槍）、塹壕、帶刺鐵絲網的廣泛使用，致使防禦方對進攻方擁有巨大優勢。攻方每推進一公里都要付出慘重的代價，相比之下，防禦方的損失卻微乎其微。所以，在長達三年的時間裡，西線的戰線在任何一個方向的移動都沒有超過十英里，雙方為了突破僵局而發動的幾場大戰役最終變成了屍橫遍野的絞肉機。如一九一六年的凡爾登戰役，勝利的法國戰死三十一萬五千人，而被擊敗的德國損失二十八萬人；在索姆河戰役中，英國奪回了幾公里的土地，代價卻是傷亡四十二萬人。正是因為戰場上出現了這種僵持現象，戰爭的主動權也就由參謀本部手中逐漸轉移到雙方的工業能力上，更能經得住犧牲和消耗的一方將贏得戰爭的勝利。

在這一情勢下，協約國的海權優勢對戰爭結局發揮了決定性作用。它以封鎖的方式切斷了同盟國的工業資源補給和其他生活必需品的來源，而它自己卻可以不受限制地從海外得到供應，特別是借助於美國的龐大資源。所以，最後打敗同盟國的是飢餓、破產和社會秩序的崩潰。這是海權對陸權的勝利，雖然整個戰爭期間只有一次真正意義的海戰。

協約國的海上優勢也是造成美國後來參戰的重要原因。歐戰爆發後，美國總統威爾遜於一九一四年八月四日發表「中立」聲明。當時，美國國內反戰情緒高漲，威爾遜在一九一六年的大選中以「使美國免於戰爭」作為口號連任總統。美國資產階級也希望通過中立大發戰爭財。中立的確給美國帶來了巨大的好處。趁歐洲國家忙於打仗之機，美國開足馬力生產。從一九一四年到一九一六年，美國的工業總產值由二佰四十二億美元增加到六佰二十四億美元，由債務國一舉變成債權國。到一九一七年參戰前，美國已向協約國貸款二十三億美元。起初，美國與交戰雙方都有貿易關係。但是隨著時間的推移，在協約國成功對同盟國進行了封鎖之後，美國的生意夥伴和貸款對象就只剩下了協約國。一九一七年二月，德國宣布進行「無限制潛艇戰」，使美國的商船遭到重大損失，嚴重損害了美國與協約國的貿易，美德之間矛盾激化。此時，歐戰已經進入第四個年頭，但兩大軍事集團都已精疲力盡，德國取勝的可能性不能排除，特別是協約國之一的俄國於一九一七年三月發生二月革命，隨時有可能退出戰爭。如果協約國失敗，美國的貸款就會付諸東流。顯然，繼續隔岸觀火已不符合美國利益，一九一七年四月六日，美國對德宣戰。

美國宣戰之時正是兩個陣營僵持不下之際，美國的介入澈底打破了雙方的平衡。一九一七年六月，美國派出幾十艘軍艦協助英國海軍，進一步控制了德國海軍的活動，至大戰結束，共派出八十五艘驅逐艦參加反潛作戰，美國海軍參戰是德國無限制潛艇戰失敗的重要原因。參戰之初，美國只有三十萬陸軍，但在一九一七年五月實行了義務兵役制後，迅速將軍隊規模擴展至三百萬，到一九一八年夏天，美國的軍事裝備、彈藥和一百五十萬大軍陸續運到歐洲，迅速改變了敵對雙方的力量對比關係。與此同時，美國不僅完全中止了對德、奧的軍火供應，而且大幅度

無限制潛艇戰

德國海軍部於 1917 年 2 月宣布的一種潛艇作戰方法，即德國潛艇可以事先不發警告而擊沉任何開往英國水域的商船，其目的是要對英國進行封鎖。德國在第一次世界大戰開始後，就對協約國實施潛艇戰，給英國的海上運輸造成沈重的打擊，後因擔心歐洲反德浪潮加劇，不得不採取「有限制潛艇戰」。但 1916 年凡爾登戰役和日德蘭海戰的失敗，迫使德軍孤注一擲，潛艇戰成為其「最後一張牌」。德國海軍的一些高級將領宣稱，使用「無限制潛艇戰」，6 個月內就可以打垮英國。

提高對協約國的貸款，共達三百五十多億美元，從物資上為協約國的最終勝利奠定了基礎。

一九一八年七月十八日，協約國開始反攻。在這之後，德國在戰場上接連遭到失敗，國內出現了革命的徵兆，經濟到了崩潰邊緣，盟國也相繼投降。十一月六日，德國決定投降。一九一八年十一月十一日，在巴黎東部的貢比涅森林聯軍司令福煦（Ferdinand Foch）的列車上，德國代表簽訂了投降協定，第一次世界大戰結束。

第一次世界大戰是人類歷史上一次空前的大浩劫，從國際政治的角度來看，它的最大的後果在於歐洲的衰落和美國的崛起。

僅從表面上來看，歐洲列強在一戰後仍然統治著他們的舊殖民地和新的保護國，歐洲的霸權似乎比以前更穩固了。但是，這不過是一幅虛假的畫面而已，與現實並不符合。一戰對歐洲的權力和威望造成了不可彌補的損害，英、法等國只是徒有戰勝國的虛名。

首先，這場總體戰耗盡了歐洲的資源和財力，使其失去了長久以來支撐其優勢地位的經濟基礎。戰前，歐洲的海外投資額每年高達三億伍仟萬英鎊，一九一三年世界製成品出口的百分之六十來自歐洲三個主要國家——英、法、德。倫敦在很大程度上不是國內投資中心，而是世界金融中心。英鎊發揮著共同貿易貨幣的作用。著名經濟學家凱因斯（Keynes）用「樂隊指揮」來形容英國戰前的經濟作用。戰爭使歐洲經濟遭到嚴重破壞，其在世界經濟中的主導地位被削弱。在一九一三至一九二〇年的七年間，歐洲的製造業產量下降了百分之二十三；英國的國外投資在一九一三至一九一八年之間下降了百分之五十，直到一九二九年才超過一九一四年的水平；英、法、德按人口平均的收入在二〇年代中期還低於一九一三年。大戰前的三十年間，歐洲製造業的產量平均每年增加百分之三點三，如果戰爭期間維持了這種增長率，一九二八年的產量水平本應該在一九二一年達到。從純粹的經濟角度來估計，由於戰爭，歐洲的工業發展倒退了八年。

戰爭還使英國耗掉了八十億英鎊的軍費，從戰前的債權國變成了債務國，黃金儲備從一九一三年的二億美元到一九二一年只增加了六億，國際金融中心的地位開始從倫敦轉移。英國已走下了世界經濟霸主的寶座。

其次，戰爭也極大地削弱了歐洲國家在海外的威望和對殖民地的控制，這從另一個方面損害了歐洲的全球霸權。非洲、亞洲和太平洋地區的殖民地人民把第一次世界大戰看作歐洲國家之間的內戰，是一群自稱為文明社會的人，野蠻而血腥的自相殘殺。在他們看來，歐洲已經分裂，變得不堪一擊。所以，這些白人也不再注定是殖民地的統治者了，殖民地人民不願意再做帝國順從的臣民。戰爭期間，歐洲國家還被迫放鬆了對殖民地的控制，並徵召殖民地人民入伍或充當勞工，加之威爾遜「民族自決」原則的廣泛傳播，這些都加速了民族主義在各殖民地的發展。

而且，一戰的進程也表明，歐洲僅靠自己的力量甚至不能解決歐洲自身的問題。歐洲需要美國、日本、英國的海外領地和其他國家的參與，需要它們的經濟、政治和軍事的支援，才能最後定出戰爭勝負。

僅僅四年時間，歐洲就從權勢的巔峰跌落下來。

美國則是第一次世界大戰最大的受益者。美國的工廠在戰時需求的推動下迅速地發展起來。在一九一三年至一九二〇年間，美國的製造業產量增長了百分之二十二，到一九二九年，美國的工業產量至少占世界總產量的百分之四十二，大於包括蘇聯在內的所有歐洲國家產量。

美國還成為世界上最大的債權國和最大的資本輸出國。到一九一九年，歐洲欠美國的債務已達一佰億美元，其中英國四十億、法國三十億，歐洲有十七個國家欠了美國的債。美國的國外投資從一九一三年的大約二十億美元增加到一九三〇年的一佰五十億美元，其中百分之三十投放在歐洲。黃金儲備從一九一三年的七億美元增加到一九三〇年的四十五億美元。

現在，美國成為新的世界銀行和世界工廠了。

當然，如果我們是站在一九一九年而不是後來看美國，那麼它仍然難以稱得上是世界首強。雖然美國在戰爭期間顯示了驚人的經濟與軍事實力，但外界仍懷疑它是否擁有在世界政治中發揮重大作用所必需的目的一貫性和政治技巧。與英法等老牌強國相比，這個只有一百多年歷史的年輕國家無疑稚嫩、青澀了許多。美國在第一次世界大戰後突然置國際責任於不顧，任性地退回孤立狀態，只是證實了這一懷疑。然而到一九四五年，已經沒有任何人能夠懷疑美國權勢的現實了。事實上，經歷了兩戰期間的磨礪和二戰的鍛造，美國已脫胎換骨成為一個有明確目標、政治和外交上成熟的國家，強大的國力終於毫無保留地轉換成影響世界的能力。

四、重建歐洲秩序的凡爾賽體制

一九一九年一月十八日，為重建戰後秩序，戰勝國在法國巴黎的凡爾賽宮召開和平會議。一八七一年的一月十八日，德意志第二帝國在凡爾賽宮的鏡廳宣告成立，一七〇一年的一月十八日，布蘭登堡選帝侯升格為普魯士國王，顯然，選擇這個日子是為了羞辱德國，替法國報普法戰爭的一箭之仇。

參加和會的國家雖然有二十七個，但是真正的主宰者是三巨頭：法國總理克里蒙梭、英國首相勞和・喬治和美國總統威爾遜。巴黎和會主要解決的是對德和約問題。一九一九年六月二十八日，以戰勝國為一方，以德國為另一方簽署了《凡爾賽和約》，巴黎和會到此結束。之後，協約國又陸續與奧地利、保加利亞、匈牙利、土耳其簽訂了和約。

《凡爾賽和約》及對奧、對保、對匈、對土的和約主要內容包括：

（一）關於國際聯盟。國聯是美國總統威爾遜傾注熱情和心血最多的一件事，有人甚至形容，「國聯是威爾遜的產兒」。《國聯盟約》列為對德、奧、保、匈、土和約的第一章。國聯的組織機構有大會、行政院和祕書處，第一次開大會時有會員國四十二個，到一九三七年增加到六十三個，中國是創始會員國。根據國聯宗旨，它的基本任務是解決國際爭端，維持世界和平。

（二）關於德國。這是整個條約體系當中最重要的問題。關於戰爭責任，條約把它完全推給了以德國為首的戰敗國。對於這一點，德國人最為不滿，他們認為，戰勝國對發動戰爭也負有一定的責任。事實也的確如此。如果沒有英國人的兩面手法，戰爭有可能不會發生。

在領土方面，德國損失慘重，不僅吐出了在普法戰爭當中法國割讓的亞爾薩斯和洛林，而且還丟掉了之前一百多年裡擴張來的很多領土。特別讓德國不能忍受的是，為了給剛剛誕生或者說重生的國家波蘭一個出海口，德國的領土活生生被分成兩個部分，中間是一個通往海邊的狹長波蘭走廊。西部的萊茵河右岸五十公里以內為非軍事區，左岸劃分成三個占領區，分別由協約國占領五年、十年和十五年。德國總計失去八分之一的領土和十分之一的人口。關於德國的殖民地和海外權益，全部由戰勝國加以瓜分。

德國的軍備受到嚴格限制。和約規定，取消德國普遍義務兵役制和參謀本部以及軍事院校，陸軍總數不得超過十萬人。德國不准擁有重炮、坦克和空軍。海軍限定為戰鬥艦和輕型巡洋艦各六艘，驅逐艦和魚雷艇各十二艘，不得擁有主力艦和潛艇；海軍兵員不得超過一萬五千人。

關於賠償問題，因為法國與英、美的分歧太大，所以交給一個特別委員會確定。

在幾百年的歐洲近代史上，大國之間的戰爭總是以恢復均勢為目標，鮮有割地賠款的情況，只有普法戰爭是一個例外。那麼，此時為什麼要如此苛刻地對待德國呢？一個重要的因素就是這場戰爭所進行的廣泛政治動員、民眾的大規模參與、關於戰爭罪行的認定等等。既然戰爭雙方存在是非對錯，既然人民為所謂的正義事業付出了代價，那麼，像拿破崙戰爭之後對侵略者那樣的寬宏大量就是不可接受的。

（三）建立了一系列新的國家。按照所謂的民族自決原則，在德意志帝國、奧匈帝國和俄羅斯帝國的廢墟之上出現眾多「繼承人」國家。波蘭在消失了一百二十多年之後復國了。捷克斯洛伐克成為獨立國家。南斯拉夫民族第一次建立了統一的國家，稱塞爾維亞-克羅地亞-斯洛文尼亞王國（一九二八年改稱「南斯拉夫王國」）。羅馬尼亞雖然早已經存在，但在犧牲匈牙利的基礎上領土幾乎增加了一倍，儼然也是一個新國家。匈牙利與奧地利分手，喪失了舊日領土的百分之七十一點四。奧地利成為有八萬四千平方公里領土、八百萬人口的單一民族國家，條約禁止奧地利與德國合併。

這些所謂的繼承人國家雖然是按照民族自決的原則建立的，但是並沒有完全解決民族問題，幾乎每個國家都有人數眾多的少數民族。另外，新誕生的國家之間也有領土衝突，也有既得利益者和受損害者。這些都是日後紛爭的根源之一。

《凡爾賽和約》及對奧、匈、保、土和約雖然具有帝國主義分贓和壓迫性質，但也不乏進步色彩。它們的進步性首先表現為「民族自決」的原則。雖然這個原則只應用於歐洲，但它畢竟使存在了幾百年的多民族大帝國失去了合法性，並永遠地從歐洲消失了，歐洲在歷史上第一次按照民族分布相對合理地劃分了邊界。而且，這個原則一經提出和實施，它就肯定會對歐洲之外產生影響，促使被壓迫民族的覺醒和獨立。

第二個進步的方面是「公開外交」的提出。過去的外交都是祕密外交，人民大眾既不參與外交的決策，也不知道外交的結果，但卻要為祕密外交帶來的後果埋單。雖然公開外交的「公開」也是有限度的，是過程保密結果公開，但民眾畢竟有了「知情權」，所有的條約結果公布於眾，對於幕後決策的政治人物而言，必須要考慮到民眾對結果的可能反應。

進步的第三個表現是關於德國的戰爭罪行問題。以往，戰爭是國家的合法權利，發動戰爭是不受到懲罰、更不受譴責的。而在對德和約當中，第一次提到戰爭是一種罪行，要有人對戰爭負責。當然，這是勝者對敗者的審判，但無論如何，戰爭從此之後不再是國家可以隨意使用的政策工具了。

最後，進步還體現在國際聯盟的建立上。這是人類第一個普遍性的國際組織，它希望用集體的力量來對付侵略，希望用合作實現和平，雖然它失敗了，但沒有這個失敗的嘗試，就不會有後來聯合國的成功。

以《凡爾賽和約》為主的這些條約，最大的問題是它的不穩定性與脆弱性，它埋下了第二次世界大戰的種子，它所建立的和平只搖搖欲墜、危機四伏地存在了二十年。那麼，究竟是什麼原因導致和平如此的短命呢？

第一，它對戰敗國過於苛刻，並帶有明顯的復仇色彩。《凡爾賽和約》等條約對於戰敗國，尤其是德國的掠奪、限制和羞辱是以往和約從未有過的，它嚴重地傷害了德國人的民族自尊心。而且，對德國的苛刻在很大程度上是為了滿足法國對德國的復仇心理和安全需要，英國和美國出於均勢的考慮，反對過分削弱德國，它們從一開始就沒有強制德國實行條約的打算。一個過於嚴厲、但又無法落實的條約只會激起德國人強烈的復仇慾望。況且德國人對他們的失敗很不服氣，在德國投降的時候，它仍然占領著法國、比利時和盧森堡的大片土地，協約國軍隊並沒有打進德國，所以，德國人在心理上對戰敗的結局不能接受。眼下它雖然被迫在凡爾賽和約上籤了字，但只要實力一恢復，它就勢必會千方百計地翻案復仇。嚴格意義上來說，每一個德國人都是修正主義者，都對凡爾賽和約不滿，只是表現形式和程度不同而已。否則十幾年後也不會出現希特勒振臂一呼德國人就群起響應的現象。從當時的情況來看，戰敗的德國在人口、領土、工業潛力、科技創新能力等方面，在歐洲仍然位居前列，它傳統的政治和社會結構也沒有受到破壞，所以，德國的重新崛起指日可待。

造成和平短暫而脆弱的第二個原因是，一系列新國家的誕生埋下了新的危險。過去，德國與大國為鄰，現在，它的東部和南部出現了很多新生國家，這些國家的出現有協約國遏制德國的戰略考慮，但是事實證明，這些弱小的國家非但不足以承擔遏制德國的重任，反而為德國提供了對外擴張的機會。德國在地理位置上更靠近這些國家，有公路和鐵路連接，它也很容易吸收這個地區的剩餘農產品，用這些國家急需的機械和軍事裝備進行交換，但是農業大國法國和有著大帝國的英國卻做不到。所以，一旦德國經濟恢復穩定，它才是這些國家的天然貿易夥伴。到三〇年代，它們已經成為德國的經濟附屬地，受到它某種程度的控制。而且，由於西方國家推行綏靖政策，在希特勒的戰爭威脅面前不僅不為這些小國撐腰，而且還把它們作為討好希特勒、換取自身安寧的籌碼。所以，遏制者最終成為被遏制者的獵物。

第三個原因在於，條約造就了一大批不滿現狀的國家。在德國之外，還有許多國家對凡爾賽條約體系不滿。義大利是一個，因為實力弱，它的要求在和會上得不到三巨頭的支持，很多願望沒有滿足。匈牙利、保加利亞因為和約受損，也是對現狀的不滿者。這些國家後來都成為希特勒的盟友，構成了對凡爾賽體系發難、發動戰爭的軸心國集團。在推翻凡爾賽體系方面，德國並不孤獨。

最後一點就是國聯的先天不足、後天乏力。所謂先天不足，是因為這個組織一誕生就有問題。國聯雖然以解決爭端、維護和平為己任，但它的行政院並沒有採取強制行動的權利。法國人就曾經對這種依靠道義力量維護和平的想法進行過辛辣的嘲諷：我們是在和平會議還是在瘋人院？後來的事實證明，對於墨索里尼、希特勒和東條英機這樣的侵略者來說，道義的力量是多麼的蒼白。所謂後天乏力，是因為它是一個完全沒有代表性的國際組織。首先，國聯排斥了戰敗的德國；其次，把新生的蘇維埃社會主義俄國拒之門外；再次，最熱衷於它的美國由於參議院否決了《凡爾賽和約》最後也沒有參加進來。儘管從表面上看這三個國家在當時實力還不算多強——一個戰敗了，一個戰敗之後發生革命又退回到孤立狀態，一個雖然是世界首富但卻是國際政治的新手。實際上它們卻是真正最有潛力、最有前途的國家，整個世界意識到這一點要等到差不多二十年之後。缺了這三個國家，只靠老邁的英國和法國支撐，這個組織注定了無法維護凡爾賽條約體系所建立的和平。

在凡爾賽和約簽署十年後，一場規模空前的經濟大危機席捲整個資本主義世界，最終，凡爾賽體系土崩瓦解，歐洲主要國家又捲入戰爭。這場大戰不僅最終確認了歐洲的衰落和美國的崛起，而且還催生出了另一個超級大國——蘇聯。

第十一章 第二次世界大戰與蘇聯的崛起

CHAPTER XI WORLD WAR II AND THE RISE OF USSR

從一九一七年十月革命開始，蘇聯——這個占世界陸地總面積近五分之一的國家，在不到二十年的時間裡發生了翻天覆地的變化，以令人難以置信的速度走完了歐美國家幾十年，甚至上百年才能走完的工業化路程。當第二次世界大戰結束時，托克維爾一百多年前的預言終於成為現實，一個統治地球另一半的超級大國在歐亞大陸誕生了。

十月革命後誕生的蘇維埃政權幾乎是在一片廢墟上起步的。十五年後，即一九三三年一月，在提交給蘇聯共產黨中央委員會的報告中，黨的總書記史達林是這樣概括第一個五年計畫（提前一年實現）的目標和成就：

五年計畫的基本任務是將蘇聯從一個依賴資本主義國家的農業弱國改造成一個工業強國，實現完全的獨立自主，不再依賴於世界資本主義的反覆無常。

五年計畫的基本任務是將蘇聯改造成一個工業國家，澈底清除資本主義因素，擴大社會主義經濟形式的戰線，為廢除蘇聯的階級和建設社會主義社會構建經濟基礎。

五年計畫的基本任務是將小的和分散的農業改造成大規模的集體農業經營，以此來保證農村社會主義的經濟基礎，澈底消滅資本主義在蘇聯恢復的可能性。

最後，五年計畫的任務是建立技術和經濟的所有必要前提條件，盡最大力量增加國家的國防能力，使其能堅決對抗任何國外軍事力量的干預和任何外國的軍事侵略。

四年來工業發展的結果是什麼呢？

以前，我們沒有鋼鐵工業，這是國家工業化的基礎。現在我們有了。

以前，我們沒有牽引機製造業。現在我們有了。

以前，我們沒有汽車製造業。現在我們有了。

以前，我們沒有機械工具製造業。現在我們有了。

以前，我們沒有現代化的大型化工企業。現在我們有了。

以前，我們沒有真正生產現代化農業機械的大型企業。現在我們有了。

以前，我們沒有飛機製造業。現在我們有了。

以前，在發電量上，我們位居末端。現在我們名列榜首。

以前，在石油和煤炭的產量上，我們位居末端。現在我們名列榜首。

作為以上成就的結果，資本主義因素已經被完全而且不可逆轉地逐出了工業，社會主義工業成為蘇聯工業的唯一形式。

讓我們把話題轉到四年來農業發展的成果上。黨用三年的時間成功地組建了二十多萬個集體農莊和五千多個國家農場，致力於穀物的種植和牲畜的飼養。與此同時，在四年的時間裡，擴大了二千一百萬公頃的耕種面積。黨還成功地將百分之六十以上農民的土地聯合成集體農莊，涵蓋了農民耕種土地的百分之七十。這意味著我們已經三倍地完成了五年計畫。黨還成功地把蘇聯從一個小農作業的國家改造成大規模農業生產的國家。這些事實難道還不能證明蘇聯的農業體系優於資本主義體系嗎？

最後，這些成就的結果是，蘇聯已經從一個沒有防禦準備的弱國被改造成一個防禦力量強大的國家，一個時刻具有預防力的國家，一個能夠大規模生產所有現代防禦設施——當面對來自外界的侵犯時——能用其裝備自己軍隊的國家。

當然，史達林的報告不乏誇張和不實之詞，比如蘇聯的農業集體化並不像史達林描述的那樣成功。在一些地區，憤怒的農民以屠殺牲畜、燒燬莊稼等手段來反抗政府的計畫。由於不能完成產品定額，農民常常被餓死在他曾經擁有的土地上。一九三一年，史達林要求停止農業集體化，並聲稱決策者「被勝利沖昏了頭腦」。對於集體化中農民的死亡數字，最謹慎的估算也在三百萬人。但整體來看，到一九三三年，蘇聯已經由一個落後的農業國變成了強大的工業化國家，擁有門類齊全的現代化工業體系，特別是重工業尤為發達。再考慮到蘇聯廣闊的國土縱深和眾多的人口，這樣的國家幾乎注定將成為總體戰的贏家。雖然二戰使蘇聯蒙受巨大損失，但必須承認，正是這場戰爭造就了蘇聯的超級大國地位。

搖搖欲墜的沙皇俄國終於在一九一七年十一月倒下了，取而代之的是一個新生的蘇維埃俄國。但是，對這個還在襁褓中的國家而言，十月革命的勝利只是考驗的開始。之後，它經歷了近三年的內戰和外國武裝干涉，國民經濟總損失超過戰前整個國家財富的四分之一。最終，蘇維埃俄國挺住了。一九二二年十二月，蘇維埃社會主義共和國聯盟（簡稱「蘇聯」）宣告成立，社會主義建設也從此步入正軌。在兩個五年計畫之後，蘇聯躍居為歐洲第一、世界第二工業大國，其雄厚的工業實力是贏得第二次世界大戰並完成大國崛起的關鍵基礎。

一、在廢墟上起步

一九二二年十二月蘇聯成立時，距十月革命勝利已經過去了整整五年。在這內憂外患的五年裡，雖然新生的蘇維埃國家站穩了腳跟，承受住了一個又一個嚴峻的考驗，但是，即將開始的社會主義建設卻幾乎是在一片廢墟上起步的。

沙皇俄國原本就是一個資本主義未能充分發展起來的農業國，工業是歐洲大國當中最為落後的，特別是重工業。革命前，工業產品只占國家全部產品的三分之一，農業產品則占國家全部產品的三分之二。一九一四年，沙俄的工業產品占世界工業產量的百分之二點四六。如果按人口平均計算，與另一個落後的國家西班牙不相上下。沙俄不僅在經濟技術上要依賴於英國、法國、德國等發達的資本主義國家，而且還要從國外輸入大量的機械設備。所以，即便不考慮戰爭的破壞，蘇聯的社會主義建設也是開始於一個極低的起點上。

讓問題雪上加霜的是，俄國連續經歷了七年的戰亂（四年世界大戰，三年內戰和外國武裝干涉），國

弗拉基米爾・伊里奇・列寧
（1870～1924）

家幾乎遭到毀滅性的破壞。在此七年間，二千萬人死亡，還有三十萬人投降到波蘭，其中內戰時期一千五百萬人死亡，包括至少一百萬的紅軍和五十萬以上的白軍。工廠停產和糧食奇缺引起了失業和饑荒，再加上一九二○年和一九二一年的旱災，國家經濟幾乎崩潰。一九二○至一九二一年，全國就有約三千三百萬人面臨飢餓和死亡，僅一九二○年就有三百萬人死於斑疹傷寒。一九二○年，工業產品只有戰前的百分之十四（也有說百分之十），農業產量只及戰前的百分之六十（也有說百分之五十）。

戰爭期間還有一百萬人逃離俄國，到遠東或者波羅的海諸國，這些人被稱為「白俄」，他們當中相當一部分是受過良好教育的專業人士。人才的流失也為新國家的建設帶來了種種困難。

與此同時，蘇聯還面臨著極其險惡的國際環境，英國、法國、美國等西方國家對蘇聯採取了敵視和不承認的政策。

蘇聯就是在這樣的背景下開始了工業化進程。如此惡劣的初始條件決定了蘇聯的社會主義建設將不會走尋常路，這既是蘇聯成功的原因，也為其埋下了日後失敗的種子。

二、一個工業強國的誕生

在外國武裝干涉和國內叛亂被粉碎後，蘇聯共產黨和政府所面臨的首要任務就是恢復被破壞了的國民經濟。史達林說：

我們比先進國家落後了五十年到一百年，我們要麼努力，要麼失敗。

俄國歷來工業基礎薄弱，恢復國民經濟，顯然不是要簡單達到一九一三年的水準，因為那仍然是一個落後國家的狀態。對此，列寧明確指出：

要挽救俄國，單靠農民經濟收成豐盛還不夠，而且單靠供給農民消費品的輕工業情況興旺也還不夠——我們還要有重工業……不挽救重工業，不恢復重工業，我們就不能建成任何工業，而沒有工業，我們就根本不能維持我們成為獨立國家的地位……。

史達林也提出：

工業化的中心、工業化的基礎，就是發展重工業（燃料、金屬等等），歸根究柢，就是發展生產資料的生產，發展本國的機器製造業。

從當時蘇聯的具體情況來看，選擇優先發展重工業主要有兩方面的考慮：一是只有迅速地在國民經濟中建立起社會主義的物質技術基礎，才能使蘇維埃國家從落後的狀態中走上工業現代化的軌道，而重工業就是這種基礎的實質。沒有它，就不可能對整個國民經濟包括農業在內進行社會主義改造。沒有它，就不可能把落後的俄國國民經濟部門裝備起來。二是只有迅速建立起強大的重工業，蘇聯才能夠在敵對的資本主義包圍之中保持自己的獨立和自主的發展，才能把國防力量增強到足以捍衛偉大革命成果的水準。總之，新生的蘇維埃俄國要想在充滿敵意的國際環境中生存下來，要想取得社會主義建設在一國的勝利，就必須改變國民經濟結構，實現工業化和農業機械化。從當時的歷史條件來看，優先發展重工業是一條符合蘇聯國情的正確道路。在整個社會主義工業化的實施過程中，蘇聯黨和政府正是遵循這一方針，規劃著社會主義建設的藍圖。

蘇聯從一九二八年十月起開始實行第一個五年計畫，到一九三二年底提前完成。在第一個五年計畫中，工業中重工業與輕工業的發展速度之比為一點八五比一，即重工業增長百分二百四十一，輕工業則增長百分之一百三十，蘇聯工業總產值與一九一三年相比增加近二倍，工業產量在整個國民經濟中的比重由五年計畫初（一九二八年）的百分之四十八增加到百分之七十（一九三二年），其中製造生產資料的工業比重從百分之四十三上升到百分之五十三點三。這些數字表明，到一九三二年，蘇聯已經從農業國變成工業國。同資本主義國家相比，就工業發展速度來講，蘇聯已占世界第一位。

一九三三至一九三七年蘇聯又實行了第二個五年計畫，同樣取得了巨大成績，期間蘇聯注意挖掘已建企業的潛力，同時大力發展本國機器製造業。此後，蘇聯大致停止了外國設備的進口，一九三七年機器進口的比重僅占蘇聯需求量的百分之零點九。這顯示蘇聯經濟的高度獨立自主性。到一九三七年，蘇聯工業總產值比一九三二年增加了一點二倍，比一九一三年幾乎增加了五倍，重工業在全部工業中占百分之五十七點八。一九三七年，資本主義世界工業產量比一九一三年增長百分之四十四點三，而蘇聯則增長了七點五倍，比資本主義世界發展速度快了十四點三倍！至此，蘇聯的工業生產總值躍居歐洲第一，世界第二。

有意思的是，雖然蘇聯一直強調工業發展的獨立性，但事實上並未排斥借鑑引進西方的技術和人才。第一個五年計畫期間，蘇聯利用資本主義世界遭受經濟危機打擊之機，從西方引進一批先進的機器設備和技術力量，還用高薪聘請外國專家和技工。到一九三一年年初，蘇聯同外國資本家簽訂了一百二十四項技術援助項目，三個主要鋼鐵廠——馬格尼托哥爾斯克鋼鐵廠、庫茲涅茨克鋼鐵廠、扎波羅熱鋼鐵廠以及史達林格勒牽引機廠、第聶伯水電站等大型項目都引進了美國、德國的設備和技術，並得到外國工程師的幫助。一九三二年，在蘇聯重工業部門的各國專家約有六千八百人。一九三三年八月十四日，蘇聯雜誌《為了工業化》上寫道：

美國的商業和科學與布爾什維克的智慧相結合，在三、四年內已經產生了巨大的效果。

在二戰期間，史達林曾告訴美國總統羅斯福：

在蘇聯，約有三分之二的大型企業是在美國的幫助或技術援助下建成的……其餘的，也大多是在德國、英國、法國、義大利等國的技術援助下建成的。

一九三八年開始的第三個五年計畫由於德國法西斯的入侵而被迫中斷。

經過兩個五年計畫的完成和第三個五年計畫頭兩年計畫的實施，蘇聯已經實現了社會主義工業化。其間，蘇聯建成六千多個大企業，建立起飛機、汽車、牽引機、化學、重型和輕型機器製造業等部門。由於戰爭危險的迫近，蘇聯在第二個五年計畫期間還特別重視和加速了對東部地區工業基地的建設，東部地區得到國民經濟中全部投資的百分之三十三，得到重工業中全部投資的百分之三十七，興建了烏拉爾-庫茲涅茨克鋼鐵煤炭基地、新庫茲涅茨克鋼鐵基地、伏爾加-烏拉爾石油基地等。一九四〇年，蘇聯的生鐵達到一千五百萬噸，鋼達到一千八百三十萬噸，煤達到一億六千噸，石油達到三千一百萬噸，商品穀物達到三千八百三十萬噸，棉花達到二百七十萬噸。

蘇聯的成就和它改採取的「計畫」方式引起了西方世界的極大興趣。二十世紀三〇年代，西方人士紛紛前往蘇聯取經。美國一名記者從蘇聯回國後告訴國人：「我看到了未來，它行得通。」

正是由於重視了重工業的發展，有了雄厚的經濟技術基礎，蘇聯才能在衛國戰爭期間每年製造出四萬架飛機、三萬輛坦克、十二萬門大砲和十五萬挺機槍。這是蘇聯打敗法西斯成為超級大國的最重要物質基礎。而在一九二九年，蘇聯還不能生產一架飛機，不能生產一輛聯合收割機，也不能生產一輛汽車。

高度中央集權的計畫經濟體制雖然為蘇聯在內憂外患的情況下做出了快速崛起的重要貢獻，但其弊端也是顯而易見的。一是經濟發展不均衡，片面發展重工業，使輕工業和農業長期處於落後狀態，導致人民的物質生活長期沒有得到重大改善；二是長期執行指令性計畫嚴重削弱了企業的生產自主權，制約了蘇聯經濟的可持續發展。第二次世界大戰之後，蘇聯沒有對其經濟體制和發展模式做出及時的調整與改革，使其越來越僵化，最後喪失了自我完善的功能，這也成為蘇聯解體的重要因素。

同時，強力推行工業化和集體化還成為蘇聯二十世紀三〇年代大清洗的導火線。在一九三四年第十七次黨代表大會上，一些代表對史達林第一個五年計畫的實施和集體化所帶來的災難表示了質疑，黨內正常的不同意見很快發展成了一場空前激烈的政治鬥爭，史達林以叛國罪公開審判黨內菁英，三分之二的代表被清除。一九三五至一九三八年，史達林把被懷疑為反對者的人調離所有權力崗位，其中包括一九三四年中央委員會的三分之二成員和半數以上的高級軍官（包括所有十一名副國防委員，所有軍區司令，最高軍委會八十名委員中的七十五名）。一九三九年，有八百萬蘇聯公民被關押在勞動營裡，有三百萬人作為大清洗的犧牲品死去。大清洗嚴重打擊了蘇聯軍民的士氣，這是造成蘇聯在衛國戰爭初期遭受重挫的原因之一。英國首相張伯倫就認為蘇聯經濟力量不足，蘇軍在經過肅反後「實際上只能打防禦戰而已」。這也是造成一九三九年英法蘇建立集體安全體系談判失敗的重要因素。

三、第二次世界大戰爆發

二十世紀三〇年代，在蘇聯全力推進五年計畫、加緊經濟發展之際，一場新世界大戰的陰雲開始在歐洲上空聚集。這場戰爭雖然使蘇聯蒙受巨大損失，但也為其最終崛起為超級大國提供了契機。

凡爾賽體系埋下了第二次世界大戰的種子。但是種子發育、成長是需要適當條件的，一九二九至一九三三年，資本主義世界的經濟大危機就是促使這顆種子發芽的溫床。與以往出現的經濟危機相比，這次危機生產下降幅度之大、波及的範圍之廣、持續的時間之長、失業率之高，都是空前的。在過去的危機當中，工業生產和世界貿易最大的下降幅度是百分之七，而這次危機中這兩項的下降幅度分別為百分之三十六和百分之六十七！

可以想像這樣一場危機所帶來的嚴重經濟和社會後果，由此造成的大規模混亂必然會對各國的政治產生衝擊，人們渴望有一種強而有力、能夠擺脫危機的統治形式。民主制度比較牢固的國家像英國、法國、美國等承受住了考驗，沒有走向極端。但是，在民主根基較淺的國家，如德國、義大利和日本，危機直接導致了法西斯專政的建立或確立。據統計，在大危機的掃蕩下，二十七個歐洲國家只有十個仍保留民主政體，其他都轉變為獨裁體制。法西斯國家的對外政策都是以民族擴張主義為基礎，它們的出現最終將人類推向了第二次世界大戰。

三〇年代，在德意日走向侵略和擴張的過程當中，西方大國實行了所謂的「綏靖政策」。綏靖英文是appeasement，原意是講和、安撫、平息憤怒，尤其指通過讓步或滿足要求的方式息事寧人。這個詞原本是褒義，可是後來卻成為貶義詞，它指的是西方國家面對法西斯政權的侵略擴張行為改採姑息縱容政策，以犧牲弱小民族換取自身的安寧。綏靖政策最為經典的體現是對希特勒德國，它的登峰造極之作就是一九三八年九月宰割捷克斯洛伐克的《慕尼黑協定》。

西方為什麼要對侵略者實行綏靖政策？從英國的角度看，它原本就認為《凡爾賽和約》有問題，對德國一直抱有同情和寬容的心態，對法國堅持和約的苛刻條款不滿。英國也一直以世界大國自居，為維持所謂的歐洲均勢歷來有扶弱抑強的傳統，這裡的弱強分別是德、法。其實這完全是表面現象，法國的強是虛幻的，德國的弱也是暫時的。英國龐大的帝國、繁雜的殖民地事務也讓它難以分出更多的精力去關注歐洲大陸。

西方國家作為一個整體，對德國，也包括義大利和日本在內的侵略者，實行綏靖政策主要有這樣幾個方面的原因：第一個原因就是和平主義思潮的氾濫。二十世紀三〇年代距離第一次世界大戰才十幾年的時間，大部分人對戰爭所帶來的苦難、犧牲、毀滅記憶猶新，恐戰、厭戰的情緒非常流行，民眾迫切要求避免另一次戰爭。而且一戰之後，公眾輿論對政治的影響越來越大。和平主義思潮促使政治家們不惜代價避免戰爭。可悲的一點在於，民主國家的和平意願卻遭遇了法西斯國家的戰爭渴望。

第二個原因是英法兩國實力的衰落。一戰讓它們元氣大傷，大危機更是對它們的沉重打擊，它們不得不把更多的精力用於解決國內問題，減少在軍備方面的投入。一九三六年，英國的軍費開支在增長的情況下也只相當於德國的三分之一或四分之一。沒有強而有力的經濟和軍事做後盾，英法自然不會對侵略者採取強硬政策。

第三個原因是當時大多數的政治家，特別是英國首相張伯倫對希特勒的本質認識不清，認為一定程度的讓步可以滿足他。豈不知希特勒是千年一遇的狂人，他的目標是征服世界，怎麼會把小範圍的領土調整看在眼裡！

阿道夫・希特勒
（1889 ～ 1945）

希特勒是在一九三三年上台的，他和他的納粹黨，崛起速度堪稱是一個政治奇蹟。一九二八年，納粹黨在議會選舉中獲得十二席，百分之二點六的選票；一九三〇年，獲得一百零七席，百分之十八點三的選票；一九三二年，獲得二百三十席，百分之三七點四的選票，成為議會第一大黨。造就這個奇蹟的就是經濟大危機。社會心理學的研究表明，在社會和政治大動盪時期，當正常人不能夠對付社會問題的時候，像希特勒這種個性異常的人就容易獲得權力。無論是普通的民眾還是大資產階級，都把擺脫困境的希望寄託在了這個狂熱的政治強人身上。凡爾賽體系的壓迫、強烈的復仇心理、前所未有的經濟困難，這些因素綜合在一起很容易使一個民族的情緒走向極端，再加上德國的民主政體本來就基礎薄弱，所以，希特勒輕而易舉地就在德國建立了獨裁統治。

希特勒一上台就開始擴軍備戰，他首先要做的，就是突破《凡爾賽和約》對德國施加的種種限制。希特勒的方法是通過冒險造成既成事實，再以和平姿態緩解緊張，以此試探其他國家的反應，然後決定他下一步的行動。從一九三三年十月退出裁軍會議和國聯，到一九三五年三月宣布重建空軍和實施普遍義務兵役制，再到一九三六年三月出兵進駐萊茵非軍事區，希特勒的每一個冒險都大獲成功。這些成功不僅使他的胃口越來越大，而且也極大提高了他在國內的威望和權勢。在衝破了《凡爾賽和約》的束縛之後，羽翼豐滿的希特勒走上了對外擴張的道路。

希特勒擴張的第一個目標是奧地利。一九三八年三月，德國以武力為後盾合併了奧地利。對此，英法只是表現出抗議的姿態而已。

希特勒的下一個目標是捷克斯洛伐克。捷克斯洛伐克與德國接壤的蘇台德地區生活著三百多萬德意志人，希特勒打著建立大德意志的旗號，在蘇台德地區扶植納粹勢力，進行種種陰謀破壞和分裂活動。在他們的煽動下，德意志少數民族開始反對捷克斯洛伐克的統治。

一九三八年九月三十日凌晨，英法德義四國簽署了人類歷史上臭名昭著的《慕尼黑協定》，主要內容包括：

（一）原則上將捷克斯洛伐克蘇台德地區及同奧地利接壤的南部地區移交給德國。

（二）德軍從十月一日起分階段占領德意志居民占多數的地區，在德意志居民是否占居民多數尚不能確定的地區，由四國代表組成的國際機構占領，再通過公民投票以確定其歸屬。

（三）由國際委員會最後確定邊界。協定的附件規定，英法將保障捷克斯洛伐克新國界不受侵犯；德國和義大利允諾，在捷克斯洛伐克境內的波蘭和匈牙利少數民族問題解決後，對捷克斯洛伐克給予保證。

問題是，英國、法國對德國如此的慷慨並沒有換來希特勒對條約的尊重，一九三九年三月，德國吞併了捷克斯洛伐克的全部領土。

在捷克斯洛伐克之後，波蘭又成為希特勒的侵略目標。一九三九年五月，德國與義大利簽訂《德義友好同盟條約》，也稱「鋼鐵條約」，兩個法西斯國家攜手建立了攻守同盟。這一切都在告訴歐洲人：戰爭已經迫在眉睫。

面對咄咄逼人、擁有強大戰爭機器的希特勒，歐洲國家怎樣才能阻止戰爭爆發或者在戰爭爆發之後贏得戰爭呢？雖然英法兩國政府對德國的態度已經趨於強硬，並且先後對波蘭、羅馬尼亞、希臘等國提供了安全保證，但是這還不夠。要想遏制希特勒，必須要有一條有效的東方戰線，而有效的東方戰線只有蘇聯才能提供。也就是說，只有英法蘇三國聯手才有可能阻止希特勒的侵略野心。

英法蘇三國建立集體安全體系的談判從一九三九年三月拉開序幕，到八月結束。這個談判從一開始就注定了它的結果凶多吉少，因為各方都給自己留了退路，在談判的同時都在和他們要對付的敵人接觸，都在做著非此即彼的準備。

英法蘇談判最後以失敗告終。從表面上來

內維爾·張伯倫
（1869～1940）

1869年出生於一個政治世家，他的父親約瑟夫曾擔任伯明罕市市長、內閣殖民地大臣等職，他的異母長兄奧斯丁曾擔任郵政總局局長、財政大臣、印度大臣、掌璽大臣、外交大臣、第一海軍大臣等職。

看，導致談判破裂的是所謂蘇軍過境問題。由於蘇德之間沒有共同邊界，只有在蘇軍有權通過波蘭和羅馬尼亞的前提下才能給英國、法國、波蘭、羅馬尼亞等國援助。但是波蘭政府堅決不同意蘇軍過境。它既擔心蘇軍進來之後賴著不走成為新的威脅，同時也害怕允許蘇軍過境會招來德國的報復。英國也懷疑蘇聯要求過境權的真正目的。

事實上，關於蘇軍過境問題的爭執只是冰山的一角，談判最後失敗從根本上來說是因為雙方根深蒂固的不信任。英國首相張伯倫在一九三九年三月二十六日的一封私信中，暴露出了他對蘇聯的真實看法。他寫道：

> 我得承認我最不信任蘇聯。我根本不相信蘇聯有能力保持有效的攻勢，即使它想這樣做。而且我懷疑蘇聯的動機，在我看來，它的動機與我們關於自由的思想幾乎沒有聯繫，而只與使別人不和有關。

從蘇聯的角度看，它對英國也是疑心重重，它最擔心的是西方要禍水東引，挑起蘇德戰爭。在談判進行的過程當中，英國的遲疑和拖延、英德談判的消息被披露、兩國的爭執都加深了蘇聯對英國真實意圖的懷疑。

由於波蘭的頑固態度和英法對過境問題遲遲不作答覆，八月二十一日，談判破裂，當天深夜，德國就宣布了外長里賓特洛甫前往莫斯科的消息。德國外長里賓特洛甫二十三日抵達莫斯科，對蘇聯的要求幾乎是照單全收，當天晚上兩國就簽訂了《蘇德互不侵犯條約》，速度之快、過程之順利令人瞠目。這次戲劇性的外交活動也常常被稱作「外交革命」。

《蘇德互不侵犯條約》包括正文和一項祕密附加議定書。正文是公開的，主要內容是：

（一）締約雙方保證決不單獨或聯合其他國家在彼此間進行任何武力行動、任何侵略行為或任何攻擊。

（二）締約一方成為第三國敵對行為的對象時，締約另一方將不給予該國任何支持。

（三）締約任何一方將不加入直接或間接旨在反對另一方的任何國家集團。

（四）兩國將對它們共同利益有關的問題交換情報和進行協商。

（五）雙方承諾，只通過和平方法解決兩國間的爭端或抵觸。

《祕密附屬議定書》劃分了兩國在東歐的勢力範圍。主要內容為：在發生領土或政治變動時，蘇德在波羅的海地區的勢力範圍以立陶宛的北部疆界為界，在波蘭的勢力範圍以納雷夫河、維斯瓦河及桑河一線為界；蘇聯要求德方注意其在比薩拉比亞的利益，德方宣布對該地區在政治上完全不感興趣。

希特勒從條約中收穫的最大好處就是他可以對波蘭放手一搏而不用擔心受到英國、法國與蘇聯的夾擊了。所以，條約直接導致了戰爭爆發。八月二十二日，送走了里賓特洛甫之後，希特勒馬上就向他的軍事將領們宣布：「我已經完成了政治上的準備，以後的路要由軍人來走了。」八月三十一日晚上，希特勒下達了進攻波蘭的命令。九月一日拂曉，一百五十多萬德國軍隊突破波蘭防線，分三路向華沙推進。九月三日，英國和法國都對德國宣戰。

就這樣，在第一次世界大戰結束二十年後，歐洲主要資本主義大國再一次捲入了戰爭的漩渦。在上一次戰爭中，是美國的介入打破了歐洲國家之間的僵持局面，美國借此完成了大國崛起的最後一步——調整國際權勢格局、改變利益分配方式。當然，由於美國國內政治的問題，其崛起在國際層面的反應被人為滯後了，由此產生的權力真空是法西斯得以興起的重要原因。如果說戰爭是大國崛起的溫床，那麼，這場新的世界大戰又將導致怎樣的後果呢？

四、兩極世界的到來

第一次世界大戰爆發後，西線戰場在二個月之後就形成了陣地戰，在此後三年的時間裡，雙方的戰線大體沒有變化。而第二次世界大戰的開局一掃一戰令人沉悶、絕望的狀態，因《蘇德互不侵犯條約》而擺脫了兩線作戰的德國，在不到一年的時間裡以「閃擊戰」這一重大的軍事創新橫掃北歐、西歐，法國投降，英國只因一道英吉利海峽才使勢不可擋的德軍停下了腳步。

史達林希望與希特勒的交易能為他爭取更多的和平時間，但不到兩年，希特勒就撕毀了這個為期十年的條約。一九四一年六月二十二日凌晨一點三十分，在布雷斯特-里托夫斯克，最後一列貨運列車滿載原料從蘇聯駛入德國領土，兩個小時之後，德國砲兵從北部海角到黑海二千公里長的邊境向蘇聯開火。

蘇德戰爭的開局對蘇聯非常不利，由於蘇聯對希特勒的突然襲擊疏於防範，以至於被打了個措手不及。在三個月的時間內，蘇聯丟失了西部超過一百五十萬平方公里的土地，讓希特勒足足推進了一千公里，占領了它人口最稠密、工業最發達的歐洲地區，這裡戰前居住的人口約占全蘇人口的百分之四十，工農業產值幾乎占全國的三分之二。截至一九四一年十二月一日，蘇軍損失七百多萬人、二十四萬輛坦克、二萬四千架飛機。

而且，一年多的征戰下來，德國變得更強大了。它的軍隊作戰經驗豐富，對手的不堪一擊非但沒有讓它受損，反而壯大了它的實力。當希特勒調轉槍口對準蘇聯的時候，這已經不是一場德國與蘇聯的戰爭，而是蘇聯與歐洲大陸的戰爭。也就是說，蘇聯紅軍不僅要對付德國軍隊，而且還要對付芬蘭、羅馬尼亞和匈牙利的大量軍隊，蘇聯的兵工廠除了與德國的兵工廠競爭外，還要與法國和捷克斯洛伐克的兵工廠競爭。所以，儘管一九四一年蘇聯的鋼產量與德國的鋼產量幾乎相等，但要比德國和歐洲大陸其他國家的鋼產量少一半以上。

從戰略態勢上來看，德國也處於更加有利的位置。波蘭滅亡後，德蘇之間的「緩衝地帶」業已消失。被德軍占領的那部分波蘭領土成了德國進攻蘇聯的軍隊集結地區。德國占領丹麥、挪威後，不僅改善了對西歐作戰的戰略態勢，同時也有了東侵蘇聯的跳板。荷蘭、比利時、盧森堡、法國投降，英國退守英倫三島，使希特勒基本上消除了東進的後顧之憂。至一九四一年六月初法西斯占領了希臘等巴爾幹國家後，對蘇聯西部的新月形包圍最終完成。至一九四三年，在整整三年的時間裡，蘇聯不得不承擔幾乎全部德國軍隊的壓力，幾乎遭到了毀滅性的打擊。

朱可夫
（1896 ~ 1974）

在國家生死存亡的關鍵時刻，蘇聯的工業化成就發揮了力挽狂瀾的作用，這不僅是指其巨大的重工業生產能力，更關鍵的是蘇聯在戰前就調整了工業布局，將部分重工業向東部地區轉移，如在第二個五年計畫期間，在庫茨涅茨克、扎巴洛日等地建立鋼鐵聯合體，在史達林格勒、哈爾科夫、車里雅賓斯克等地建牽引機廠（這些牽引機廠在戰爭期間都改成了坦克製造廠）。

所以，儘管從表面上來看，蘇聯西部的工業在戰前仍然支撐著國家的經濟基礎，但是東部工業區的存在為蘇聯提供了寶貴的戰時工業儲備，為蘇聯在蘇德戰爭初期遭受重大挫折後繼續抵抗德軍提供了後續的支撐力。對此，朱可夫元帥在其戰爭回憶錄中有如下記載：

從軍事觀點來看，黨關於加速發展東部地區工業，建立機器製造、石油加工、化學等部門的第二套企業方針，具有極其重大的意義。在這裡建設的高爐占全部新建高爐的四分之三，在伏爾加河和烏拉爾之間建立了第二個巨大的石油基地，在外貝加爾、烏拉爾建立了冶金工廠，在中亞細亞建立了大型有色金屬廠，在遠東建立了重工業，建立了汽車裝配廠、製鋁聯合廠、軋管廠和水電站。戰爭期間，這些企業加上遷來的企業，把我國東部變成了保證抵抗和粉碎敵人的工業基地。

東部在戰前的發展也為蘇聯在戰爭期間工業東遷奠定了基礎。到一九四一年下半年，蘇聯從西部搬遷了二千五百九十三個工業企業的設備和大量物資。一九四二年五月，大致完成烏克蘭、白俄羅斯、波羅的海沿岸地區企業的轉移，第二階段又疏散了史達林格勒、北高加索等南部地區企業。不少內遷企業平均不到二個月就在新址開始運轉。到一九四二年夏，蘇聯完成了國民經濟戰爭轉軌，有一千二百家東遷的工廠和八百五十家新建工廠投產，東部地區工業產值的比重從一九四〇年的百分之二十八點四上升到百分之七十。所以，希特勒不會明白，已經失去西部工業基地的蘇聯，為什麼會越戰越強？

如果說在熱兵器時代統帥的才能、單兵的素質、國家的財力是贏得戰爭的重要保障的話，那麼，一場第二次世界大戰這樣機械化時代的總體戰，因作戰物資和裝備的驚人消耗，交戰國要想贏得勝利，就必須擁有迅速為其軍隊提供足夠武器裝備和彈藥的能力。正如英國大戰略家李德．哈特（Liddell Hart）說的那樣：

> 到了二戰時期，維持戰爭的權力已經從軍事領域轉移到經濟領域，就像機器在戰場上已經壓倒人力一樣；在大戰略的領域中，工業和經濟也的確已經把軍事從前台推到後台了；在外行人眼中看來，赳赳武夫所組成的行列還是威風凜凜的，但在近代戰爭科學家的眼裡，他們不過是一種裝在傳動皮帶上的玩偶而已。

蘇聯能夠打敗納粹德國，靠的就是其巨大的工業生產能力，這是一場工業之間的較量。依靠戰前的工業化成就和戰時的經濟動員，即使在最艱苦的一九四二年，蘇聯的飛機產量仍達到二萬架以上，比德軍幾乎超出一倍。在戰鬥最激烈的時刻，史達林格勒牽引機廠的工人們駕駛著剛剛造好的坦克直接出廠，迎戰德軍。一九四四年，蘇聯飛機年產量達到四萬零三百架，坦克二萬八千九百八十三輛，火炮十二萬二千五百門。

在德國敗局已定的情況下，一九四五年二月，當時世界上最有力量的三個國家——美國、蘇聯、英國的首腦羅斯福、史達林、丘吉爾在雅爾達會晤，一起商談確立戰後世界秩序。在雅爾達會議期間的晚宴上，英美首腦對史達林不吝溢美之詞。丘吉爾是這樣說的：

> 當我說我們把史達林元帥的健康視為我們大家的希望和心中最珍貴之物時，這絲

毫沒有誇大，也絕非辭藻華麗的恭維。歷史上有過許多征服者，但其中極少政治家，大多數都在戰後的紛擾中丟掉了勝利果實。發現自己與這樣一位不僅在蘇聯聞名而且譽滿全世界的偉人保有友好而親密的夥伴關係，使我在這個世界上的勇氣和希望倍增。

與丘吉爾華麗的祝酒詞形成對比的是羅斯福簡單而溫暖的話：

這個宴會就跟家人聚會一樣，希望從此以後我們大家就在這個大家庭裡和睦相處。

至此，蘇聯這個曾經被西方世界孤立並視為另類的國家現在已堂堂正正地成為「三巨頭」之一，直接參與決定戰後世界藍圖，這是西方對蘇聯強大的軍事政治力量的承認。從這個意義上來說，雅爾達會議使蘇聯完成了大國崛起的最後一步——被外部世界，特別是既有強國認可，並成為國際規則的制定者。

雅爾達會議就以下問題達成了一致：

（一）戰後處置德國問題。決定由美、英、法、蘇四國分區占領德國和德國必須交付戰爭賠償以及澈底消滅德國軍國主義和納粹主義的一般原則。

（二）波蘭問題。三國決定波蘭東部邊界大體上以寇松線（Curzon Line）為準，在若干區域作出對波蘭有利的五至八公里逸出，同意波蘭在北部和西部應獲得新的領土，其最後定界留待和會解決；關於波蘭政府的組成經過激烈爭論，同意以盧布林的波蘭臨時政府為基礎進行改組，容納國內外其他民主人士。

（三）遠東問題。蘇聯承諾在歐洲戰爭結束後二至三個月內參加對日作戰，其條件是維持外蒙古的現狀，庫頁島南部及鄰近島嶼交還蘇聯，大連商港國際化，蘇聯租用旅順港為海軍基地，蘇、中共同經營中東鐵路和南滿鐵路，千島群島交予蘇聯。

（四）聯合國問題。同意蘇聯的烏克蘭和白俄羅斯加盟共和國為聯合國創始會員國，決定美、英、法、蘇、中五國為安理會常任理事國，規定實質性問題常任理事國一致同意的原則。

雅爾達會議使蘇聯收穫頗豐：取得了分區占領德國的權力；確定了有利於蘇聯的蘇波邊界，保留了蘇聯支持的波蘭盧布林政府；「大國一致」的原則確立了蘇聯在聯合國的牢固地位和作用；在遠東獲得了極大的權益。當然，沒有三年獨擋法西斯德國的巨大犧牲，沒有紅軍坦克在東歐平原的馳騁，沒有似乎永不枯竭的戰爭資源，也就沒有蘇聯在雅爾達會議的地位與影響。在某種程度上，雅爾達會議向蘇聯頒發了超級大國資格的承認書和授權書。

一九四五年五月八日，德國投降，八月十五日，日本投降，第二次世界大戰結束。

如何看待第二次世界大戰對蘇聯的影響？如果從純粹物質角度來看，這場戰爭極大地削弱了蘇聯。戰爭中，蘇聯作

雅爾達會議上邱吉爾、羅斯福、史達林（從左至右）

為主戰場，軍民傷亡達六千萬人以上，其中死亡二千七百萬人，蘇聯紅軍犧牲八百六十六萬八千四百人，物質損失按照一九四一年的價格達六仟七佰九十億盧布，在參戰國蒙受的全部損失中占百分之四十一。這與美國在兩次大戰中的經歷完全不同，美國因本土遠離戰場不僅未遭到任何破壞，反而受益於參戰國的巨大需求而成為「世界工廠」。二戰後相當長一段時間裡，蘇聯對外表現出了明顯的克制與內斂，一個重要原因就是要集中精力恢復遭到巨大破壞的國民經濟。

但是，如果從國際政治和軍事的角度看，蘇聯借助於二戰又無可爭議地崛起了，成為兩極世界的一極。二戰對蘇聯的重要意義主要體現在以下幾個方面：

首先，二戰極大地提高了蘇聯的威望，這威望是建立在巨大的犧牲和貢獻基礎上。戰爭期間，蘇聯與法西斯德國單獨作戰長達三年之久，而其他任何一個歐洲國家都沒有做到這一點，它們要麼在希特勒的戰爭機器面前迅速崩潰，要麼僅憑藉自然因素而倖免於難（英國）。在東歐、西歐、北歐、南歐一路凱歌的希特勒最終在蘇聯遭遇了他人生的滑鐵盧。如果說一戰的勝負決定於美國參戰的那一刻，那麼，二戰的結局在一九四一年六月二十二日希特勒發動蘇德戰爭時就已經注定了。如前所述，威望是一個大國實力中不可或缺的要素，往往也是一個大國真正崛起的標誌之一，蘇聯恰恰因其在二戰中的表現而收穫了威望。

其次，二戰使蘇聯成為國際體系規則的重要制定者。事實上，在二戰前夕，蘇聯從硬實力上來看已經是一個不折不扣的大國了，但是，其大國身分在國際層面上沒有得到充分的反映，即蘇聯尚未將硬實力轉變為制定國際規則的軟實力。蘇德戰爭的爆發在將蘇聯推向反法西斯戰爭第一線的同時，更賦予了它決定戰後世界的權力。一分耕耘，一分收穫，沒有二戰中的犧牲與貢獻，沒有蘇聯紅軍在一九四四年之後的橫掃東歐，就沒有戰時的三巨頭會議，也就沒有戰後的兩極世界。

最後，二戰使蘇聯社會主義躍出一國範圍，東歐和東亞國家紛紛走上社會主義道路，它們與蘇聯一起，構成了戰後世界與資本主義對抗的社會主義陣營，世界因而分成東方（社會主義）和西方（資本主義），正在謀求國家獨立的殖民地人民也因此多了一種制度選擇。

結語　二十一世紀的大國崛起之路

CONCLUDING REMARKS　THE ROAD TO GREAT POWERS IN 21st CENTURY

歷史的價值在於未來，我們總結世界主要國家崛起的經驗，目的是為中國今後的發展提供借鑑與啟示。當下的中國，正站在民族復興、大國崛起的關鍵點上，未來走向哪裡，不僅國人關注，而且全世界都在關注。

歷史的價值在於未來，我們總結世界主要國家崛起的經驗，目的是為中國今後的發展提供借鑑與啟示。從表面上來看，大國崛起的條件相似：穩定而強大的政權，獨立而繁榮的經濟，因創新而帶來較為持久的發展動力以及高瞻遠矚的領導人在關鍵時刻所發揮的作用等等。但每個國家的經歷又是獨特的，他國的經驗只能借鑑而無法簡單複製。所以，一個國家必須從自身國情出發，順應時代大勢，才能走出一條屬於自己的大國崛起之路。

當下的中國，正站在民族復興、大國崛起的關鍵點上，未來走向哪裡，不僅國人關注，而且全世界都在關注。這關注的背後，無疑有經驗和偏見在作祟。

二〇一四年是第一次世界大戰爆發一百週年。在反思這場人類歷史大浩劫的同時，人們也在思考，類似的戰爭是否會再次發生？幾乎本能地，一些西方媒體將中國與當年的德國進行了類比：

一百年前，新興大國德國為了爭奪「陽光下的地盤」向守成大國英國發起了挑戰；一百年後，成為世界經濟「老二」的中國也在諸多領域與守成大國美國存在矛盾。

一百年前，民族主義情緒在德國狂飆突進；一百年後，愛國主義成為中國媒體的主流話語。

一百年前，德國的「無畏艦」如下餃子般進入北海；一百年後，中國的海軍艦艇編隊頻頻出入西太平洋。

一百年前，錯綜複雜的巴爾幹半島最終引爆大國戰爭；一百年後，中日東海釣魚台群島之爭有可能成為新的火藥庫。

……

但表象並不等於真相。這裡問題的關鍵是，二十一世紀的大國崛起是否還能走歷史上的老路？和平崛起是否行得通？對此，芝加哥大學國際關係學者約翰．米爾斯海默（John Mearsheimer）做出了悲觀的預測：

坦率地講，中國不可能和平崛起。

如果從表面上來看，今天的世界與一百年前的世界的確有許多相似之處：

都有一個走向衰落的霸權性國家；都有一個發展勢頭極其迅猛的新興強國；都有引發大國戰爭的導火線；都有導致「骨牌效應」的軍事同盟。

而且，你說經濟全球化會使大國間的戰爭得以避免？那麼我可以告訴你，一九一四年英德之間經貿關係之密切超越今天的中美。

如果歷史就是簡單的重複，如果今天就是略加修飾的昨天，那麼，二〇一四年的確如一九一四年一般危險，新的大國戰爭隨時可能爆發。

但，從一九一四年到二〇一四年，世界並沒有原地踏步。這一百年，已經有太多的變化在改變著大國崛起的模式。

首先，核武器誕生了。核武器巨大的殺傷破壞力使現今政治領導人可以準確預知戰爭升級的後果——彼此的毀滅，這是對大國間戰爭最有力的制約。美蘇之所以始終未能將尖銳的冷戰發展成大規模的熱戰，核武器的作用至關重要。我們有理由推測，假如當年德皇、沙皇、奧匈皇帝也能預知總體戰的威力和一戰帶給歐洲的災難，那麼他們在一九一四年可能就不會選擇戰爭。

第二，除非自衛，戰爭已為今日國際法所禁止。一百年前，戰爭是一國合法的政策工具，社會達爾文主義者甚至認為，應當歡迎戰爭，因為它會像夏天一場痛快的暴雨一樣「淨化空氣」。一九一四年的秋天，無論是同盟國還是協約國，大家是懷著對戰爭的極度渴望而走上戰場的。而今天的世界，戰爭的發動者已被國際主流輿論所唾棄。一個不爭的事實是，美國的軟實力因伊拉克戰爭而遭到嚴重削弱。

第三，戰後開放的國際貿易體系、相對穩定的國際貨幣金融制度為一國和平崛起提供了條件。德國、日本以及中國所取得的巨大成就說明，不通過戰爭的方式，一國同樣可以實現經濟成長，而且經濟領域的成功將必然外溢為政治上的影響力。美國總統歐巴馬指責中國長期搭了現有國際秩序的「便車」，這等於從另一個角度承認了和平崛起的可能性。

最後，始於工業化時代的經濟全球化在信息時代表現出本質的差異。其最核心的一點是，今天的全球化對於開放經濟體來說已具有不可逆和無法退出的性質，各國經濟的融合程度前所未有，不會再有哪個國家幻想自己可以建立一個自給自足的經濟體系。或者，中美之間在政治和軍事領域尚存在零和賽局的因素，但在經濟上已完全是榮辱與共、俱損俱榮了。

這一切都說明，在二十一世紀，一個新興強國既無必要也無可能以戰爭方式實現崛起。

當然，這不等於說，新興強國在二十一世紀就必然和平崛起，也不意味著大國的崛起就不會引發災難性後果。它實際上取決於三個因素：

一是新興強國本身。快速的強大對一個國家來說往往更難以駕馭，更容易讓人失去方向和應有的理性，德國在十九世紀末二十世紀初的表現就是一個典型的例證。所以，對於新興強國來說，如何在不引起整個國際體系的動盪、不引起其他國家強烈反彈的前提下實現崛起是對它耐心、審慎和智慧的考驗。

二是守成大國。守成大國應對新興強國的合理要求和正當利益予以必要的理解和讓步，以包容的胸懷讓新興強國和平融入國際體系。一個國家的強大確實會改變國際之間的力量對比，但未必意味著其他國家的絕對衰落，因為這種強大也會帶來機會。對新興強國一味地圍堵和遏制只會適得其反，將其推向對立面。

三是時代特徵。一個更加開放公正的世界經濟秩序、一個更加民主合理的國際政治格局——即一個更加和諧的世界，顯然更適合新興強國的發展，能夠為其提供和平崛起的路徑。

總之，避免因大國崛起而引發災難是所有國家的責任，大國和平崛起造福的不僅是自己，也是整個人類全體。

經過三十多年的改革開放，今天的中國正站在民族復興、國家崛起的起點上。對於一個面臨歷史性機會與挑戰的大國而言，對與錯往往只在一念之間。開闢一條道路的過程並不難，難的是要選擇一個正確的方向。前途越是光明，我們越要小心謹慎、如履薄冰。只要我們堅持和平發展的路線不動搖，不驕不躁，中國的崛起就一定能實現！

戰爭與大國崛起：烽火下的霸權興衰史

作　　者　邵永靈
發 行 人　林敬彬
主　　編　楊安瑜
副 主 編　黃谷光
責任編輯　黃谷光
內頁編排　黃谷光
封面設計　何郁芬（小痕跡設計）
編輯協力　陳于雯・曾國堯

出　　版　大旗出版社
發　　行　大都會文化事業有限公司
11051 台北市信義區基隆路一段 432 號 4 樓之 9
讀者服務專線：（02）27235216
讀者服務傳真：（02）27235220
電子郵件信箱：metro@ms21.hinet.net
網　　址：www.metrobook.com.tw

郵政劃撥　14050529 大都會文化事業有限公司
出版日期　2016 年 07 月初版一刷
定　　價　350 元
I S B N　978-986-93236-1-1
書　　號　History-78

◎本書由遼寧人民出版社授權繁體字版之出版發行。
◎本書如有缺頁、破損、裝訂錯誤，請寄回本公司更換。

國家圖書館出版品預行編目 (CIP) 資料

戰爭與大國崛起：烽火下的霸權興衰史 / 邵永靈 作.
-- 初版. -- 臺北市：大旗出版：大都會文化發行, 2016.07
288 面；17×23 公分

ISBN 978-986-93236-1-1（平裝）
1. 戰史 2. 戰略 3. 世界史

592.91　　105010257

大都會文化 讀者服務卡

書名：戰爭與大國崛起：烽火下的霸權興衰史

謝謝您選擇了這本書！期待您的支持與建議，讓我們能有更多聯繫與互動的機會。

A. 您在何時購得本書：______年______月______日

B. 您在何處購得本書：____________書店，位於____________(市、縣)

C. 您從哪裡得知本書的消息：

1.□書店 2.□報章雜誌 3.□電台活動 4.□網路資訊

5.□書籤宣傳品等 6.□親友介紹 7.□書評 8.□其他

D. 您購買本書的動機：（可複選）

1.□對主題或內容感興趣 2.□工作需要 3.□生活需要

4.□自我進修 5.□內容為流行熱門話題 6.□其他

E. 您最喜歡本書的：（可複選）

1.□內容題材 2.□字體大小 3.□翻譯文筆 4.□封面 5.□編排方式 6.□其他

F. 您認為本書的封面：1.□非常出色 2.□普通 3.□毫不起眼 4.□其他

G. 您認為本書的編排：1.□非常出色 2.□普通 3.□毫不起眼 4.□其他

H. 您通常以哪些方式購書：(可複選)

1.□逛書店 2.□書展 3.□劃撥郵購 4.□團體訂購 5.□網路購書 6.□其他

I. 您希望我們出版哪類書籍：（可複選）

1.□旅遊 2.□流行文化 3.□生活休閒 4.□美容保養 5.□散文小品

6.□科學新知 7.□藝術音樂 8.□致富理財 9.□工商企管 10.□科幻推理

11.□史地類 12.□勵志傳記 13.□電影小說 14.□語言學習（____語）

15.□幽默諧趣 16.□其他

J. 您對本書（系）的建議：

____

K. 您對本出版社的建議：

____

讀者小檔案

姓名：____________ 性別：□男 □女 生日：____年____月____日

年齡：□20歲以下 □21～30歲 □31～40歲 □41～50歲 □51歲以上

職業：1.□學生 2.□軍公教 3.□大眾傳播 4.□服務業 5.□金融業 6.□製造業

7.□資訊業 8.□自由業 9.□家管 10.□退休 11.□其他

學歷：□國小或以下 □國中 □高中／高職 □大學／大專 □研究所以上

通訊地址：____________________________

電話：（H）____________（O）____________ 傳真：____________

行動電話：____________E-Mail：____________

◎謝謝您購買本書，歡迎您上大都會文化網站（www.metrobook.com.tw）登錄會員，或至Facebook（www.facebook.com/metrobook2）為我們按個讚，您將不定期收到最新的圖書訊息與電子報。

戰爭與大國崛起

烽火下的霸權興衰史

北區郵政管理局
登記證北台字第9125號
免貼郵票

大都會文化事業有限公司
讀者服務部 收

11051台北市基隆路一段432號4樓之9

寄回這張服務卡〔免貼郵票〕
您可以：
◎不定期收到最新出版訊息
◎參加各項回饋優惠活動

大旗出版
BANNER PUBLISHING

大旗出版
BANNER PUBLISHING